U0177926

中国传统民居纲要

张泉 华晓宁 黄华青 尹航 周凌 著

中国建筑工业出版社

目录

绪论

传统社会中，住宅是衣食住行四大基本需求之一。因其建造成本高昂，“建房置地”往往成为普通百姓的人生奋斗目标；“安得广厦千万间，大庇天下寒士俱欢颜”更是一种崇高的理想。居住环境私密，是生命的起点、成长的摇篮、生活的场所、心灵的港湾、一生的归宿。人生旅程的大部分时间都在住宅中度过。住宅实物面广量大，是城乡面貌的主体；布局形外文内，具有礼仪和社会之脉络。

因此，传统民居是社会史、文化史、建筑史、城市史的重要组成部分。

居住建筑遗存是人类遗存的重要组成，多地发现的古人类活动洞穴反映了人类原始的居住形态。中国目前已发现的如仰韶、良渚、河姆渡等文化遗址中的居住建筑遗存，距今已有五六千年。

自周朝一统天下、制礼作乐始，随着社会各个领域的交流，中国传统民居也开始了超越以往的交融；《周礼・考工记》记载了创建宫室制度等营造领域的相关等级制度，这个制度当然也对传统民居产生直接或间接的影响。延至汉代，中国主体民族、主体文化形成，传统民居的主体形式也随之明朗。尽管汉代木构地面建筑因年代久远已无实物遗存，但很多尚存的汉阙、汉墓里的建筑要素，特别是大量明器中的多种建筑形象，都抽象而生动地反映了当时的建筑风貌。随着经济社会发展、理学盛行的影响，特别是手工业、商业的发展和营造技艺的进步，以北宋《营造法式》的刊行为标志，包括住宅布局和单体建筑，中国传统民居的主体形态基本定型。现存的唐宋建筑可以为传统民居营造技艺提供参考，北宋名画《清明上河图》中则直观地表现了当时众多住宅类型的形象。随着元代山西煤矿开采业的繁荣发展，煤炭普遍用于烧制砖瓦，带来了建筑用砖的普及，传统民居的质量得到提升，传统民居的重要外部形态如屋顶形制、山墙造型与色彩等也由此产生了显著的变化。明代起中国传统民居进入了成熟期。历数千年发展演变，以木、土、石、砖等为主要材料的中国传统民居从此迎候近现代民居的到来。

中国幅员辽阔、历史悠久，各地传统民居在其漫长的历史发展进程中，随着功能需求、自然条件、社会文化、行为方式、技术进步等变化而不断演变，形成了丰富多彩的中国传统民居建筑文化。总体而言，有以下基本特点。

一、在共同性方面：共同的人与自然和谐理念、共同的因地制宜营造理念、共同的人伦道德理念、共同的行为规则理念，形成了和谐协调的主体风格。如日常生活起居空间的中心性、层次性，杉、松、柏、桦等主要建筑结构用材，建筑的曲屋面形式，屋顶的等级、坡度及其组合方式，开间结构外露、门窗布局与形式，等等，都生动鲜明地体现出中国传统民居的整体特征。各地各式餐饮基本上都是中餐，因此餐厨和备餐、仓储的方式和布局关系也大同小异。

二、在独特性方面：中国幅员广阔，地貌类型多，气候差别大，而地貌和气候条件都是居住建筑必须适应的刚性条件。在顺天应人、天人合一的传统文化和生产能力的条件下，因地制宜采取有效应对措施，从平面布局、群体空间，到结构类型、建筑材料，形成了众多的地方特色。例如建筑石材，因其广泛分布且长途运输不易，普通民居多用当地、当时开采的材料，因此普遍运用的石材的种类、形状、颜色、工艺往往成为一个地区、一个时期（朝代）的传统民居的特征。

三、在制度性方面：主要有两大类制度影响。一是朝廷的舆服制度，见载于史册，唐代始即以国家制度的形式，对各级官员府邸和普通民宅的形制作出明确的等级规定，延至明清则愈加详细、具体。同时，这类制度的贯彻和遵守，理所当然地受到历代朝廷管辖版图的影响，也明显地受到版图内不同地域的行政管理效率的影响。二是社会的礼仪制度，男女有别、长幼有序、内外有分、尊卑有礼的社会道德性规则，在千百年来的传统民居中没有明显的变化。

四、在文化性方面：中国民族众多，民俗、礼仪等文化元素相应丰富多彩。因为历史源流的多样性、历史时期的变异性和地理、气候、交通等的差异性，即使作为中华民族主体的汉民族，也存在着形形色色的文化形态。宗教因素的渗入则给不同地区和民族的文化带来了更多的差异性和共同性。文化性对民居的影响主要直接体现在装饰，特别是饰纹方面，匾额对联更是画龙点睛的文化作品，一些极具特色空间需求的民俗礼仪对民居建筑的平面组织也产生明显的影响。

五、在地区性方面：幅员广阔伴随着地貌、气候的刚性差异，加之交通不便、政令不畅、发展不均等原因，使得中国传统民居显现出鲜明的地区性特征。就传统民居的整体概念而言，从群体风貌到单体造型，从结构体系到建筑材料，从平面布局到装饰纹样，从室内空间安排到室外院落组织，都存在着地区特征的体现。因其影响因素的不同作用，特征地区主要可以分为以下几类：气候分区，地理分区，经济分区如沿海、中原、西部等，产业分区如商贸、手工业、农业、游牧等，民族分区如藏族、维吾尔族、蒙古族、回族等。其中气候分区、地理分区对传统民居特征的影响最为本质，本书将专章阐述。

六、在交融性方面：主要可分为两大类。一类是建筑形式本身的直接交融，最为普遍的如屋顶的形式与装饰、大木结构、柱础等。另一类是特征地区之间的交融，如相邻地区之间的交融、迁徙始发地区向落户定居地区的融合带动、同一民族在不同地区的适地性融入、多民族平衡混合地区的相互融合等，主要体现在建筑功能、平面组合的适地性交融和建筑纹饰的文化性交融等方面。在交融的趋势上，总体而言，传统民居建筑向适用、美观、坚固的方向演变，强势文化如优势经济、强势权力、先进文明等地区的传统民居特征向其他地区扩展甚至覆盖。在交融的路径上，商旅回乡建房和地区间大规模迁徙有可贵的先导作用，当地居民毫无疑问对民居文化的交融、普及起重要的基础作用，而优秀的建筑工匠行帮则对大中型、高档次的民居文化交融起到了关键作用。

七、在时代性方面：传统民居，尤其是以汉民族为应用主体的传统木结构民居，迄今尚未发现早于明代的实物。综合各类传统建筑实物遗存和图文资料来看，唐宋以降，每个朝代的建筑做法和用材都有各自时期的特点，标志性的权威区分标准即始刊于北宋的《营造法式》和颁布于清雍正时期的《工部工程做法则例》。

明清两代传统民居的时代性有三大影响因素：一是朝廷规定的“舆服制”影响民居的基本形制；二是上述“法式”、“则例”两部国家标准，影响民居的建造技术，其中“则例”对长江以北区域的影响更为显著；三是元末明初烧制砖的普及应用，则对传统民居的主体用材、造型、结构和装饰产生了全面的影响。

传统民居的时代性主要有以下特点：①社会结构特点，如家族关系、行业关系、籍贯关系影响聚居群体规模；②家庭结构特点，多子女、多代同堂等影响“户”的功能和空间组织；③舆服制度特点，影响民居单体建筑的规模、体量；④经济特点，如土地私有、自给自足、业居关系等影响住宅的功能、平面布局；⑤技术特点，如结构体系、营造用材、施工工艺等影响保温隔热、防雨、抗震等营造水平；⑥艺术特点，伦理性、文化性、美观性与工程性的整体有机融合。

中国传统民居浩如烟海，营造方式百花齐放，影响因素、各种特征之间的源流关系有如江河入海，方向上万折必东，细微处妙不可言。遗存总量多、群体（户型）规模大、用材质量好、艺术水平高、风格特色强的，在历史长河中的痕迹也就更加鲜明。因此本书侧重于中国传统民居的各种基本性、制约性和规范性的探索与论述，对其多样性、模糊性则择其要、其显，尽力而为。

本书分为四个篇章。

第一篇分析中国传统民居的总体特征，梳理了传统民居的功能特征、组织特征、地域特征、时代特征和户主特征，从机制层面对我国传统民居的总体特点系统性提出观点。

第二篇研究中国传统民居营造的影响因素，主要包括地理气候、材料工艺、社会变迁和礼仪制度四个方面，着重探索传统民居物质空间形成的缘由，阐述物质形式和特点的内在推动力。

第三篇系统地梳理了中国传统民居的基本构成与类型，包括形制与空间、结构与材料、色彩与装饰三个层面，对传统民居的营建方式及构成要素进行全面的、概要的分析分类、梳理归纳。

第四篇是对中国传统民居营造中的规划设计理念与方法的分析研究，包括基本理念、规划原则、建筑设计要点、庭院设计要点四个层面，从传统文化传承的视角对传统民居的营造方式和特点做进一步的抽象。

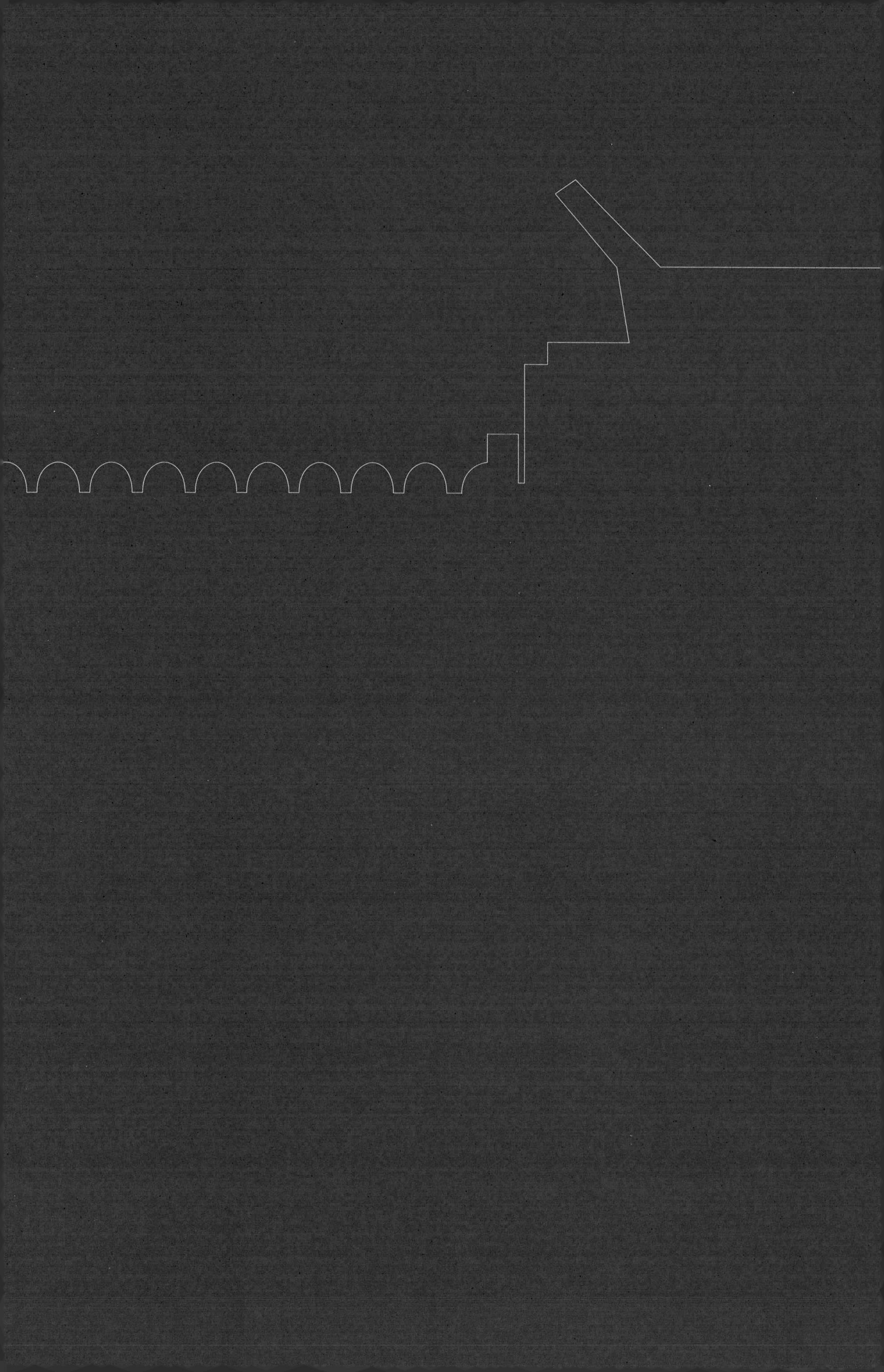

第一篇

中国传统民居的总体特征

居住是人类的基本需求，世界各地的人类文明，都因其独特的自然条件、社会文化形成各具特色的居住形态。中国这样一个幅员辽阔、历史悠久的多民族文明古国，更是孕育了丰富多彩的传统民居建筑，是中华文明的重要组成部分。

中国传统民居的总体特征主要有功能特征、组织特征、地域特征、时代特征和户主特征。

第一章

功能特征

中国传统民居的功能特征主要体现在防护功能、生活功能、生产功能、精神功能等四个层面。

第一节

防护功能

一、防护是居住建造的基本动因

房屋是为保护居住者免受自然侵扰和外部伤害而创生的。

人类居住形态的起源，在生物学层面如达尔文的《物种起源》追溯至某些人类近亲的行为模式，如猩猩采用树叶蔽体、类人猿在树上用枝条搭建休憩平台；原始人类则广泛利用天然形成的洞穴以满足庇护需求。因为遗存可能性的问题，原始人类是否也广泛在树上搭巢而居，当今则无从实证。然而，在没有岩洞的广泛的滨水宜生存地带，不在树上又能住哪里呢？中国古代的"有巢氏"传说即是具备逻辑说服力的证明。

从迄今的考古发现成果来看，较典型的居住形式如我国黄河流域原始氏族部落的"穴居"，和长江流域及其以南地区盛行的"巢居"或称"栅居"。从建筑学角度考察其居住形态，"穴居"是指在以黄土层为壁体的土穴上、用木架和草泥搭建的原始建筑（图1-1）。如仰韶文化、龙山文化遗址中发现的袋穴及坑式穴居，是在人类拥有锐利的金属工具来砍伐木材、采取石料以前，利用石器在黄土层中挖掘洞穴，并在上方用树枝、树叶、树皮和泥土等做成简易的人字形或其他形状的屋顶以蔽风雪[1]。"栅居"即是初始的"干阑式"建筑，是下部以木（或竹）柱构成底架，使房屋高出地面或水面的形态——如史料记载，"依树积木以居其上"（《魏书》卷一〇一，《北史》卷九五），"结栅以居，上设茅屋，下豢牛豕"（《岭外代答》卷四）。从原始人类的居住形态可以看出，构建房屋或类似构筑的初衷是寻求遮蔽。因此，防护功能是居住形态形成的基本动因。

随着人类文明的发展，居住形态进而体现出私密性和领域性的基本特征，反映了人类与生俱来的本能需求。半封闭性的穴居、栅居等原始建构逐步演变为私密性更强的、有完整围合结构的住宅，如黄土高原地区当今依然存在的窑洞，就是原始穴居居住形态的近亲。而合院式住宅则是对单体房屋的发展，将一片室外空间通过建筑、墙体的布局围合起来，是将室内领域拓展为室内外领域的一种空间演化。内蒙古等半游牧、半耕种地区的夯土住宅，往往在比房屋大出许多的范围构建围墙，除了用于圈养牲畜、防御野兽外，也体现了人类在空旷危险的荒野地区所表现出的更强领域感需求。

防护需求的强弱，推动了不同建筑类型的形成。从早期半封闭式的穴居、干阑式居住形态，到围屋、围堡、楼、寨、碉楼等类型，随着防护需求不断增强，建筑的形制、布局和构造的复杂程度亦有相应程度的提升，以适应不同自然环境、社会环境的要求。

房屋的防护性还体现在选址、空间处理、装饰理念等一系列具体措施上。由房屋聚集所形成的聚落，通常也具有明确的实体边界，以强调居住

1 刘敦桢. 中国住宅概说［M］. 天津：百花文艺出版社，2003.

活动的领域感。《周礼·考工记》所记载的周朝时期营造中，版筑、道路、门墙的标准化设置不仅有礼仪和精神作用，主要也是基于适应防护、生活的需求。其他一些有迹可循的原始文明城市——如印加文明的马丘比丘、萨波特克文明的阿尔班山等，都建造在难以攀爬的山顶，其目的多是为了利于防护，也便于限定社区的边界。在民居中普遍使用的一些装饰构件，如各类图腾、石敢当等，都体现了人类祈求房屋免受水火之灾、不祥之邪侵扰的愿望。

二、防护功能包括自然防御与综合防卫

房屋的防护功能包括自然防御和综合防卫两个主要方面，并各自对居住形态产生影响。

自然防御是指房屋在遮风避雨、御寒保温、防火防水等针对自然要素方面发挥的作用。传统民居皆是在当时的生产力水平条件下，因地制宜地适应、利用环境，并适度改造环境的结果——陕西、河南等地的窑洞式民居，利用黄土的隔热性能抵抗寒暑；东北林区就地取材，用粗壮的树干建造木屋抵御严寒；夏季酷暑的长江下游地区通过院落组合方式促进通风散热。江南地区常见的封火墙（俗称“马头墙”），则是为防止火灾在鳞次栉比的木结构住宅间蔓延。

综合防卫包括防野兽、防偷盗、防匪患战乱等。西南地区森林密布、气候潮湿，野兽蛇虫出没频繁，当地居民多采用底层架空的干阑式、吊脚楼作为住宅建筑基本形式。如傣族竹楼，主要目的之一就是防御蛇虫侵害；又如福建西部龙岩、三明等地山区自古以来就是百姓躲避战乱和匪寇的避难区域，居民修建堡寨式土楼民居，采用封闭高大的墙体将若干单元住宅组合包围成坚固的防御性堡寨，外墙上只在高处留有很小的窗洞以便通风和瞭望，整个家族乃至全村村民共同居住其内，以群体力量提升防范战乱和匪患的能力（图1-2）。

图1-1
早期穴居形态

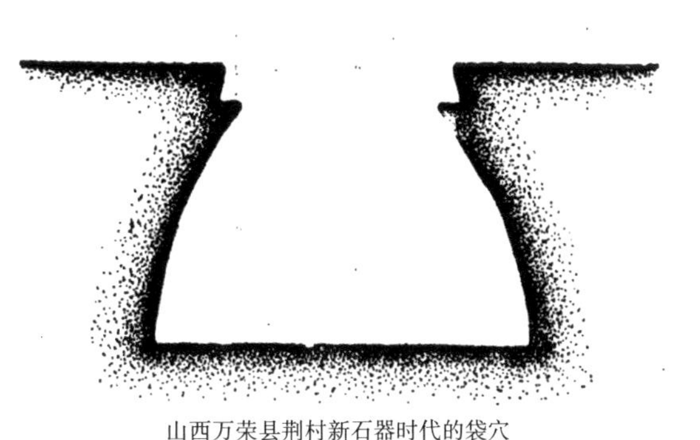
山西万荣县荆村新石器时代的袋穴

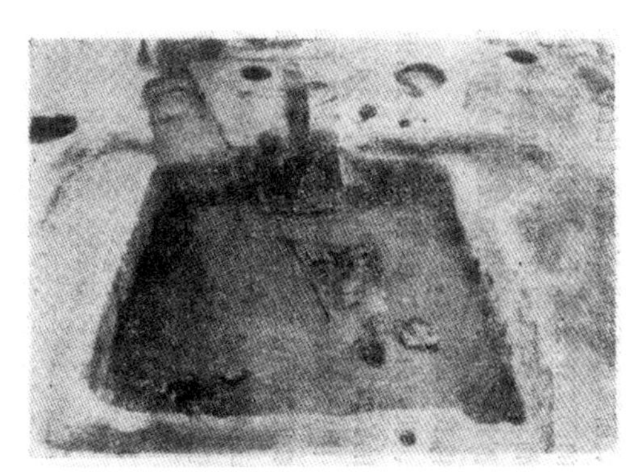
陕西西安市半坡村新石器时代的半穴居

四川广安的宝箴塞是民居防御专用功能的一种案例。清末民初时期当地段氏家族为防避匪患战乱，在平常居住的段家大院附近建造的一处以防御为主要功能的临时性居所。建筑依地势灵活布局，多院落复杂平面随地形而成不规则哑铃状，外围全封闭成环形城堞，石砌塞墙，高5～7米，厚2～3米，墙上设瞭望孔、城垛，仅在北侧设置一个出入口。塞内有大小房屋120余间，可供全家族人员在战乱匪患时期享有正常的起居、休闲和娱乐生活（图1-3）。

图1-2
具有集体防卫功能特征的福建土楼

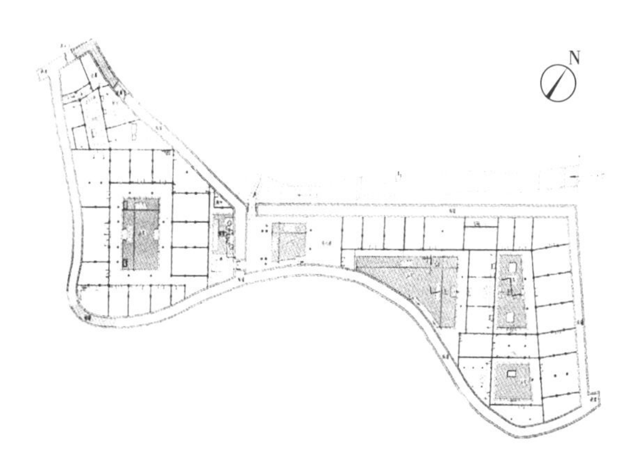

图1-3
集防御和生活于一体的四川宝箴塞

第二节

生活功能

一、满足日常起居需要是民居建筑的主要功能

民居建筑的出现，是人类居住方式从流动迁徙、简单栖身到定居生活的标志。居住地点越稳定、居住生活越安定，居住建筑就越发展、越发达。家庭是人类社会的基本单位，以家庭为单元的定居生活也是人类文明发展到一定阶段后的必然产物。民居的主要功能即是满足以家庭为基本单位的定居生活需求。

如龙山文化遗址中具有墙壁的半穴居，作为一种从穴居向地上房屋的过渡形式，在穴内地面上可以看到一块黑而光的硬烧土，是在房屋中烧饭的地点，说明这种半穴居不再仅仅是遮风避雨之所，而且也承担了做饭和就餐的功能。民居建筑演变的动力之一就是满足人们日益增长的生活需求。

二、逐步丰富招待、学习、交往、储藏等多元生活需求

房屋形制随着文明发展而逐步多样化，以不断适应日渐丰富多元的生活需求。传统民居建筑的多样化体现在以下几个方面。

首先是功能的多样化。如云南元阳哈尼族的传统蘑菇房，室内通常为无分隔的大空间，厨房、餐厅、起居、卧室等功能空间围绕中央的火塘设置。火塘——这个传统群居活动的中心，在建筑内部是家庭室内空间的中心，同时在炊事、取暖、议事、祭祀等活动中发挥作用；而形成对比的是在当代哈尼族住宅中，随着厨房、卧室、客厅等功能房间的分隔，火塘也不再居于民居中显要的位置。四川羌族聚居区民居在村中或家中设置碉楼，用于储藏粮食，在山区不利的治安条件下延续生计。福建土楼的核心位置经常设置一栋中心建筑，用于祭祀祖先或神明，体现了融于日常生活之中的精神需求。

其次是住宅平面的多样化，反映出日益丰富的家庭和社会生活需要对住宅的要求。典型的如形式多样的汉族合院民居，最基本的形式之一为“一明两暗”式三开间房屋，中间兼作客厅、餐厅、厨房，两侧为卧室。随着家庭规模增大带来长幼尊卑的空间安排需求，三开间住宅逐步增出两侧耳房、厢房、倒座，形成三合院、四合院，卧室也分化出老人房、户主房、成年子女房、未成年子女房、客人厢房等，如山西大院的“多路多院”式格局。随着社会生活进一步丰富复杂，如明代苏州，文人墨客聚集、社交活动趋于精致，住宅形成了由门厅、轿厅、客厅、内厅、卧厅构成的多进式合院布局，在公共性与私密性之间的区分措施也越发细密。可

见，民居建筑平面的多样化也是家庭与社会文明不断进化的结果。

第三是空间的多样化，体现在各种类型的新型空间。例如苏州大型住宅中常见的园林空间，是随着户主家庭生活和社交活动的精致化，推动了对园林这类新型住宅空间的精心营造与发展，形成了轩、榭、亭、廊等将室内外空间巧妙融合贯通的园林建筑类型，丰富了住宅空间的层次。又如广西壮族干阑式民居中，常见二层堂前凸出形成半室外的“挑廊”，一侧与一层以楼梯相连，另一侧与火塘间、卧室相通，除了作为家庭休息、手工劳作场所外，还具有社交和串联各室内空间的功能，是从公共到私密的过渡空间（图1-4）。

图1-4
广西龙脊壮寨民居的二层“挑廊”

第三节

生产功能

一、家庭生产方式的发展带来民居功能的变化

家庭生产方式产生相应的功能需求，从而影响住宅的生产功能和布局组织。传统农业社会的家庭主要从事农业生产，如农作物种植、禽畜养殖等。

传统农业生产“靠天吃饭”，与地理环境、气候直接相关，主要体现在聚落选址和形态方面，选取恰当的地点，形成特定的、适宜于农业生产的聚落形态。丘陵地区聚落往往优先选址于河谷地区，随湾就势，便于取水，形成团状聚落，农田在村落外围布置，受耕作距离所限，村庄聚集规模一般不大；江南平原地区，河网密布，农宅大多沿河渠布置，形成线性结构聚落，农宅紧邻或临近自家农田，方便生产；在生存条件较为艰苦的西部山区，居民利用山势修建梯田，受土地容量所限，聚集规模小，形成点状聚落，如广西龙脊梯田聚落、湖南紫鹊界梯田聚落等，村民从居住地到耕作地有时要在梯田中艰苦攀缘一两个小时。

农业生产同样影响住宅的室外空间布局。典型农户住宅除了民居建筑本身，也包括附属的菜地、牲畜棚、小鱼塘等，为从事农业生产提供必要的功能空间。由于生产内容和方式的相对稳定，传统农业社会的单户家庭住宅相应也一直保持较稳定的格局和规模，生产空间主要位于室外。

二、传统单一的居住生活空间逐步分离出生产经营空间

随着农业生产力的发展，传统农业社会生产出越来越多的富余产品，催生了交换和贸易的需求，进而形成集镇、城市，标志着人类社会经济水平进入新的阶段。人口集聚促进了手工业、工商业的繁荣，社会分工细化，从事不同行业的居民也随之逐步创造出适应各种不同生产需求的民居建筑，生产性、经营性空间被组织在住宅空间之中。

不少已发现的古代遗址中即有明确的生产区域和生活区域的分布。最初广泛的职业分化和住宅功能分化多发生在村镇，商店、作坊皆是小型的简易建筑，很多是单开间的家庭店坊。多地传统民居中都可看到农业和工商业生产空间组合形成的多种不同民居形制。农民、渔民等住宅大多位于山边水际，宅前往往有较大的空场，以满足生产劳动、晾晒产品等需求；市镇的小型工商户住宅，则多采取前店后宅、前坊后宅、底店上宅等居住和生产混合的布局形态。

在手工业、工商业集聚的城镇，传统农业在居民家庭生产中的比例较少、比重较低，而非农职业门类繁多，民居形式更为多元。如位于巴渝

古道上的贸易型集镇——肖溪古镇，其主要商业街两侧皆为“店宅”，沿街建筑底层是商店，层高较高，满开活动板门；楼层多作住宅，层高较低，附以檐廊。建筑空间功能安排多为前店后宅（平房，有院）或下店上宅（楼房，无院）。在江南水乡地区，从事手工业生产（如蚕丝业）和贸易的居民也多将作坊、商店与住宅混合组织，形成前店（坊）后宅式的平房，或下店（坊）上宅式的两层楼房；也常见三进院或门面为两三开间的店坊，如顾客较多的茶楼等建筑（图1-5）。

图1-5
苏州周庄老街的下店上宅式楼房

第四节

精神功能

一、对自然的原始崇拜

民居中的精神功能源于原始宗教仪式需求。如云南晋宁石寨山出土的西汉时期滇人青铜器中有一座干阑式建筑，夸张的屋顶结构和纹饰表明它不仅是普通的住宅，也可能具有宗教仪式功能。这个青铜器本身也是用于滇国祭祀活动（图1-6）。

很多少数民族民居的形制、装饰中依然可以看到原始的自然崇拜传统。西南少数民族民居中普遍可见的火塘间，在当代炊事功能大多为独立灶房的情况下得到保留，因其承载着祈求农业风调雨顺、家庭人丁兴旺的自然祭祀功能。苗族民居的门上一般装饰有木制的水牛角，腰门的上门斗也刻意做成牛角形，这与苗族的蚩尤崇拜有关，蚩尤在苗族传说中便是一种“人身牛蹄”、“头有角”的原始图腾形象。藏族民居在板门上用颜料画出太阳、月亮、星星重叠的传统图案，体现了古代苯教的自然崇拜习俗（图1-7）。

二、强化祖先崇拜与家族凝聚力

祖先崇拜在汉族和少数民族地区都十分普遍，其目的首先是体现人类天性的感恩心理，进而通过祖先崇拜来维系和强化家庭成员之间的关系、提升家族凝聚力。祖先崇拜常与宗教崇拜、自然崇拜交融在一起。

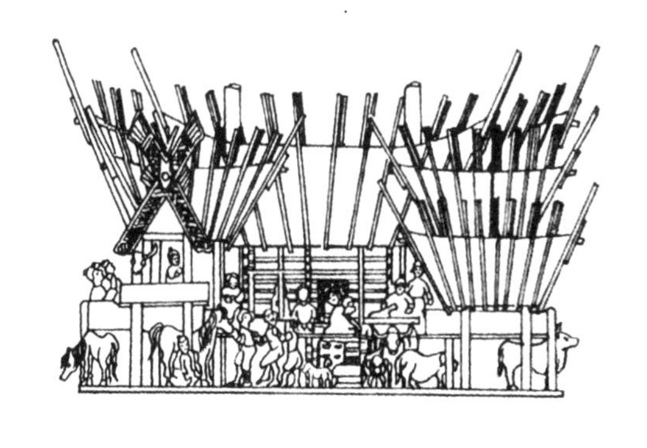

图1-6
云南滇人青铜器上的干阑式建筑

图1-7
藏族民居纹饰

清雍正皇帝在《圣谕广训》中要求，“凡属一家一姓，当念乃祖乃宗，宁厚毋薄，宁亲毋疏，长幼必以序相洽，尊卑必以分相联”。中原汉族地区的堂屋，常见祖先牌位祭拜与其他宗教信仰（佛、道）的偶像崇拜并置。而较大的家庭、家族则专门设置家庙。如徽州呈坎村宝伦阁（又名罗东舒祠），为罗氏家族祠堂，建于明代中后期，罗氏宗谱记载其修建目的为使“诸宗人因谒庙而思祖功，睹遗规而慨缔造之不易”，即通过祖先崇拜的方式激励后人、凝聚家族。建筑群体规模宏大，包括照壁、棂星门、前天井、碑亭、正门、两庑、大堂、后天井、寝殿、厨房杂院等，也是家族集体活动的场所（图1-8）。

祖先崇拜活动也常体现在民居的一些装饰细节之中。云南少数民族地区很多住宅中都有的“中柱”，不仅是建房时竖立的第一根柱子，在生活中同样具有神圣意义，象征着家族的延续，如哈尼族新米节时会将刚成熟的稻谷割几穗下来，用于祭祀祖先后再将稻穗系挂在中柱上。在灶台边也常设置祭祀祖先的神龛，神龛下悬挂历次祭祀所奉献的猪下颌骨（图1-9）。

三、承载对于世俗生活的精神寄托

堪舆文化是中国传统文化中持久、稳定的影响要素，在民居选址、建筑空间配置、内部布局、建筑结构乃至建筑装饰中都有广泛的影响。堪舆术大致可分为形势与理气两派，形派以建筑与自然山川形态的关系判别建宅利弊，通过看得见、摸得着的物质环境来论断风水；理派，讲究理气、方位、卦义，即如何给“气”营造一个良好的运行路径，从而达到创造吉祥风水的目的。例如山西平遥古城的人户民居的营建中，多以大门为伏

图1-8
徽州呈坎村罗东舒祠

图1-9
哈尼族住宅中的中柱和火塘信仰

图1-10
平遥古城民居布局

位，按大游年歌排定九星方位，然后按九星吉凶先安排门、主、灶三要，其次安排“六事”，院落规划为几进就用贯井法设定，整体上呈现出中轴对称、尊卑长幼有序的特征[1]（图1-10、图1-11）。

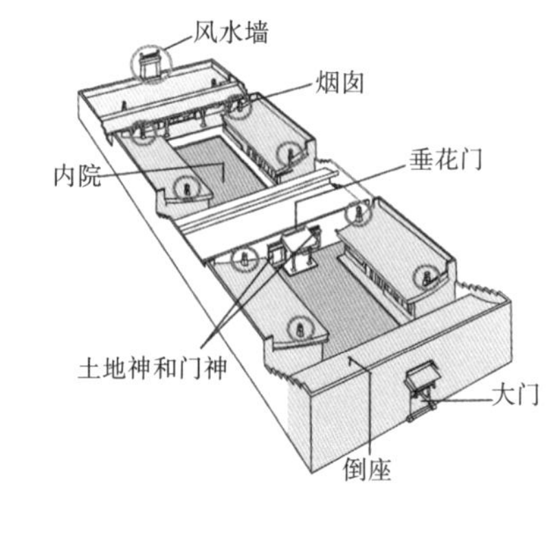

民居中的方位、朝向同样也是堪舆术密切关注的目标，堪舆表述的内容一方面是适应自然的结果，另一方面也常寄托了人们对世俗生活的祈福。如北京四合院住宅受北派风水学说影响，认为住宅开门应以西北为乾、东南为坤，乾坤为最“吉利”的方向，路北住宅大多开门于东南角，路南的住宅则开门于西北角；而西南方被视为“凶方”，只能建杂屋厕所等。

民居的装饰元素更能够直接地体现人们对世俗生活的精神寄托。门头、主梁上的牌匾，檐柱上的楹联，门窗上的装饰，往往表达了财运、入仕、平安健康、吉祥如意等祈福。还有石狮子、螭首、门神、土地神等形象在民居装饰中出现，也都是吉祥寓意的直接表达——如门上的铺首衔环装饰，用铸铁、青铜、黄铜等精心打造，以表“兽面衔环辟不祥”之意，体现了与神灵沟通的原始信仰（图1-12）。

对于民居装饰元素的更高造诣，明代苏州文震亨所撰写的《长物志》中表述尤为生动，他对私家园林陈设和装饰中如何摆脱恶俗、体现高雅好古之品味，作了极为细致的阐释，如“卷一·室庐”提到门的装饰，“门环得古青绿蝴蝶兽面，或天鸡、饕餮之属”；栏杆的装饰“不可雕鸟兽形……顶用柿顶，朱饰；中用荷叶宝瓶，绿饰……”；装饰重在简约、古雅，“古人制几榻……必古雅可爱，又坐卧依凭，无不便适……今人制作，徒取雕绘文饰，以阅俗眼，而古制荡然，令人慨叹实深”。

1 陶伟，何新，蒋伟．平遥古城传统民居形态特征的变迁及其类型：基于堪舆学的微观探察[J]．人文地理，2014（05）：40~48.

装饰元素的精神寄托还经常取自于谐音。如蝙蝠象征“福”、瓶象征“平安”等，在很多传统民居的室内陈设中，经常可以见到这些利用谐音的装饰元素。如北京恭王府后罩楼窗口的花饰，分别采用蝠、罄、鱼为图案，取“福庆有余”之意；闽南民居的墙体经常用不同厚度的红砖砌成装饰性的吉祥图案，例如以“福、禄、寿、喜”字组成团花或万字锦。

民居中涉及的数字也与此相关，一般采用吉利的“阳数”——奇数，例如传统民居的建筑开间数、建筑主入口的台阶级数等。偶数级台阶通常用于墓葬等“阴宅”，在阳宅中一般忌讳出现。

图1-11
堪舆学与民居对应的吉凶方位图

图1-12
楚文化铺首的精致工艺可推测古代高超的建筑工艺水平

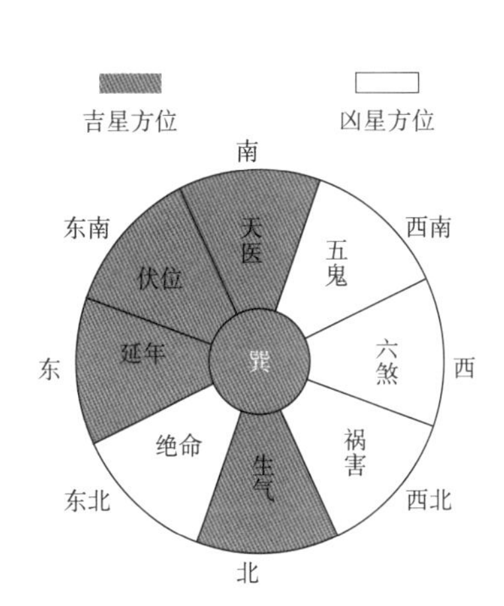

第二章

组织特征

我国传统民居建筑从组织特征方面一般可分为家庭、户、家族三个层次。

第一节

家庭

家庭，是构成传统民居最小的单位。“家庭”的社会定义，即以纵向亲缘为主，一对夫妻与其子女、父母所组成的家庭，基本对应于现代意义的核心家庭。

“家庭”的建筑学意义，则指在基本的民居形式中，居住一个家庭的一座（或一组）房屋。房屋的空间安排体现了家庭的组织秩序，遵循了长幼尊卑等传统观念，例如卧室的安排往往按照家庭成员的重要性、兼顾特殊性的顺序，安排位置、采光、通风、私密性等条件与其相宜的卧室。因此，家庭的组织特征直接影响了传统单栋民居的室内布局。

在合院形态中，家庭成员或居住于正房，或居住于厢房等。北京四合院中，小型的单进四合院一般有北房三间，一明两暗或者两明一暗。东西厢房各两间，南房（倒座房）三间。长辈居于院北正房，晚辈居东西厢房，南房用作客房、书塾、杂用间或仆人住所[1]（图1-13）。而在此基础上发展出的两进、三进四合院，同样遵循以家庭关系为中心的空间组织逻辑，只不过礼仪空间相对更复杂、附属功能空间也更多（图1-14）。

同为合院，陕西韩城党家村的居住空间安排则明显不同。当地合院一般只有一进。上房不住人，是祭祖和敬神的空间；户主和子女住在两侧厢房；下房则由当世第一辈老人居住，以便于关注后辈出入。这种空间安排体现了另一种朴素而亲密的传统家庭关系（图1-15）。

而苏州的传统民居住宅，能够在地狭人稠的城市中满足6～8人家庭单元的基本生活需求。如较典型的单路三间三进式城市住宅，由门厅、客厅和楼厅组成，客厅和两层楼厅的左右两开间多为卧室，通常能提供6间卧室，可满足典型家庭的使用需求。

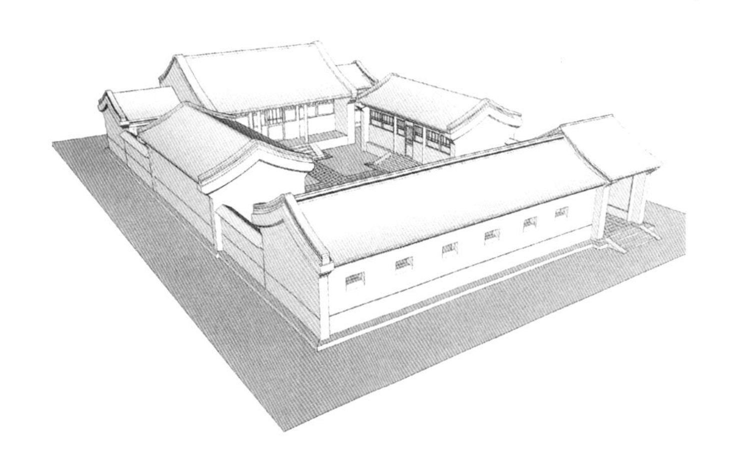

图1-13
北京典型单进四合院住宅

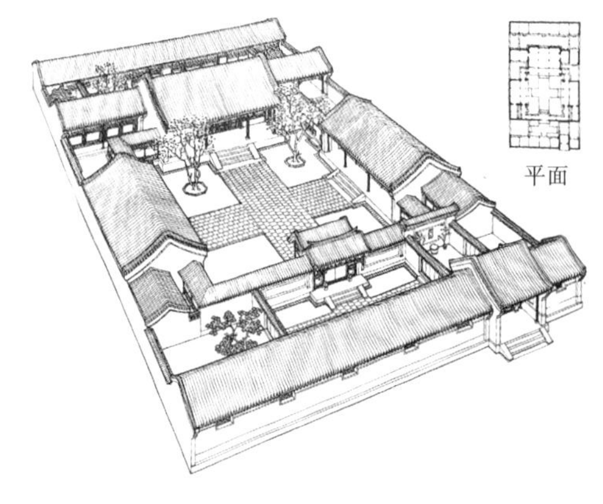

图1-14
北京典型三进四合院住宅

1 刘敦桢. 中国古代建筑史（第二版）[M]. 北京：中国建筑工业出版社，2005：317.

图1-15
陕西韩城党家村合院住宅

第二节

户

“户”的社会定义实际上来源于民居。“户”字最早见于商代甲骨文，古字形像一扇门的形状，本义指单扇的门，后来“户”才引申为家庭单位的指代，即一家人住在一个门内，所谓“不是一家人，不进一家门”。一户通常只有一个户主，财务独立，开销独立，门户独立，建筑群独立。在户主多子的情况下，若成年男性子嗣成家，依然可以共处一“户”，包括兄弟几家，通常又称之为“大家庭”“大户人家”。

“户”的建筑学意义，一般指一个完整的合院居住形态或其演变而来的形式。一个完整的合院，既可以容纳一个核心家庭，也可以容纳一个包括几个小家庭的“户”。通常由多栋单体房屋组成一个群体，形成一户，例如福建南部的大厝，可以由一户的多个兄弟家庭共享。在同一户的多个家庭中，因其兄弟地位不同而居于不同的方位，房屋的面积、质量、装饰等也能体现出家庭间的主次关系。判断不同家庭是否为一户的条件，即以是否分家为标准。如“三代同堂”中，“堂”即指共用一个礼仪性主要厅堂，也意味着没有分家；有时从灶房数量更容易判断出一栋大型民居内户的数量，分灶是伴随分家的必然行为。当然，除了通常共用的大灶，有些大户人家另外还有专为户主或户主的长辈等个别特殊成员服务的小灶，民间所谓“开小灶”的俗语，生动反映了这种特殊待遇。

我国主体传统居住空间是以合院及其演变而来的形式为基础的。已发现的夏时期遗址即有合院建筑类型，周代已多有“一堂二内”形式，延至秦汉时代合院民居形制初步定型，到唐宋时期趋于完善，明清达到成熟。中国传统合院住宅的主要特点是具有明显的“中心性”：中轴对称、主次分明。庭院、厅堂皆贯穿于中轴线上，主厅堂位于民居中心，是供奉祖先神明、进行主要活动的场所，同时也是家居世俗生活的中心；中轴线两侧房屋亦呈对称格局，依其与厅堂的相对位置而重要性不同，以安排居住尊卑长幼、亲疏不同的成员，反映出家庭关系的形象模式，这种原型是中国几千年封建社会宗法礼制与伦理思想的实体化呈现。

因此，尽管合院住户有时可能由多个合院组成，按照空间关系，可分化出前院、后院、东院、西院、侧院；按其大小可分为大院、小院、天井；但以主要合院为核心的中轴对称、主次分明才是合院式住宅原型的核心。也就是说，有“院落”不一定可称之为“合院”。例如，中西亚、北非地区的伊斯兰院落式住宅也经常围绕一个或一组院落布置生活起居空间，但院落的主要作用一方面是应对沙漠地区的炎热气候，增进住宅的自然通风和散热，另一方面是创造一个内向的生活空间，尤其是宗教习俗中对女眷活动私密性的要求，因此并不像中国合院那样追求严谨的秩序和对称。古希腊、古罗马和保存完好的欧洲古城中常见的内院式城市住宅，由多层建筑紧贴街区外边缘，形成的内院通常为街区居民共享的户外空间，也没有中国合院的家庭、礼仪属性。当代北美、北欧地区的独栋住宅通常没有内院，而是设置前院、后院，或是直接融入周边自然环境形成“外院”。

户也是中国传统聚落的基本空间组织单位。一户住宅，较小的可以是单栋住房、单个合院，中型的常见组合拓展形成的多进合院，大型的可以是几个合院组团形成的大组团。如安徽关麓“八大家”，由多个兄弟住宅相互串联形成大的住宅组团；又如山西祁县乔家大院，由6个独立合院组团组成，6个独立的合院组团又分为20多个小的院落单元，体现了大户家庭复杂的亲属关系。更有极致的情况，可由一户形成一个聚落，如山西灵石王家大院，主要包括红门堡和高家崖两个堡式聚落，各包含30余座院落、300余间房间，其中较大的红门堡内有一条南北长街，街道东西各对称分布小巷三条，沿巷排列四排建筑，皆为四合院格局住宅，住宅的位置、形制、装饰反映了主人的不同身份，整体上体现了封建宗族制度下的聚居形态（图1-16）。当然，这样的大院已经不是标准的“户”，而是宗族聚居。

中国传统城市空间也是以家庭、户为单位来组织的，形成了“各家自扫门前雪”的传统社会习俗，以独户空间为生活中心，公共生活经常也在户内组织，如宗族在祖厝中举办祭祀、开会议事等。这样的空间组织原则，使得中国传统城市形成了不仅仅是城市的空间“肌理”（该词本身即西方解剖学语境下的用语），而更为本质的是由家庭、户为单元组成的充满着社会性内涵的街区建筑群的生命“脉络”。

图1-16
山西灵石王家大院

第三节

家族

家族，是指以具有血缘关系的人为主干构成的社会群体，通常由若干户组成。同一家族的各户人家基本是同一姓氏，具有横向的亲缘关系。具有血缘关系的人，为了生存需要与共同利益，通常就近或邻近聚居。

家族聚居形成了最初的居民点。远在新石器时期的遗址，如黄河流域的龙山遗址、半坡遗址，长江下游的河姆渡遗址等，即可以看到依洞穴集聚而居形成的村落形态。家族聚集而居形成“聚落”，可分为城镇型聚落和乡村聚落。

一个居民点可以只包含一个家族。如福建南靖的田螺坑土楼群，由五座土楼构成一个黄姓家族的小聚落。几座土楼分别是不同时期随着家族人员增加而逐步建成（图1-17），虽然建造年代不同，但都坐东北朝西南，楼高均为三层、内通廊式，体量相近。又如山西省沁水县西兴文村，著名的柳氏民居所在地，居住着唐代文学家柳宗元的后人，全村现有200余人，除了五户之外都是柳姓。由一个家族构成的居民点由于家族成员的亲密关系，更容易形成和谐统一的聚落整体。

中国传统的宗族礼法制度强调祖先、宗子和旁支的礼仪秩序，是影响居民点空间和建筑布局组织的核心要素。宗子的家族地位最高，往往担任族长，一般占据家族聚居点中最显赫的位置：如在村落中居住在宗祠、祖屋的近旁，在家族共享的大型住宅中（如福建土楼、永泰庄寨）也居住在方位、等级、品质、装饰最佳的居室，其他的旁支家族往往按照与宗子家族的亲疏关系呈中心发散式布局。费孝通先生称之为“差序格局”，英国人类学家雷蒙德·费思也曾指出：“从空间位置入手来研究亲属的居住，使我们明了亲属间的关系。”[1]

家族居民点往往也拥有共享的公共空间，如宗祠、支系祠堂、书院等。宗祠是居民点中等级最高的建筑，除了居于核心位置，体量也最大，加上宗祠前的场地、戏台等组成居民点中的核心空间。家族成员无论有多大成就，在住房高度、体量和规格上都不能超过宗祠，或者先重建、重修规格更高、质量更好的宗祠。

一些少数民族也存在类似情况，如侗族往往以富有特色的木构鼓楼来标志家族或房族的势力范围。在贵州黎平肇兴侗寨，共有七百余户，均为陆姓侗族。全寨分为五大房族，随着各自发展形成五个密切相连而又微妙区分的自然片区，分别称作仁寨、义寨、礼寨、智寨和信寨。五个寨子分别建有各自的鼓楼，并配有风雨桥和戏台，作为各个房族的公共空间，同时也是各房的领域标志（图1-18）。

1 王沪宁. 当代中国古村落家族文化［M］. 上海：上海人民出版社，1991.

图1-17
福建南靖田螺坑土楼群

图1-18
贵州肇兴侗寨的五座鼓楼代表同姓五大房族

一个居民点也可以包含若干个家族。多个家族聚居的聚落中，一般来说，可以有主姓、旁姓或大姓、小姓。主姓和旁姓的地位不同，主姓从宗族礼法制度而言处于至高地位，旁姓有时是宗族的旁支在发展过程中由于子嗣中断、过继等因素而产生，依然保持与主姓的亲属关系，但地位较低；或者是较晚迁入该居民点，居民点的最佳居住位置多被主姓家族占据，旁姓只能居住在外围，社会地位也较低。大姓和小姓则与地位高低没有必然关联，只是人口规模、经济实力不同造成在居民点中的势力差异。大姓有时也可能是较晚迁入的旁姓，在后续发展中人口超过了原先的主姓。

家族发展是我国传统村镇形成的主要基本动因。村落的形成，一般由一个家族创立，并随家族人口增长而逐步壮大；也有的村落因其他家族迁入而扩大规模。有些城镇由几个起初独立的家族建筑群（村落）逐步发展连片而形成。如广东省珠海市唐家湾镇，现存81处清末民初建筑，体现了古今中西、江南与岭南、农业与海洋等文化的融合，迄今保持着被称为“堡”的完整的粤南宗族聚居模式。当地宗族观念深厚，同一家族聚居在一起，随着人口的繁衍，子孙不断分房，每分一房支脉便新修一栋房屋，久而久之，形成以“堡”为单元的整齐统一的建筑组群。每“堡”一般有70～80户，全镇共有五堡，每个堡都自成体系，家族与姓氏的宗祠、寺庙，以及商业、文化建筑等一应俱全（图1-19）。

随着生产力的发展，生产关系的变革，文明和技术的进步，新产业、新职业、交通通信等现代生活要素的普及，引起家庭、户、家族的组织方式和结构的变化，同时带来了居住建筑群体的演变。例如，家庭和户的成员数量逐步减少，核心家庭日益增多，成年子女倾向于尽早分家独立，较大家庭同居一户的情况越来越少，特别是文化观念更前沿的城镇地区，住宅的规模显著缩小。在社会层面，支撑社会的基础结构从以血缘关系为主向以血缘关系为基础、社会关系为主演变，尤其在城镇中，家族不再是聚居的主导因素，而是按照行业、社会阶层形成相对的聚集，传统居住建筑群体的空间组织和形态也直接受到上述变化的影响和冲击。这种状况也是当前各地传统街区中的普遍现象。

图1-19
广东珠海市唐家湾镇的“堡”式布局

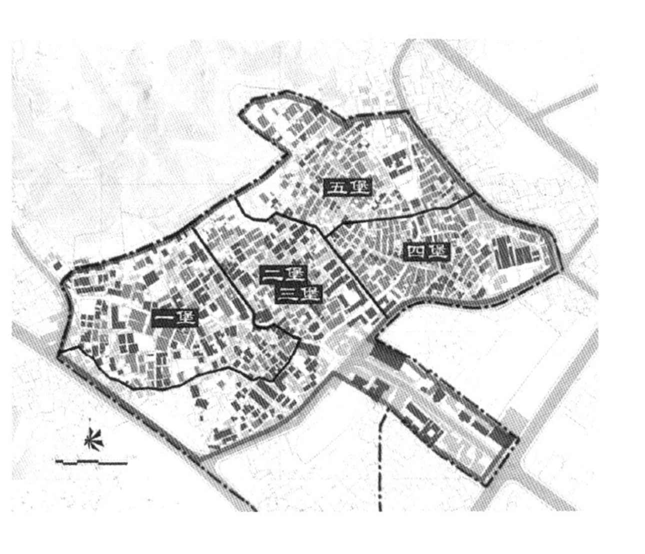

瘦肉羹

第三章

地域特征

辽阔的国土、差异的气候和丰富多变的地貌、多元多样的文化，中国传统民居的地域特征纷繁复杂，但总体而言，都体现了顺应自然、天人合一的生态价值取向，体现了对当地生活方式和民俗文化的适应和彰显。

第一节

顺应自然、天人合一的价值观

一、选址：敬畏自然

“天人合一”的生态价值观赋予传统民居显著的地域环境适应性，首先体现在聚落选址时敬畏自然、趋利避害的原则。

传统聚落的营建者受限于知识和生产力水平，改造自然的能力十分有限，这反而激发并促进了他们的另一种能力——主动利用自然界一切可被利用的条件，尽力规避不利因素。传统聚落、住宅选址中常用的堪舆术，就是源于对自然的顺应之心，而表以敬畏之语。例如以正南、东南朝向为大吉，排布正屋主房，以获得最好的采光条件；而西南、西北多为大凶，一般安置厨、厕，这也顺应了中国大部分地区春夏秋季的主导风向，以减小异味对住宅环境的不利影响。

二、地形：顺应自然

中国自然气候、地形地貌丰富多变，各个地区的传统聚落和民居营造都自发遵循着顺应自然、因地制宜的原则，形成了当地的特点。

不同气候区的气温、日照、降水量、风速的差异，对聚落和住宅形制有着重要影响。东北严寒地区御寒需求高，保温是建筑的主要目的，外围护结构采用厚墙体、开洞较小；南方大部地区属于亚热带气候，空气温润潮湿，通风排湿是住宅空间组织的要点，建筑主要采用方便散热、耐湿性能好的木材，并设置更多的门窗、天井以改善通风效果；云南西双版纳地区属于热带气候，建筑则采用当地遍有、方便通风的竹子，并常用草席、竹席等简单遮蔽物作为门窗，以促进散热。

地形地貌是影响聚落和住宅营建的重要因素。聚落选址多适应山水格局、朝向、风向，因地制宜、随弯就势。如徽州山区岭谷崎岖，当地村镇聚落和民居营建展现出高超的传统智慧，将不利的自然环境塑造为良好的生活环境。在聚落选址、布局结构、街巷走向、视觉廊道方面都尽可能“显山露水”，既利用自然环境特色布局聚落和建筑朝向，改善避风、除湿、防火、小气候等功能；也用衬景、对景、借景等手法，营造丰富多姿的聚落形态，使村庄融入大地景观。住宅层面同样如此，如江南水网地区，城乡聚落与密集的水系、运河相结合，形成水陆两套交通系统，住宅的组团和单体布局都尽量亲水（图1-20）；丘陵山区，聚落形态紧凑小巧，建筑常采用干阑式、吊脚楼等形式，在用地狭窄的条件下拓展生存之地；黄土高原地区，水位低、土质硬，多有顺应沟壑地貌，在崖壁中开凿窑洞拓展居住空间。适应自然是大部分传统民居形态演变的主要动因。

顺应自然的原则还体现在，修建住宅时尽量减少工程量以降低营建成本，同时也减少对生态环境的破坏。一些传统聚落的选址还为农业生产留下最佳的朝向、环境，如云南元阳哈尼族梯田聚落——将最适宜种植的、山脚到山腰的坡地开垦为梯田，山顶则是为了涵养水源、灌溉梯田所必须维持的森林，而聚落选址大多在山腰上部，这是利用自然、农业优先原则的体现。四川宜宾夕佳山民居，将平原上常见的多进合院式住宅，适应地形建在四层台基之上，占地达6.8万平方米；现存房屋123间、建筑面积一万余平方米，围绕纵深三进、11个天井布置，形成富有高差变化、节地节材的台地型四合院住宅（图1-21）。

在经济技术不发达的时代，民居内部没有现代化的设施，但通过建筑平面布局、空间营造和适当的材料选用，具有自然、天然意义的舒适。如长江中下游地区的天井式住宅，尽管气候夏热冬冷，但通过天井和建筑材料调节，形成“冬暖夏凉”的微气候，明显改善了居住环境的舒适度。

图1-20
上海朱家角水乡古镇

图1-21
四川宜宾夕佳山民居的坡地四合院

三、材料：利用自然

地域特征的另一体现是建筑材料就地取材。在人造材料并不普及的年代，以自然材料为基础加工为建筑材料，是建造房屋的主要方式。在平原、沙漠、戈壁、黄土、森林等不同地貌区，利用地产材料的方式各异。如前所述，西北黄土高原的窑洞利用多塬的地势形成天然居住空间，东北大兴安岭林区以厚实的木材建成木屋，内蒙古戈壁地区住宅常采用夯土、毡帐，西南地区则多利用竹子建造竹楼。

就地取材原则也必然导致了在相同文化地区建筑材料的差异。例如在福建，海拔较低地区常见夯土和木材结合的“土木厝”，海拔较高的山区木材资源丰富、土壤稀缺，则可见更多的纯木结构民居，而近海的泉州、漳州等地传统民居，还可见当地称为“蚵壳厝”的一种特色蚌壳屋，利用海蚌壳为结构材料堆砌墙体，以抵御沿海咸湿空气对墙体的腐蚀。

利用自然还体现在对地貌等自然资源的巧妙运用。如利用聚落布局将自然的水源、信风等引入聚落，以改善聚落内部的微环境。安徽宏村的水利系统是这一聚落营建理念的杰出代表之一，通过将上游溪水引入村中，先流过家家户户的水圳，作为日常生活用水；接着汇于南湖、月沼，起到景观、消防作用；最后流到水田里，灌溉农作物。巧妙利用自然资源，将生活、生产和景观功能完美融合（图1-22）。

四、型饰：融入自然

由于对地形地貌的适应、对自然材料的选择，聚落在整体风貌上一般就呈现出融入自然的特征。这一特征进一步在建筑的形制、装饰、陈设中得到体现。

江南传统民居多采用淡雅的建筑色彩、简约的建筑符号，形成与自然融为一体的优美村落形态。所谓“青山云外深，白屋烟中出”“人行明镜中，鸟度屏风里”，粉墙黛瓦的清新淡雅，映衬着桃红柳绿的春天、垂穗金黄的秋天；民居建筑的门窗之“点”、墙脊之“线”、粉墙之“面”，与简洁的自然山水之形完美融合，宛如巧夺天工的自然乡土画。

图1-22
宏村水系的节点及脉络：南湖、月沼与水圳

第二节

地方社会生活方式

一、地方社会结构决定聚居结构

聚落结构是地方社会结构的直接体现。农村和城镇的社会结构差异，主要在于以血缘关系为主，和以血缘关系为基础、社会关系为主的社会结构的不同。社会结构的多元化也带来聚落规模的扩大、空间布局结构的多样化。

以单户、单个家族为基础的传统血缘聚落，社会结构较为简单，聚落规模一般不大，由于家族成员内从业范围的限制，很难具备形成城镇的基本条件。而在贸易型的城镇中，社会分工带来社会结构的复杂化，聚居结构亦趋于复杂。且贸易使城镇摆脱了传统农业聚落中农田面积与可供养人口的制约关系，进一步推动聚落规模的扩展。

二、地方生产方式决定聚居功能

传统聚落的基本职能因其物质生产方式的不同，通常可分为农业聚落、手工业聚落和商业聚落等三大类。

农业聚落一般以农田、畜牧草场为基础而展开，聚落规模取决于周边自然资源可供生产的规模，聚落功能以居住为主。传统农业的生产力有限，需要通过质朴的劳动力累积来应对自然条件，克服自然障碍，如开荒拓田、疏浚河渠等活动，这使得农业聚落一般具有较高的家族和社会凝聚力，作为此种凝聚力象征的宗祠、庙宇等祭祀性公共场所也成为聚落中除住宅外最重要的功能空间。

手工业聚落是在农业聚落的基础上，在社会分工细化的驱动下，以某种或多种手工业产品的生产为核心而形成的聚居点。手工业作为农业原产品和商业交易流通的中间环节，往往居于交通便利之地，并且因市场的汇集、技艺的传承交流而经常集中成片，形成特色商业街道、片区。如湖北赤壁的羊楼洞古镇被誉为“砖茶之乡”，由于靠近湖北、湖南的红茶产区以及汉口这一主要贸易港口，作为万里茶路的重要节点，一度发展成为明清制茶业的中心之一。古镇中曾经有五条主要街道，聚集着百余家茶行茶号，他们收购农民的茶青或毛茶，在此加工、运销和售卖，形成极具代表性的手工业聚落。福建武夷山下梅村也是地区茶叶生产和贸易中心，沿着作为贸易通道的溪流两侧分布茶行，富有的茶商在主干道两侧建造了豪华的住宅和宗祠，体现了各自的经济实力（图1-23）。

商业聚落是手工业聚落的进一步发展，它与后者的区别在于经营商品种类更多、经营辐射面更大，相应的人口社会构成也更加复杂。商业聚落一般位于区域或全国的交通要道，来自各地、经营各种货物的商人汇聚于此，利用各地生产产品、生产水平的差异赚取利润。商业聚落中除了和手工业聚落类似的商业街之外，还因各地商人的需求而形成独特的会馆建筑，多展现商人的原乡文化，作为商人在异地的互帮互助、停留歇息之所。如河南省社旗县山陕会馆，地处山西、陕西商人经营南北商路的交汇要冲之地——赊店古城，由清代山西、陕西在赊旗店的商贾集资兴建，作为他们同乡集会的场所。一方面出于山、陕二省商贾“盖压三江”的比富心理，另一方面赊旗地处南北文化交流影响之要冲，建筑工艺兼收南北建筑文化之长，每座建筑都饰以精美的木雕、石雕构件，屋顶有极富装饰性的琉璃瓦件，是我国古代商业聚落建筑中的佼佼者（图1-24）。

各种生产方式不仅对聚落整体功能及布局有不同的影响，也塑造了不同家庭生活方式的基本民居单元。民居中除居住之外的一些功能便是生产方式的体现。例如，农业聚落的民居中经常需库房储放物资；手工业聚落民居多在家中设置小型作坊；商业聚落则多有铺柜、作坊、仓库与住宅融合，住宅布局更为复杂。安徽黄山屯溪老街，作为徽州文化荟萃之地，聚集了徽州地区所产的茶叶、纸墨笔砚、各种手工艺品等，形成前店营

图1-23
武夷山下梅村茶行老街

图1-24
河南社旗山陕会馆

业、内厢加工或储存货物的“前店后坊”式民居，以便根据客户的要求和反馈及时调整产品的加工方式。此类住宅一般进深较大，有多进天井，除了前院用于经营外，后院则可布置加工间、储货间等。

三、地方生活方式决定建筑布局

各地生活方式的不同也对建筑布局产生较大的影响。例如，北方草原牧区的牧民逐水草而居，居住设施尽可能简单，以方便迁徙；青藏高原地区半游牧半定居生活的藏民，既采用帐篷以便游牧，也建造永久性碉楼以满足定居期需要；江南水乡地区院落式民居纵向深长而面宽狭小，多有两个出入口，一个朝向街巷，另一个朝向河道，目的是让每户民居都可以在街巷、河道中露出“门脸”，方便日常生活生产的交通需求。

住户的经济能力直接影响建筑的质量。经济条件好的居民，住宅建筑质量也相应更加讲究。夏季闷热、冬季湿冷是江南气候的典型特征。在苏州传统居住习惯中，进落通透布局以利获得“穿堂风”，常用楼厅设置卧室，鸳鸯厅南北两厅分别对应向阳和遮阴，采用清凉的青砖地面与保温的架空木地板等布局或构造处理，以及调适“心静自然凉”的庭院绿化与山水小园景观等。这些常用做法都是在独特气候条件、生活方式影响下形成的。[1]

1 张泉，俞娟，谢鸿权，等. 苏州传统民居营造探源［M］. 北京：中国建筑工业出版社，2017：32.

第三节

地方民俗文化

一、地方民俗文化在民居中的体现

地方文化意识形态在建构技术、选材、色彩、纹饰等方方面面都有体现。

建构技术和选材除了受工匠技艺和材料资源所限外，往往也是户主的主动选择。我国传统民居形式大多经历了土木、纯木、砖木、砖混等结构演变的过程，也是在不同时代经济和资源条件下的主动选择。

民居的细节往往能成为地方民俗的载体。闽南民居广泛采用曲面屋顶，并在屋脊端部高耸起翘形成“燕尾脊”，创造出灵动飘逸之感。对于“燕尾脊”的形成原因众说纷纭，我们认为有可能是东晋衣冠南渡时期遗传的中原汉风，中原一带出土的汉代明器中即多有此类风格的屋脊；也有认为是闽地远离国家政治中心，气候温暖，山清水秀，故而形成自由灵动的地方民风。无论来源如何，“燕尾脊”已与当地民俗融为一体，在民居和其他建筑中应用普遍，已超出建筑技术范畴而具有文化和信仰内涵（图1-25，图1-26）。例如当地有“庙斜神兴，厝斜人贫”的说法，故而祠堂、寺庙宫观的屋顶凹曲度较大，进深较浅的民居屋面的凹曲程度则相对较小。

图1-25
中原一带出土的汉代明器的屋顶

图1-26
闽南民居燕尾脊

民居的色彩、纹饰更直接地体现各地民族风俗。藏族民居外墙主要采用白色和红色，这是因为在藏族生活习惯和信仰观念中，白色代表吉祥、温和、善良，红色则是权力、骁勇善战的象征，体现了藏族这一古老游牧民族的勇武精神。此外，藏族民居常在墙面上绘制老虎、蝎子、蛇、大鹏鸟等图案，作为避邪和镇灾之用，这种装饰也来源于远古的游牧民族风俗[1]（图1-27）。

云南、贵州等少数民族聚居地，多民族混合居住。各民族建造的民居因地域、气候原因而常有相似特点，但仍具有各自特征，彰显了各民族的文化身份。如贵州水族民居，虽然与苗族、布依族、侗族民居一样皆为干阑式山地建筑，但上二楼的楼梯位置有所不同——苗族、侗族民居多从侧面上二楼，布依族民居从正面上二楼，水族民居则从背面上二楼（图1-28）。又如，滇西北丙中洛乡有怒、藏、白、傈僳、独龙等十多个民族共同聚居，各族文化对建筑形态、装饰、室内空间布局、房间构成等各自产生影响[2]。当然，民族之间也会相互影响，例如云南大理地区的白族由于较早与汉族通商交往，其建筑风格更多地吸收了汉族民居的特点，体现了汉族的风俗文化。

宗教文化作为地方民俗文化的重要来源，也对一些聚落和建筑有很大影响。如宁夏固原开城村回族聚落“围寺而居”的形态。回族住户在集结到一定规模时往往集资修建清真寺，宗教文化便成为集聚的纽带，形成“寺坊”。清真寺是聚落中的标志性建筑，所有建筑物规模都受清真寺规模控制，道路大多通向清真寺，教育、文化、商业等设施也基本环绕于清真寺周围（图1-29）。当地回族民居与汉族民居形制相似，坐北朝南，呈一

图1-27
藏族民居的装饰图腾

1 曲吉建才. 中国民居建筑丛书：西藏民居［M］. 北京：中国建筑工业出版社，2009：107-109.
2 吴艳. 滇西北民族聚居地建筑地区性与民族性的关联研究［D］. 清华大学，2012.

字形排列，但不同的是回族民居在卧室一侧建有简单的沐浴间，以供日常家用[1]。这是宗教风俗对建筑内部布局影响的明显例子（图1-30）。

二、户主内涵修养影响建筑的装饰品味

即便同一地区具有相似的民俗文化，户主的内涵修养也直接影响着建筑的装饰品味和质量，体现了住宅主人的精神面貌和追求。例如，商贾阶层的住宅装饰常表达富贵安康、事业拓展的寓意，文人士大夫阶层的住宅装饰则常有激励人生、崇尚风雅的风格，倡导内敛自省，提升自我涵养。

明清时期的苏州，本地居民、外来移民、致仕官员、文人雅士等多种身份的居民集居于此，形成不同的居住文化，共同组成苏州传统民居的空间美和群体美。商人住宅通常装修豪华，以展现自己的经济实力，为经商目的撑起“门面”；致仕官员的住宅主要参照官员品级礼制决定住宅的规格，体现出明显的礼仪秩序和等第；文人则大多崇尚高雅古朴的风格，不屑奢侈铺张，如《长物志》中写道：园林“要须门庭雅洁，室庐清靓，亭台具旷士之怀，斋阁有幽人之致……若徒侈土木、尚丹垩，真同桎梏樊槛而已”，形象生动地体现了户主内涵修养对建筑装饰品味的影响。

图1-28
贵州水族传统民居

1 王军. 中国民居建筑丛书：西北民居［M］. 北京：中国建筑工业出版社，2009：147-150.

图1-29
围寺而居的宁夏回族聚落

图1-30
宁夏回族民居典型平面中可见与上房并列的沐浴间

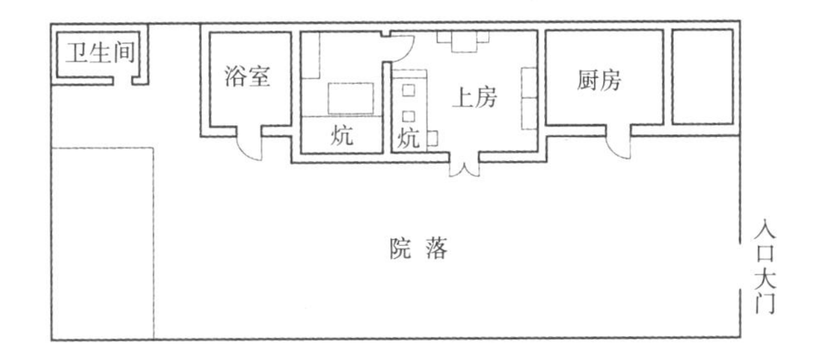

第四章

时代特征

传统民居是各个时代民间营造文化的阶段性发展不断迭代和叠加的结果。因此，民居呈现出的营造风格和细节亦凝聚着特定时代的特征，尤其是建造技术的进步、建筑材料的变化、多元文化的交融、美学和社会观念的革新等，都是促进民居中时代特征发生更迭转变的重要因素。

本章主要研究阐述明清及近代传统民居，以现状遗存为主。这些时期的民居拥有足够支撑科学研究并得出结论的实物、实物影像和建造图纸，此外还依据和借鉴史、籍、画中对民居的描绘，以为某些观点提供更为丰富的史据和证据。

第一节

建造技术进步

一、社会生产力的进步

任何一个延续久远的建筑类型都是经过长期适应自然和社会环境的积淀演变的结果，应对自然环境的营造策略主要受自身生产力水平及营造技术发展的影响，以及应对自然环境的经验智慧的积累而变化。

经济水平的提升，推动社会分工的细化、建筑专业技术的发展，进而产生建筑规模更大、功能组织更复杂、结构和构造更成熟、装饰元素更丰富的大型宅邸。例如明清时期苏州民居厅堂形制的高耸化演变，首先是“香山帮”木结构营建技术体系的发展，体现在厅堂的木构架以及轩等空间的二次营造；其次是明代苏州制砖业的发达促进了砌砖技术的发展，砖墙因其良好的防雨功效而使屋顶出檐减小，厅堂变得更加高大敞亮[1]。

生产力的进步使人们可以处理更坚硬的建筑材料，采用更高难度的营造方式，建造更大跨度的空间。一些少数民族地区的民居，因汉族移民的进入，开始使用更复杂的材料建造。例如云南白族、纳西族、彝族的合院式民居，受中原汉文化影响较深，“上栋下宇，悉与汉同”；技术上采用传统穿斗、抬梁式木构架承重，石脚土墙、筒板瓦顶；屋面双向凹曲，造型优美[2]（图1-31）。

民居中常用的木雕、砖雕、石雕装饰，是手工业发展的结果，也是某些手工业得以发展的机遇。雕刻技术和手工业一样从宋代开始快速发展而兴盛于明清，因此明清时期民居中的雕刻类装饰开始大幅增多。铸铁技术和雕刻工具的演进，也有助于手工艺者雕刻更加坚硬的材料，使房屋的耐久性有较大提升，这反过来进一步推动了雕刻工艺的复杂化、精细化。以苏州传统砖雕、木雕工艺为例，随着明代手工业的繁荣，特别是香山帮的贡献而得到长足发展，形成独具特色的建筑雕刻体系和风格。苏州传统砖雕，兴于明代，清代发展尤盛，由于砖雕耐久度远胜木雕，砖材硬度又软于石料，便于制作，能耐风雪，故而在苏州等地形成了复杂的砖雕工艺以及专门用于雕刻的水磨砖的生产工艺，并通过香山帮向江南乃至更广远的地区传播（图1-32）。

1 张泉，俞娟，谢鸿权，等. 苏州传统民居营造探源［M］. 北京：中国建筑工业出版社，2017：41.

2 王绍周. 中国民族建筑（第一卷）［M］. 江苏科学技术出版社，1998：55.

图1-31
云南白族民居

二、建筑材料的变化

木材是我国传统民居中应用最普遍、最重要的建筑材料。元代后由于大型木材资源的枯竭，房屋横向的木桁檩的截面和跨度普遍减小，导致建筑立面上两柱之间从扁矩形向正方形演变，同时构架、斗栱技术也变得更加细腻。

矿石开采水平随铸铁技术的改进而提升，带来新的民居材料。例如山西煤矿的开采在明清时期达到高峰，推动了砖瓦作为新建筑材料的普及。明朝时期的山西民居开始普遍使用砖瓦，带来围护结构的改变，并使承重结构有了变化的可能性。如传统黄土窑洞大多倚山靠崖，为保持窑体稳定性和受力合理而采用半圆或尖圆的拱顶形式；砖拱的广泛应用大大改善了土木结构窑洞的跨度和耐久度，而砖石窑洞还可以完全脱离崖壁，以砖石砌筑为拱券，拱券上再覆盖厚厚的土层以达到和土窑一样的冬暖夏凉效果。拱券结构更符合砖材的力学性能，可以做出跨度更大的室内空间（图1-33）。

一些建筑细部材料的变化同样会对建筑产生影响。例如，住宅的窗户采用透光的纸、云母片填充窗格；玻璃工艺成熟后，民居建筑以玻璃为门窗的内外分隔材料，窗格得以变大，装饰图案的变化也更加丰富甚至复杂。

三、结构和构造的发展

以木结构为例，从宋代《营造法式》到清代《工部工程做法则例》《营造算例》的记载中可见，木结构的营造技术、结构性能不断发展演变。例如斗栱技术，清《营造算例》虽继承了宋代的推算方法，同样以斗口宽度为模数规定各构件尺寸，但阑额尺寸变大、数量增多，梁宽加厚，斗栱变小，替木加大，更注意加强结构的空间刚度。由于粗大木料拮据的原因，清代的民居大木构件不再普遍加工为矩形截面，而多采用浑木；从材料性能角度，浑木比以之裁成矩形截面梁的承载力和刚度都有所提升，且节省工时。

从唐宋到明清时期，结构上的变化与节点构造技术的发展也密不可分。如梁思成绘制的《历代阑额普拍枋演变图》中可见，普拍枋作为一种类似现代结构中圈梁的水平向抗弯构件，随着历代结构技术的发展而不断强化，空间刚度得到提高。还有对结构安全很重要的柱额节点，明清的处理方法也比宋制更为牢靠。雀替作为加大柱额节点抗弯能力的有效手段，清代雀替尺寸加大成为必不可少的大构件，《营造算例》规定雀替“长按净面阔尺寸四分之，即分净长，外加榫，长按柱径十分之三凑即长”。

图1-32
苏州传统民居中的砖雕、木雕

图1-33
土坯窑洞与砖石窑洞

第二节

多元文化交融

总体而言，经济强势文化是文化交融主流，地域（含民族、宗教）特色文化是文化交融偏好。在传统社会，民族之间、城乡之间的文化交融过程中，弱势的民族和乡村文明容易受经济强势的民族和城市文明影响，在营建模式、建筑风格等方面都以弱势文化模仿强势文化为主要方向（如苏州民居影响徽州民居）。而在当代社会，资源稀缺的传统地域特色文化得到更高、更迫切的重视，少数民族、乡村的建筑文化成为文化交融中的偏好因素，受到强势文化主观意愿的普遍关注。

一、促进文化传播的因素

文化传播一般是由长期或短期、线性或周期性的人口流动造成的。传统社会中人口流动的主要动因有几个方面：移民、贸易、宗教等。跨地域、多民族的人口流动促进了地方建筑文化的交融。

其中，移民是指居民从一个地区永久性迁徙到另一地区的行为。造成移民的因素通常包括三类：一类是为寻求更好谋生方式的主动移民，如务工、经商等；另一类是外部条件改变造成的被动移民，如自然灾害、战争造成的移民或难民；还有一类是朝廷出于某种国家意图而有组织地进行大规模人口迁徙，清代学者魏源《湖广水利论》即提到“江西填湖广，湖广填四川”。移民路线的相关特点给移居地的地方风俗文化、包括民居文化在内打下深刻烙印，如湖北孝感客家先民移居四川后，在成都、川中、川北等地形成多个客家聚居片区。该地区的客家民居，既保留了“二堂屋”等传统客家民居特征，亦不免入乡随俗，在与新居住地及其他人群的交往中，融入移居地的建筑风格[1]。明清时期亦有不少客家人移民香港，在香港民居中也保留着很多围屋式院落，如新界的保护式围村，可追溯至粤北南雄始兴一带和赣南的围村，原因是该村邓氏家族从江西南迁经粤北迁居至香港，这是我国人口与文化南迁的一大现存例证（图1-34）。

又如澳门福隆新街，是在鸦片战争和太平天国时期，随着南方一些官吏豪绅移民到澳门避难而形成的一条以娱乐业为特色的“花街”，也是澳门博彩业的发源之处。街区布局受到当时葡萄牙的管治影响，具有欧洲城市的特点，而两侧民居则基本为两三层的竹筒式或明字屋式楼房，与广州的竹筒屋类似，由此形成一片中西文化交融的特色民居区（图1-35）。

1 李先逵. 四川民居［M］. 北京：中国建筑工业出版社，2015：206-207.

图1-34
香港围村与围屋

图1-35
澳门福隆新街

贸易是以商人、商帮为媒介，沿着跨区域贸易路线进行的周期性迁徙。商人、商帮是在贸易路线上传播建筑文化的主体，一般同时产生两种影响：一种是商人在贸易地建造会馆、行会、住宅的行为，将商人原乡文化传播至经商所在地区；另一种是商人将经商所在城镇的建筑风格带回原乡，在住宅、家祠等建筑中体现。明清时期从福建起始的“万里茶路”，将茶叶从江西、湖北、河南、山西、河北、内蒙古等地运往中俄边境进行贸易。商路的主要经营者——晋商将山西民居风格带到“万里茶路”的沿线地区，从作为起点之一的福建下梅村中晋商经营茶行时建造的住宅和公共建筑，到作为终点的中俄边境买卖城中进行茶叶贸易的主商业街，从建筑形制到装饰细节都体现出浓郁的山西传统民居风格（图1-36）。

宗教传播则是以传教为目的的人口流动，也有的宗教传播是随着人口流动而形成的接受式传播。佛教、基督教、伊斯兰教的传播形成将地域风格与宗教元素融合的建筑文化，在聚落组织模式、宗教仪式建筑、特别是民居建筑布局与细节装饰等层面都有所体现。宋代泉州成为海上丝绸之路的东方大港，数万阿拉伯人云集泉州，使之成为我国最早的三个伊斯兰教区之一，建造了我国最早的清真寺，留下安葬伊斯兰先贤的灵山圣墓，如今仍有金、丁、马、郭等十余姓穆斯林后裔在泉州生息繁衍，其聚居地的建成环境依然保存着伊斯兰信仰的部分特征。如泉州陈埭丁氏宗祠，尽管建造方式完全汉化，但这座明代始建的宗祠仍采用“回”字形平面以暗示其回族的民族身份，在一些装饰细节中亦体现伊斯兰建筑特点（图1-37）。这是移民、贸易和宗教传播相结合的典型案例（图1-37）。

图1-36
中俄边境买卖城中的山西风格民居及晋商驼队

二、文化交融带来建筑形制与布局变化

文化交融带来生活习俗的变化，从而带来新的建筑类型、形制和布局。

强势文化随移民进入弱势文化区，往往会融合或重塑当地的建筑类型和空间。例如东晋衣冠南渡，影响闽浙山区一带民居建筑风格，在浙江龙泉大窑村一处明清时期住宅中即发现与汉代出土陶楼中类似的斗栱栌斗做法[1]。泉州地区在魏晋南北朝时期形成汉人聚居点，民居多采用以厅堂为中心的中轴线空间形制，左右对称，主次分明，但屋脊形成了具有当地特色的燕尾脊，这体现了中原主流文化与地方文化交融后形成地方特征的过程。

城乡之间的流动也是文化交融的主要方式。进入城市中谋生、发展的村民，将所在城市的住宅建造方式和审美观念带到乡村，致富者甚至多请城市行帮匠师回乡建宅，促使当地的传统建筑形制、布局发生变化。因万历盐政改革而财富积累的徽州商人，多有移民苏浙者，促进了民居风格和形制的交流，例如封闭性院落与围墙、精细的雕刻、独特的马头墙，等等；在木构架处理上，苏州和徽州民居皆较为强调“帖”的连架思维。然而，徽州民居在规模、形制、装饰乃至匾额对联内容上都比苏州民居趋于内敛保守，鲜明体现了城乡不同的地域社会特点。

图1-37
泉州陈埭丁氏宗祠

三、艺术交融带来造型与装饰装修变化

艺术交融带来建筑造型和装饰装修手法的改变。民居中的装饰艺术是地域性及民族性文化艺术的重要载体，一些建筑的造型和装修做法，如木构架做法、屋顶造型和屋脊装饰、建筑细部饰纹、建筑材料与色彩等，随着移民、贸易、宗教传播进入新的地区，与当地的地域文化相融合，形成新的民居装饰艺术。

明清时期闽南居民大规模迁往台湾地区，闽南地区民居的建筑形制也随移民进入台湾。闽南地区常见的屋顶式样包括三川殿、断檐升箭口、假四垂、牌楼顶等，在台湾民居中依然较为常见，如断檐升箭口的屋顶做法，即把悬山或硬山屋顶的中部抬高，使屋面分成三段，中间抬高的屋面做成简化的歇山顶。在福建、台湾民居中还可见大量类似的装饰元素，如脊坠，在建筑硬山山墙侧上端，其形状有金、木、水、火、土五行的象征意义[2]（图1-38、图1-39）。

1 周学鹰．从出土文物探讨汉代楼阁建筑技术［J］．考古与文物，2008（03）：65-71.

2 戴志坚．福建民居［M］．北京：中国建筑工业出版社，2009：268.

图1-38
闽南民居的屋顶装饰细节

图1-39
台湾民居的屋顶装饰细节来源于闽南民居

第三节

社会观念演变

一、社会意识形态的不断演变反映在民居建筑的美学观念不断革新

民居建筑的美学观念受社会意识形态变化的影响，体现在建筑体量、布局、形制和装修装饰等各个层面。在建筑体量和布局层面，随着社会财富的累积、封建等级阶层观念的弱化，尤其在社会风气相对自由的东南沿海地区，很多经济能力强的居民倾向于建造更大、更高的住宅以体现富有和气势。在建筑形制营造层面，社会发展带来新的美学观念，例如广东开平，在海外经商的侨民归国回乡后，建造了欧式风格的碉楼、拱廊街等，采用繁华的西方古典建筑装饰，以彰显家族、家庭的财富与不同凡响。这形成了与当地传统民居完全不同的美学现象，也在乡土民居中彰显了当地华侨商人的敢为人先、不惧艰险的经商精神（图1-40）。

二、社会意识形态影响的要素

（一）社会礼仪制度

礼制对中国传统社会的影响异常广泛深刻。在民居建筑中，“尊卑有序，内外有别”的思想以及家族长幼伦理纲常体现在方方面面。就等级观念体现最为普遍的“方位”而言，一般遵从“中主侧次、左先右后、后上前下”的原则，家庭中的成员按照长幼尊卑安排住屋。

图1-40
广东开平碉楼

如“北屋为尊，两厢次之，倒座为宾，杂屋为附”的四合院布局，远亲和仆人住在前院、侧院，长辈和直系亲属住后院，而且后院建筑高度高于前院，侧房檐口的高度不得高于正房，等等。建筑的方位和尺度对应使用者的等级顺序，形成上下、内外、主从、长幼层次分明的住宅建筑秩序。

（二）聚分习惯

聚分习惯指家族、户和家庭之间聚居或分家的习惯。随着时代变迁，聚分习惯可能发生改变。例如，传统农业社会中聚落以家族为单位聚居，有利于节约资源、提升劳动效率、共同对抗天灾人祸等；而在以亲属关系为基础、社会关系为主体的工商业社会中，家族或家庭聚居不再是重要条件，户和家庭的规模逐步减小，房屋的规模亦逐步减小。

又如，成年子女分家的时机也会影响户与家庭的规模。传统社会中已婚已育的成年子嗣未分家的情形并不罕见，一户中往往包括多个家庭的生活空间。而随着时代意识的更新，已婚乃至未婚成年子女倾向于更早分家、自立门户。

还有些情况下，家庭的聚分习惯受社会生产力的影响。在农业趋于饱和、工商业主导的社会中，人口增加、耕地有限，农村劳动力过剩，更多成年乃至未成年子弟为了谋求生计不得不早早离开父母的家庭，远赴外地务工或经商，导致聚分习惯发生转变。例如，福建土楼原为大型家族聚居的典型空间形态，一座土楼中有时可以居住上百户的大家族成员。而进入近当代以来，随着社会安定和经济发展，这种互帮互助的聚居习惯变得不再必要，聚居生活的劣势压过了优势，因此大部分家庭都逐步搬离土楼，而在村落周边新建独户的住宅。这是聚分习惯对聚落形态、民居形态影响的一种体现。

（三）民俗文化

不同地域、不同民族的生活习俗对民居的功能组织、单元布局、装修纹饰产生影响，并且带有特定时代的特征。

生活习惯决定了民居建筑的布局组织。例如北方地区民居常见的大炕式居住模式，为了节约冬季供暖资源，全家共用一炕作为卧室。而在近当代东北农村，随着成年子女对个人隐私性的需求提升，住宅空间结构从传统的大炕式转型为更尊重隐私权的单元房模式，在住宅改造和重建中出现更多卧室。这种新的住房模式，又引起了家庭内部人际关系的变化，例如父权的衰弱、年轻夫妻地位的崛起，进一步推动了住宅空间的改变。这体现了民俗文化与建筑空间的相互作用。

民俗文化也体现在住宅的装饰、饰纹中。北方尚豪迈、南方尚精巧、东南地区强盛的宗族文化、西南地区的自然崇拜传统，等等，都在各地民居的装饰细节中得到体现。例如苏州社会有尚精致的习俗，其工艺美术以典雅细致的风格和精湛的技艺闻名于世，很多技艺被称作“苏艺”“苏作”“苏式”“苏派”等；营造建筑的匠师也是能工巧匠历代辈出，“香山帮”作为苏州传统建筑营造行业的代表，以木作和水（砖瓦）作为主，也包括石作、油漆作、堆灰作、雕塑作、叠山作、彩绘作等，都是苏州当地精致手工业文化的集中体现。

（四）外来文化

外来文化随移民、贸易、宗教传播融入地方的民居时代特征中。例如，自然灾害和战争引起的人口迁徙，宗教元素在民居装饰题材方面的应用，传教士将外来文化带到闭塞的乡村，来源多样的外来文化参与了本土建筑文化的演变。

云南和顺古镇是西南地区最大侨乡，长期经营往返缅甸、泰国、印度等东南亚国家的马帮贸易，在当地形成了融合中外民居建筑、思想观念、生活习惯的独特“腾越文化”。例如寸氏宗祠，从入口牌坊形式到石雕砖雕的母题，都具有浓郁的南洋特色，整座建筑呈现中外合璧的风格（图1-41）。

图1-41
云南和顺古镇寸氏宗祠的中西合璧装饰风格

志道堂
漫研竹露裁唐
梅花讀漢書

第五章

户主特征

户主是民居建筑具体特征形成的重要因素。作为民居建筑的建设决策者和一些具体做法的选择者或重要影响者，户主的经济实力、社会地位、文化偏好等，都凝聚在民居的规格、品质和细节之中。

第一节

经济实力

一、民居是最能彰显户主经济实力的物质载体

民居的规模、模式、品质与户主的经济实力有直接关系。在苏州明清民居中，因户主社会地位、经济实力的区别而出现很大差异。有农民、渔民等劳动者的乡村住宅、出租房；有市镇小型工商户的前店后宅、前坊后宅等生产与居住混合型住宅；有中等收入阶层的多进住宅；还有官员、名仕、豪贾的大户住宅。规模上，从独屋到群落，从一进独屋到五路九进（苏州现存规模最大户），差别巨大，充分表明了民居是体现户主经济实力的物质载体。苏州园林式民居，就是依托于一些致仕官员借助社会地位、经济实力形成的民居审美艺术高峰。如明代常熟退休官员“（钱）岱有经世材而不得施用，故以园林第宅、妙舞娇歌消磨壮心，流连岁月”。

在富商宅第中，体现财源广进、加官晋爵宏愿的装饰十分常见，如各式福语；花饰、图案多描金着色，象征富贵、财运。而在普通百姓民居的装饰文化中，通常表达祈求多子多孙、风调雨顺的朴素愿望。

西南山区的少数民族，在有限的经济条件下，就地取材、随形就势，形成用材独特的民居文化。如贵州布依族的石头寨，利用天然外露石灰岩建造房屋，整栋建筑不用一砖一瓦，既节约成本，又适应当地气候条件（图1-42）。

藏族民居中彩画的繁复或简陋，也取决于户主的社会阶层、贫富等因素。尤其是传统民居中的彩画颜料来自纯矿物质，色彩明亮稳定，只有富裕阶层才能使用；而普通民居中，常用白色粉末在墙上绘制简单的吉祥图案，或是悬挂一些彩带为装饰。

二、民居特征亦能反应户主的职业特点

民居的规模不但与户主的经济实力直接相关，也能看出户主的职业特点。例如乡村民居大多适应于传统农业，城市民居则更多适应工商业者的居住需求。

豪商巨贾、致仕官员、文人逸士等，对民居的风格、装饰等亦有不同偏好。例如同样是园林式民居，苏州的园林式民居户主大多是官员和文人，风格比较内敛，外围一般都是简洁的白墙，门楼造型及装饰也趋简约。而扬州的园林式民居户主多是大盐商，更喜欢“炫富”，门楼往往较为豪华。如个园，是两淮盐业商总黄至筠的宅邸，富丽豪华有“四季假山”之盛，直白体现了户主强大的财力。

图1-42
贵州布依族石头寨

第二节

社会地位

一、住宅等级化制度决定了民居建筑与户主社会地位挂钩

唐代始有文献记载等级制度带来的住宅建设标准等级化，在《唐会要·舆服志》中，明确记载了对不同品级官员及庶人的房屋等级以及宅院内部不同房屋的体量规格的规定，“朱门酒肉臭”中的“朱门”即是某个等级以上的官员住宅才可以用的朱红色的户门。明、清史“舆服志”中也对住宅等级规定做了延续和细化，包括用材及规格、纹饰题材、主要用色等多项内容。

在等级森严的传统社会，住宅等第主要取决于户主的社会地位。例如商人社会地位较低，即便经济实力强亦不敢明目张胆地逾越礼制，而采取一些擦边措施。

二、社会地位的提升带动单体民居及聚落的建筑质量与文化内涵

由于传统聚落大多以宗族血缘为纽带组织，因此家族中个别成员社会地位的提升，也能够带动聚落环境品质和内涵的提升。如江西省乐安县流坑村，全村有800余户，近5000人，都是董姓人家，尊西汉董仲舒为其先祖。董氏先人倡导耕读之风，强调科举入仕。据族谱记载，由宋至明的四百多年间出了三十二个进士，还出过一文一武两个状元。科举入仕直接带来入仕家庭住宅等级和质量的提升，甚或还有旌表类的牌坊等出现，这种文化也促进了本村建筑营造质量的改善，村中有民居500余栋，其中有明清民居300余栋，古宅群形成了一个价值很高的艺术群体。又如徽州棠樾的牌坊群，作为表彰村中历史名人的佐证，使聚落中的居民得到相应的激励，也提升了整个村落的历史文化底蕴（图1-43）。

图1-43
徽州棠樾牌坊群

第三节

文化特点

一、规则的遵守

宗法礼制严格规范着户主对宅基的选择及内部空间的选择、分配与组合，反映了儒家思想下社会推崇的道德准则与等级制度，并因长期遵循而转化成乡风民俗，在住宅营造中得到充分体现。

这种礼制规则在传统民居中的遵守程度具有较为明显的地域性，各地对于规则的遵守程度有所不同。总体而言，北方比南方更为严格，城市比乡村更为严格，平原比山区更为严格，汉族地区比少数民族地区更为严格。这些现象反映了国家管理的有效性、地区文化的开放性和多样性的不同。

商人在城市和家乡的住宅亦差异很大，这是因为不同地区的礼仪文化差异所致。苏州、扬州等历史上富商巨贾云集之地，可见很多大型宅邸，而作为商贾原乡的徽州、晋中等地的现存传统民居则多为两三进合院。从装饰中亦可看出，徽州传统民居的匾额对联多强调耕读文化、传统礼义，如宏村承志堂楹联“敦孝弟此乐何极，嚼诗书其味无穷”（图1-44）；而苏州、扬州民居中的匾额对联则普遍表达诗画情怀、体现开放文化，如扬州个园楹联“饮量岂止于醉，雅怀乃游乎仙”体现的豪迈之情（图1-45）。说明商人的主要居所已在城里，家乡只是保留根基；城市住宅表达了工商文化的奋进，留乡老宅则体现对传统家族文化的坚守。

二、品格的意境

户主对文化意境的追求与重视主要渗透于民居建筑的细部装饰与小品中。尤其是在士大夫阶层的住宅中，楹联匾额往往体现对高洁品格的追求，绿化配植中对“岁寒三友”“花中君子”等的偏爱同样有类似目的，住宅陈设中常见的“琴棋书画”元素则体现了对个人修养的重视。

苏州园林式民居，文人雅士在营造中体现出精致、雅致、别致的追求。例如室内隔断上竹石画境的雕饰，厅堂匾额中深谷悠远的用典，各式对联展现殚精竭虑的妙思，庭院布局中追慕山水的儒家仁智思想，无不体现出文雅之风对苏州传统民居的影响。

图1-44
徽州宏村承志堂楹联

承志堂
嚼詩書其味無窮
清白傳
澹泊明志
敦孝弟此樂何極

图1-45
扬州个园厅堂楹联

三、向往的区别

不同社会阶层、不同民族的户主可能具有不同的生活向往与信仰，体现在建筑的纹饰、细节及其谐音等意涵之中。

普通民众在住宅中体现对“福、禄、寿、喜”、多子多福的生活期盼，常采用具有特定含义的动物、植物、器物、神物等图案及场景情形，借助于谐音、象征和比拟，传递出相应的思想内涵，具有“图必有意，意必吉祥”的特点。

如青海河湟地区的庄廓民居。该地区为藏、回、土、撒拉等民族杂居地区，尽管庄廓民居为了抵御当地严寒干燥的气候特征而形成相似的夯土墙围护结构和室内空间组织，但多分别在建筑设施、建筑细部装饰上体现出本民族的不同特点——回民庄窠入门处多有砖雕、照壁，院内设有自用井；土族庄窠有套庄和联庄的布局，庄墙高大，建筑上不仅有四角设置白石头和装点布幡的习俗，院内还有萨满教信仰特色的中宫；藏族庄窠房顶四角和门前有各色布幡飘扬，室内设置小佛堂；撒拉族庄窠，房子进深较大，庄内多为一面或两面建房，木刻花纹，透雕雀替，较为考究（图1-46）。

图1-46
青海河湟地区藏族（左）与撒拉族（右）庄廓建筑的区别

第二篇

中国传统民居营造的影响要素

中国传统民居建筑种类繁多，精彩纷呈，其多样性特征是复杂多变的自然地理、历史人文、社会经济等诸多影响因素综合作用的结果。最为重要的共性影响因素，可以分为四个方面：地理气候、材料工艺、社会变迁、礼仪制度。

第一章

地理气候对传统民居的影响

地理气候条件对传统民居特征影响最大，很多情况下属于刚性影响，主要包括温度、地形、地貌、降水等因素。

在几千年的历史发展中，幅员辽阔的中华大地一直以农耕文明为主，传统农业社会中有句俗语“靠天吃饭”，可以形象地反映出人们对自然环境的依赖度极高，只能顺应自然，以最简单、便利、有效的方法来创造适宜自身的生存、生产、生活环境。传统民居最初的形成，显然也遵循着结合自然、顺应气候、因地制宜的朴素生态观与自然观，先民们因地制宜应对各自面临的地理与气候环境，创造出了丰富多样、各具特点的民居形式。

经过对民居发展的总体比较研究，我们认为，对传统民居形制影响最大的地理气候要素是温度、地形、地貌、降水等（图2-1）。

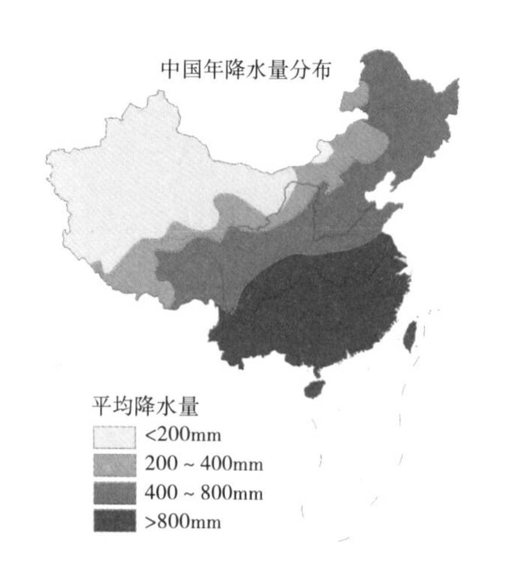

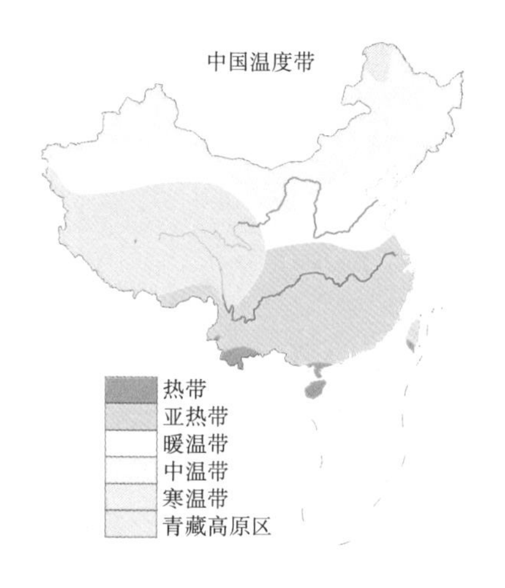

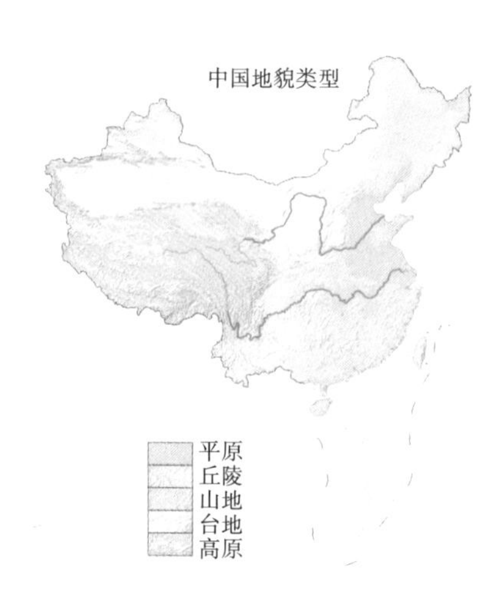

图2-1
中国降水量、温度带及地貌类型分布地图

第一节

温度带

温度是生物生存的重要条件。高等哺乳动物都是恒温动物，体温大都在35～40℃。相比变温动物，恒温动物的代谢率高、有稳定的活动力，这对整个种群的发展繁衍意义重大。恒温动物大都只能适应相对稳定的气候条件，单一种群的生存范围有限。人类在进化过程中放弃了大部分生物性的温度调节能力，却创造了衣物和房屋，这让人类能够适应地球上几乎所有的气候条件，可以说，利用房屋适应温度是人类发展史中的标志性行为之一。

中国的南北温差非常大，针对不同的温度环境，先民们创造了目的相同而功能各异的遮蔽物——住宅来进行适应，这是传统民居形式多样的主要直接动因。而温度对动植物的影响，也是农耕、游牧等不同文明形成的原因，可以说温度差别是中国民族与文化多样性的重要来源之一。

中国地理学界一般根据各地积温[1]的不同，将我国国土划分为六个温度带，自北而南有寒温带、中温带、暖温带、亚热带、热带以及特殊的高原气候带。在各温度带中，寒温带只占国土总面积的1.2%，高原气候带占国土总面积的26.7%，其余72.1% 的国土面积分属于中温带、暖温带、亚热带与热带[2]。大部分地区的气候夏热冬冷，季节分明，因此这些地区传统民居建筑对温度的适应，既要有一定的保温御寒功能，也要考虑夏季通风散热等不同的需求。

温度对人类聚居的影响非常大。中国地理学家胡焕庸20世纪提出划分我国人口密度的对比线“胡焕庸线”（也称“黑河—腾冲线”），据统计全国96%的人口分布在“胡焕庸线”线之东南。简单对比即可发现，“胡焕庸线”与中国暖温带、亚热带和高原温度带、中温带之间的边界基本重合，也就是说，约90%的中国居民生活在积温3500d·℃的东南部温暖地区，这样的重合显然不是一种“巧合”，而是温度对人居环境分布影响的直观体现（图2-2）。

一、寒温带

寒温带是年平均气温低于0℃、同时最热月的平均气温高于10℃的地区，年积温＜1600d·℃，与寒带的区分在于寒带的最热月的平均气温低于10℃，此温度带亦被称为“亚寒带”，位于黑龙江省与内蒙古自治区的北部，约占中国国土面积的1.2%。

鄂伦春、鄂温克、赫哲等狩猎和游牧民族是这里的典型原住民，其民居显然需要抵御严寒。其中“撮罗子”是代表性的寒温带民居：一种圆锥形建筑物——赫哲族语言中“撮罗”就是“尖”的意思；而鄂温克人称

1 积温指某一段时间内逐日平均气温≥10℃持续期间日平均气温的总和，即活动温度总和，简称积温。是研究温度与生物有机体发育速度之间关系的一种指标，从强度和作用时间两个方面表示温度对生物有机体生长发育的影响。一般以日·度（d·℃）为单位。

2 李淑杰，郭正中. 世界地理百科知识［M］. 长春：吉林人民出版社，2012.

之为“斜仁柱”，“斜仁”指木杆，“柱”指房屋（图2-3）。这类建筑是一种用木杆搭建的尖顶房屋，其建造方法是：用三五根约碗口粗细、上有枝杈的木杆，相互交合搭成上聚下开的骨架，然后再用30根左右木杆搭在骨架之间捆绑固定，在南面（或东面）留出门，即基本成型。建筑围护材料则按照季节的不同，分别采用桦树皮、草帘子和犴、狍等兽皮制成。对于小型群居、游牧棚居的游牧生产方式，“撮罗子”的建造材料易得，拆装相对方便，而且其尖顶造型有利于冬季积雪滑落，门帘与屋面材质的可更换性也能适应冬夏季节保温、散热通风的不同需求。

中国寒温带远离中原地区，受中原文化影响较小；直到近代，其民居形式中自然影响的痕迹仍然较为明显。因此，寒温带传统民居与中原的传统民居形式差异显著。

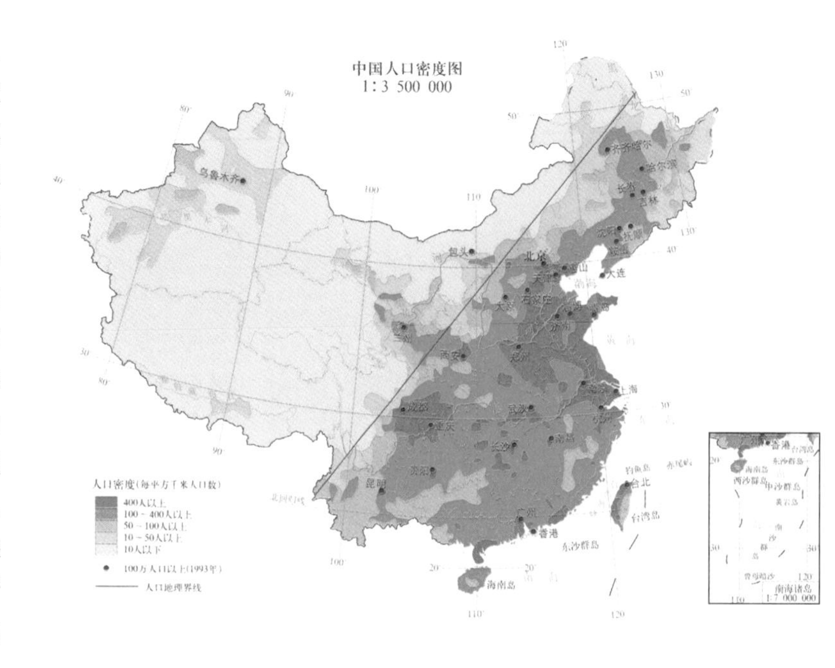

图2-2
中国人口密度分布地图

图2-3
东北林区少数民族的“斜仁柱”

二、中温带

中温带地区积温约1600～3400d·℃，夏季温暖、冬季寒冷，冬季时间约5个月。年均温约2～8℃左右。我国的长城以北、内蒙古大部分和新疆的天山以北地区都属于中温带。

中温带地区与历史上中华民族的主要发源地之一——黄河流域相邻，其居民既有北方游牧民族也有中原的农耕民族，民族的争斗与融合使得这里不同时期的主体民族变化频仍，从商代起，这里既生存过包括鬼方、肃慎、戎、胡、呼揭、匈奴、鲜卑、羝、羌、乌孙等少数民族，也有赵、秦、燕等传统中华主体文明的地区。就目前发现的信息而言，中国中温带民居多样性强，特点较为复杂。

新疆天山以北地区，是西汉时“乌孙”所在地。汉武帝时期，远嫁至乌孙的细君公主曾描述当地“穹庐为室兮旃为墙，以肉为食兮酪为浆”。所谓“穹庐”应该与现在当地的克孜勒苏柯尔克孜族、哈萨克族所建造的毡房民居相似，亦称为“宇”或“哈萨包”，一般用于春夏秋三季。其构造先用草原特有的红柳扎结圆栅和房顶，支架呈穹窿形，构成房架，再在木栅外覆以芨芨草编成的墙篱，外面蒙盖毛毡，房顶留有天窗，用活动毡子调节通风[1]。哈萨克族还有较为简陋的锥形“绰夏克宇”、结构相对复杂的“行宫”，以及冬季牧场居住的“冬窝子”。“绰夏克宇”是由数根树干结成锥形的原始尖顶棚屋，覆以树皮或毛毡；“行宫”一般是格构架扇数多于12扇的大型毡房，还有由通道相连的几顶毡房组成的三套间、四套间毡房形式的“行宫”；“冬窝子”则为方形定居建筑，因地制宜采用木、土坯或石材墙体，相对低矮、保温性能更好（图2-4）。

蒙古族也有类似的毡帐——蒙古包。蒙古包和哈萨包虽然整体造型和工艺相似，但存在一些细微区别。整体来看，哈萨克毡房比蒙古包显得小巧。另外，哈萨克族人搭建毡房用的支杆是一头弯的穹隆状，将此弯头绑在毡房的墙架上；而蒙古族人搭建蒙古包用来支撑圆形顶部的杆子两头都是直的，直接就搭架在墙架上，并且杆子数目要比哈萨克毡房用得多一些、密一些。此外，哈萨克毡房的门一般都向东开，而蒙古包的门一般都向南开（图2-5、图2-6）。

中温带民居与寒温带建筑都需要抵御严寒和降雪，为了适应游牧生活，民居还需易于拆卸迁徙，因此人们选择较为轻便的柳条、毛毡等材料，由此形成便于快速拆卸重建的构造方法，并形成相对稳固、易建的圆柱形围护结构，尖顶和圆顶则便于排水、落雪和天窗通风。当游牧民族逐渐适应定居生活后，哈萨克族的“冬窝子”等土坯屋和林区的小木屋，也能很好地抵御严寒。

中温带的建筑总体以保温性好、结构简单为特点，能够很好地适应严寒的气候及相应的生产生活方式。

1 史仲文，胡晓林. 中华文化大辞典［M］. 中国国际广播出版社，1998.

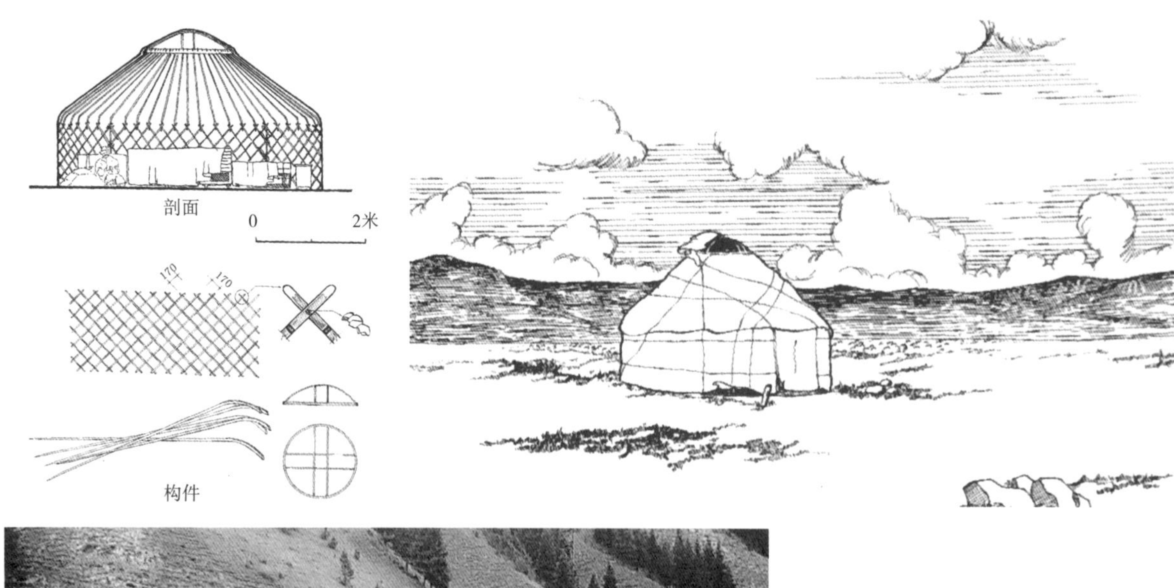

图2-4
哈萨克族的毡房民居与“冬窝子”

图2-5
“哈萨包”的内部结构

图2-6
“蒙古包”的内部结构

图2-7
新疆“阿以旺”民居

三、暖温带

暖温带年积温3400～4500d·℃，平均温度8～13℃左右，包括山东半岛与辽东半岛、华北平原、黄土高原、冀辽山地以及塔里木盆地的大片区域。暖温带气温较为适合农作物生长，作物多两年三熟或一年两熟，是冬小麦、玉米、谷子及温带水果（苹果、梨、葡萄等）的主产区。

暖温带东部包含黄河中下游大部分地区，冷暖适度的气候和丰富的水资源，使得这一地区成为中国古代农耕文明的重要发源地之一。无论炎帝、黄帝的传说还是夏、商、周至东汉的确证历史，这里一直是中华文明主脉传承的中心地带。而中国传统建筑的最核心特征，理当也源于此地先民的民居营造活动。

河南偃师二里头的商都城即位于暖温带东部，这里出土的建筑大多夯土筑成高台，以木构为主要建筑材料，屋顶使用陶瓦，且建筑开间较大、门洞较多，建筑之间往往以廊相接。显然，暖温带建筑无需用厚重的夯土或原木来抵御寒风，高台、屋顶与门、廊的构造显示了在建筑中通风、防雨已经逐渐与御寒、隔热一样重要，根据目前的相关考古发现，可以说，以木为架、根据环境选择不同围护和屋面材料的中国建筑主要特征，在商代的黄河流域已经逐渐形成。

暖温带西半部包含新疆大部和部分河西走廊，这里早晚温差大、降雨少，只要避开直射的阳光，背阴处温度降低明显。因此新疆地区一部分民居采取土坯墙与土坯屋盖结合来满足夏季隔热、冬季防寒，外墙面尽量少开窗甚至不开窗以隔绝夏季炙热的阳光，如“阿以旺”式民居，通过局部抬高屋面、设置高侧窗的做法，形成一种内向的、封闭性的住宅核心空间，同时解决遮阳与通风问题（图2-7、图2-8）。

图2-8
新疆“阿以旺”民居典型剖面图

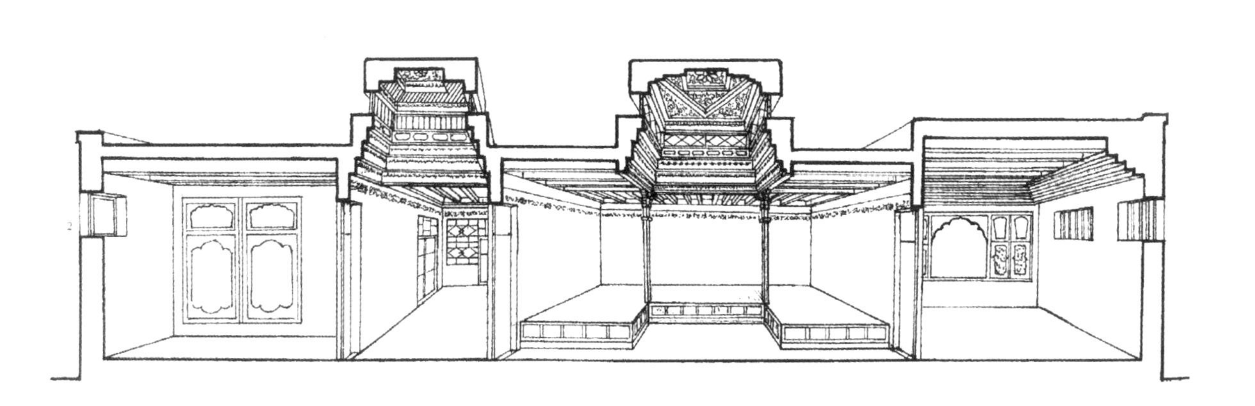

四、亚热带

亚热带又称为副热带，积温4500～8000 d·℃，其气候特点是夏季与热带相似，但冬季明显比热带冷，最冷月均温在0℃以上。

我国秦岭、淮河以南，雷州半岛以北，横断山脉以东的广大地区都位于亚热带，涉及16个省市（包括台湾省），面积240万平方公里，约占全国国土面积的四分之一，整个长江中下游平原、云贵高原、东南丘陵以及部分四川盆地都属于亚热带。当前我国亚热带人口约占全国总人口的一半，东部以汉族为主，西南部则包括众多少数民族。

亚热带地区在先秦时期，大致是九州中的“荆州”“扬州”，是古代“夷”“蛮”居地。此地相比黄河流域文明，虽是传统“汉”文化的边缘地带，但根据近年“良渚文化”“三星堆文化”等长江流域众多考古发现证明，早在漫长的先秦时期，亚热带居民的聚居发展与黄河流域地区至少是同步、甚至是超前的。《礼记·礼运》记载：“昔者先王未有宫室，冬则居营窟，夏则居橧巢。”穴居和巢居两种形式既是冬、夏居所之别，也是因气候差异而相对主导了某些地区的居住形式。相比暖温带原始聚居地常见的穴居，亚热带地区更具代表性的是受树居影响的干阑式建筑。

亚热带民居既要考虑冬季保温，又要考虑夏季通风，通常仍以木为主要结构，墙体则较暖温带更薄，围护材料有就近取材的砖、石、木、竹等。如土楼等闽南民居采用的厚土墙，利用较高的比热容特点营造相对稳定、凉爽的内部热环境；而苗族、土家族、侗族的吊脚楼、干阑式民居等，围护材料单薄、通风良好、围廊遮阴，就有较好的防暑降温作用（图2-9）。吊脚楼与干阑式住宅虽都有应对气候的材料特征，但从建筑形制而言，吊脚楼是一种形式策略，是为应对依山傍水的狭窄独特地形而产生的建筑形式；而干阑式民居则更倾向于一种防御功能策略，一层架空的目的是防潮防虫、人畜分离。

图2-9
湖北恩施彭家寨的土家族干阑式民居

五、热带

热带的特点是全年高温，常年温度大于16℃，年积温大于8000d·℃；变幅很小，相对只有热季和凉季或雨季、旱季之分。雷州半岛、海南岛、云南省南部低地和台湾省南部低地，属于热带地区。热带地区大致是先秦时代的“越”地，古称之为“百越”“蛮”，其先民居住形式以树居和干阑式民居为主。

热带居民主要是黎族、佤族、傣族等少数民族与历史上的南迁汉族，留存至今的民居大都以木、竹为结构，主要需解决热季的遮阳与通风散热。西双版纳傣族的竹楼就是一种典型的竹制干阑式建筑，主要生活空间离自然地面1～2米，以防各类虫豸和潮湿；围护结构多为竹篾编制，并开有小窗；室内地面则铺竹篾编席，多席地而卧；屋顶高耸，有助于室内的热空气散发，出檐深远，设有前廊，有助于遮阳通风。这种竹楼是当地先民针对地湿、虫多、热酷、雨淫的环境状态而创造的最适用、最常见的传统民居形式（图2-10、图2-11）。

图2-10
云南西双版纳傣族竹楼

海南黎族则有船形屋和龟形屋的独特民居，并分高架与低架（落地）两种，用红、白藤扎架，拱形的屋顶上盖以厚厚的芭草或葵叶，几乎一直延伸到地面上，从远处看，犹如一艘倒扣的船。其圆拱造型利于抵抗台风的侵袭，架空的结构有防湿、防瘴、防雨的作用，芭草屋面也有较好的防潮、隔热功能。屋面出檐很远，适应防晒隔热。建筑就地取材，拆建也很方便。其总体构造与傣族干阑民居类似，生活空间用木柱抬高，防潮防虫（图2-12）。

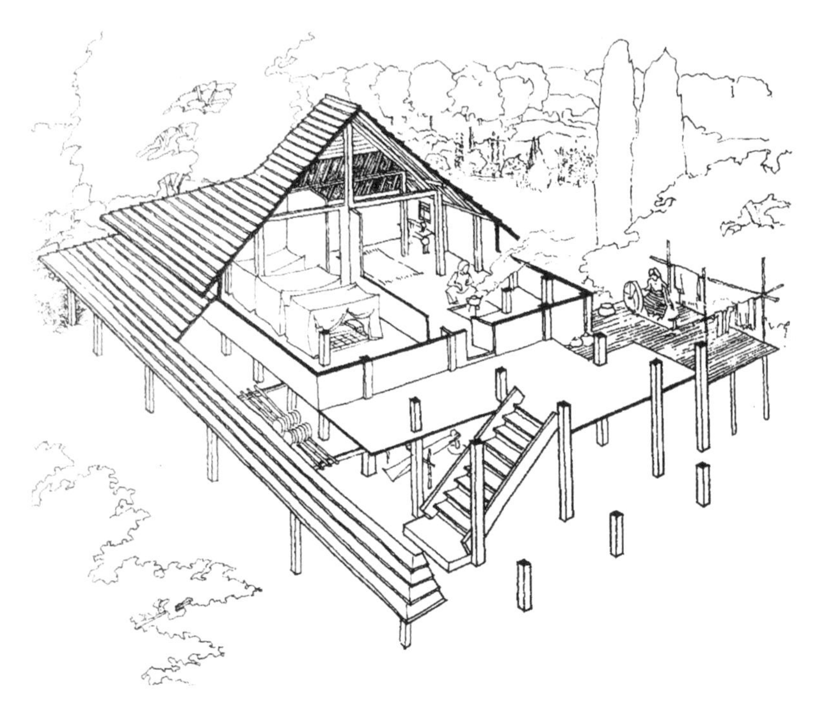

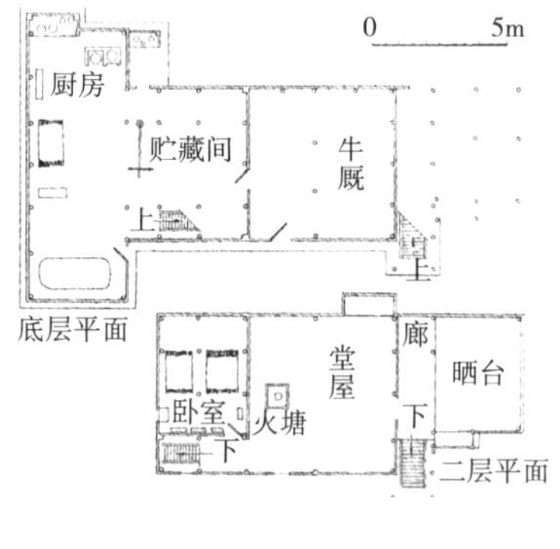

图2-11
西双版纳傣族竹楼的典型平面、剖面

图2-12
海南黎族船形屋

六、高原气候区

高原气候区主要包括青海、西藏大部和四川西部，其气候主要特点包括：阳光辐射强而辐射差额小[1]；温度日较差[2]显著，可比同纬度的平原地区高出0.5倍；降水受地形影响明显，一般迎湿润气流的高原边缘为多雨带，而背湿润气流一侧和高原中内部则雨量较少。风力大，多大风、雷暴和冰雹等天气。总体而言，高原气候区较为干燥寒冷、阳光辐射强、温差大。

高原气候区的藏族先民早在4000多年前就在雅鲁藏布江流域繁衍生息，据西汉史籍记载，藏族属于西汉时西羌人的一支。藏族民居丰富多样，藏南谷地的碉房是最具识别性的，以石块砌筑外墙，内部有小柱网、木桁架；藏北牧区多建造类似于蒙古包和哈萨包的帐篷；雅鲁藏布江流域林区则因地制宜建造木构建筑。

藏族民居主要运用厚重的石块和黏土建造外墙以防寒、防风，同时还采用开辟风门、设置天井、天窗等方法，达到通风、采暖的效果，有效适应了高原气候区良好日照的热辐射与无日照状态的低温反差强烈的矛盾。

七、气候历史变迁与传统民居关系

温度对人类生存状态和国家民族形成影响巨大。中国近代地理学和气象学奠基人竺可桢，在1972年发表的《中国近五千年来气候变迁的初步研究》中，结合史学、物候、方志和仪器观测，将过去 5000 年的气候变化大致划分为四个温暖期和四个寒冷期。各时期之间的平均气温差大约在1～2℃之间，五千年中温度有着缓慢的变化（图2-13）。

中国寒温带与暖温带的年均温度差有8～13℃，寒温带与热带的日常温度差在16℃以上，而亚热带冬夏温差更是高达30～40℃。与此相比，气候历史变迁的温差变化几乎可以忽略。当某个民族定居于一个地区，并逐渐适应当地气温，形成相对成熟稳定的民居形态后，气温的缓慢、小幅历史变化显然不会对建筑形式产生明显的影响。因此现代可以看到的典型民居如“哈萨包”、藏族碉楼、干阑式民居等，均能在较长的历史时段中基本保持相对稳定的形态。

但温度只是影响民居形式的一个方面，战争与社会变故有可能在短期内将某个温度带的民族及其特定民居形式迁移到一个完全不同的温度带地区，这就会产生原有民居形式与新的温度环境的适应与变化过程，从而形成更加复合交融的民居分布状况。

总之，温度气候是对人类居住环境影响最初始、最直接的要素，各地区、各民族在早期定居过程中，如何抵御严寒酷暑的温度气候，是民居建造中最先需要解决的问题，而得以传承的解决方法往往是有效且简单的。总体而言，面对不同的温度气候，民居需要做到冬季保暖或夏季隔热。

其中冬季保暖御寒的最直接方法是：降低热损失速度和增强室内加热效率等方法。

1 辐射差额是指一个物体或系统的辐射能量的收入和支出之间的差值，又称净辐射或辐射平衡。

2 在连续24小时时间段内的最高温度与最低温度的差值。

降低热损失速度的最有效途径是增加围护结构隔热能力，北方游牧民族使用动物皮毛、各种空心茅草等生物性质的保暖材料；高原藏族使用石块与黏土建造石墙加厚外围护；暖温带和亚热带民居则采用夯土、砖砌等方式来保温。

增强室内加热效率可以通过改进民居加热设备如烟囱、暖炕等，而“撮罗子”等北方游牧民族民居则采用更简便、经济的办法——减小室内空间体积。

夏季隔热的途径则有减少日照、增加通风等。

一般情况下，气候越炎热，民居建筑的出檐就越深远，海南黎族船形屋的屋檐甚至垂近地面，就是为了更多遮挡光线对室内的直接照射；而屋面的隔热性能也可以减少夏季屋顶的热传导，因此人们多采用隔热的茅草、竹片、瓦片，或建造多层构造的屋面以降低太阳直射对室内的热传导。

当室内外温差大时，调节空气的对流也是改善室内温度环境的简单易行的好办法。因此亚热带、热带的很多民居，采用在背阴处增加开窗面积的方式，结合主导风向加强室内外通风对流；而寒温带民居为了兼顾冬季防寒和夏季通风，开窗则相对较小，位置也多仅在向阳面。

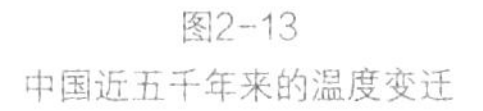
图2-13
中国近五千年来的温度变迁

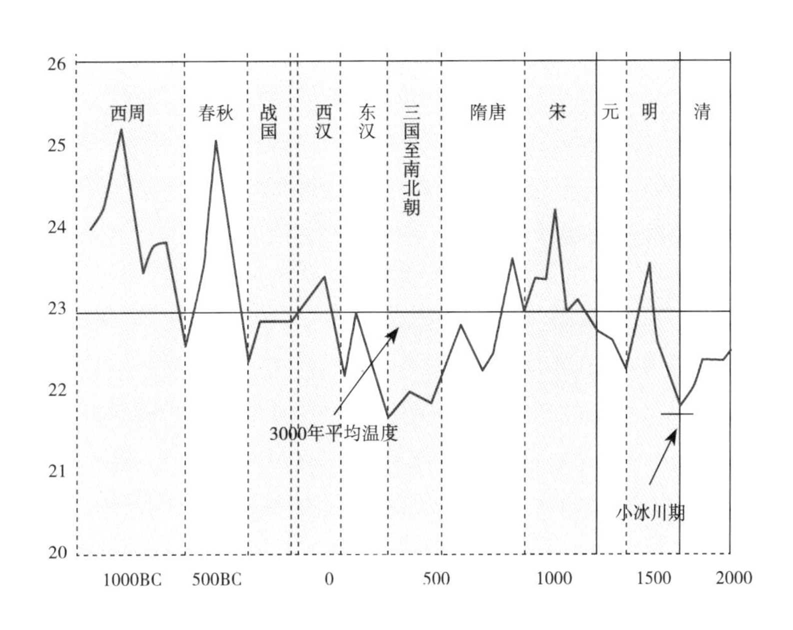

第二节

地形

地理学上的地形大致分为五类：平原、高原、盆地、丘陵、山地（山脉），这五类地形主要依据海拔高程的区别进行划分。从人居环境科学的角度，中国地形由高至低、由西至东大致划分为三大部分，各部分之间海拔高程差距巨大，因此约定俗成被形象性的从高到低排列为第一、第二、第三阶梯，统称为“中国地形三大阶梯”（图2-14）。这三大阶梯之间的界限均为高山、河谷等天堑，对人类的聚居有天然的限定作用。因此三大阶梯的界限是古代中国民族分布的天然界限，当然也对传统民居特征的分布有着非常重要的地域影响作用，三大地形阶梯的传统民居之间，有着明显的特征区别。

一、第一阶梯（海拔4000米以上）

第一阶梯地形平均海拔4000米以上，主要包括柴达木盆地、青藏高原。第一阶梯和第二阶梯的分界线是昆仑山、阿尔金山、祁连山、横断山一线。

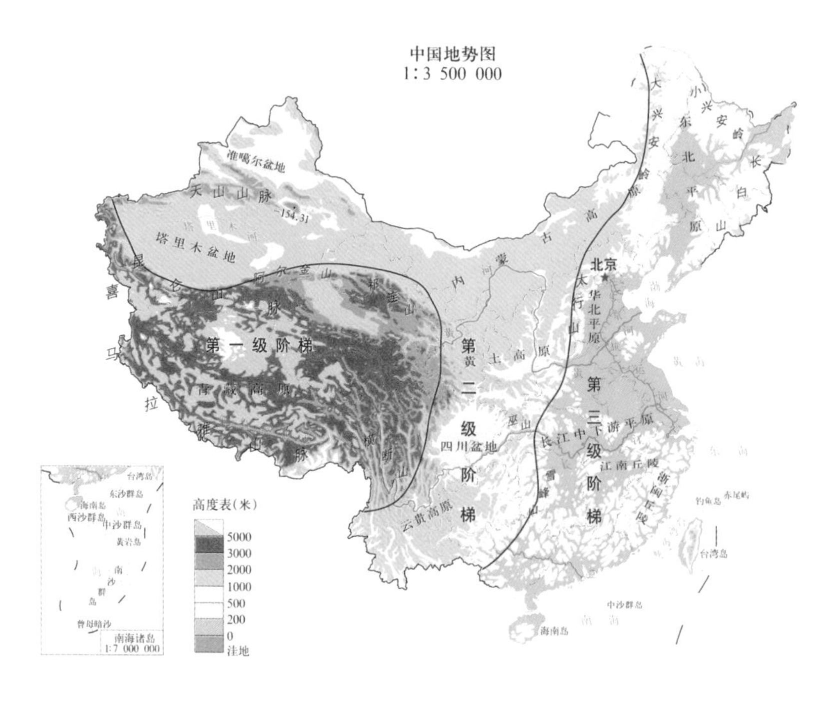

图2-14
中国地势三级阶梯示意地图

第一阶梯特殊的高原地形对气候产生巨大影响，这里的空气、水文、风力等均与第二、三阶梯有明显区别，由此形成独特的高原气候带。这一阶梯的范围与温度带中的高原温度带基本重合，具有很强的独特性，居民以适应高原海拔的藏族、羌族等少数民族为主。传统民居特征也相对显著，以毛石砌筑外墙、平顶小窗的藏式碉楼为主要代表，其建筑主要解决防寒保暖和抵御日晒的功能（图2-15、图2-16）；北部草原有适用于游牧的毡房，雅鲁藏布江流域林区则有部分木屋民居，主要适应的是草原和林区不同的环境与生产方式。

图2-15
青藏高原藏族民居

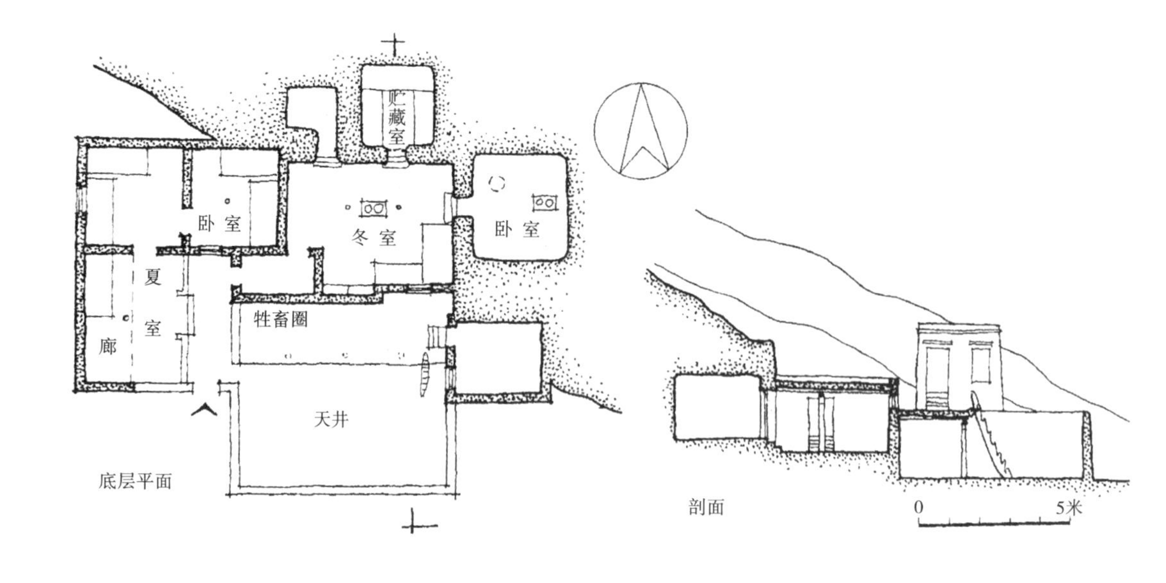

图2-16
青藏高原藏族民居的典型平面、剖面

二、第二阶梯（海拔1000～2000米）

第二阶梯地形平均海拔1000～2000米，包括内蒙古高原、黄土高原、云贵高原、准噶尔盆地、四川盆地和塔里木盆地。第二、三级阶梯的分界：由东北向西南依次是大兴安岭、太行山、巫山、雪锋山。

此阶梯范围的传统民居南北区别明显，既包含中原地区的木构民居，又有北方游牧地区的毡房，还有亚热带的干阑式民居等。第二阶梯的民居形式与阶梯的相关性明显弱于第一阶梯，主要源于第二阶梯涵盖了除高原气候区以外的所有五个温度带，相同海拔高度中，由北至南气候条件的差别巨大；并且第二阶梯内民族众多，民族聚居分布南北差异大，北方有蒙古、哈萨克、维吾尔等民族，中部有汉族、回族等，南部则以汉族和世居于云贵的少数民族为主。

第二阶梯的海拔适中，气候和环境的影响有限，因此第二阶梯内主要是受地貌、温度、降雨等综合条件影响，民族汇集多、分布广、差异大，而传统民居形式也多种多样，没有形成与地形海拔明显相关的统一特征。

三、第三阶梯（海拔500米以下）

第三阶梯地形主要位于东部，大部分海拔在500米以下，包括东北平原、华北平原、山东丘陵、长江中下游平原、江南丘陵、浙闽丘陵等。

第三阶梯跨越中温带、暖温带和亚热带，其中暖温带和亚热带地形相对平缓，是中华农耕文明的主要孕育地，因此民居早在商代就已经逐渐发展稳定成型。这里大部分地区冬夏差异大，冬季防寒与夏季通风散热同样重要。传统民居的主要特征是以木质梁柱为结构体系；屋盖以防水材料作坡顶，出檐长短多与温度和雨雪条件相关，檐下常设柱廊；维护结构则就地取材使用木、石、砖、竹等，对柱间进行填充，一般不承重或与梁架结构共同承重；维护结构上适当开窗，促进夏季室内空气对流；住宅形式大多以围合内向的组合方式为主，形成天井、院落等。

第三阶梯是中华文明演进的主要发生地，随着战争、迁徙等社会变迁，传统民居在共同主体特征的基础上，由于不同温度、降水等气候，也产生了较为丰富的民居类型。例如北方的四合院民居、苏浙皖的进落式民居、闽南土楼、江西与两广围屋等，均是从材料和力学角度大体相同的木构架民居发展演变而来。

综上，“三大阶梯”的地形差异主要体现在每级阶梯近2000米海拔高度的巨大落差，以及相邻阶梯之间难以逾越的高山天堑。第一阶梯平均海拔的宜居性特点让第二、三阶梯的居民难以适应，高山天堑也在一定程度上阻止了阶梯之间民族的大量迁徙以及民居形式的扩散。除了第一阶梯外，古代居民在第二、三阶梯之间开辟了许多通路如“太行八陉”，并进行了非常广泛的迁移与深度融合。因此第二、三阶梯的地形并未显示出对民居形式较为明确与直接的影响，即使不同地形间民居形式有一定的差异，一般也都是因应气候温度以及地貌、降雨等条件。由于温度、降雨等气候条件差别大，且民族众多、社会变化频仍，二、三阶梯内民居特征变化极为复杂，中国传统民居的绝大多数类型都是在这里形成与发展的。

归纳三大阶梯对传统民居的主要影响作用，一是海拔高度的宜居性影响人口规模即民居规模的集聚，二是海拔高度通过特殊的气候和建筑材料对民居形式产生影响，三是阶梯之间的连通性影响阶梯之间民居形式和特点的交融。

第三节

地貌

地貌对传统民居的选址和建造材料等均有重要的，甚至是决定性的影响。

在地理学中，地貌侧重成因，分类方法较多。按成因大致可分为重力地貌、喀斯特地貌、黄土地貌、雅丹地貌、丹霞地貌、海岸地貌、风沙地貌、冰川地貌、流水地貌等，而按形态特征进行分类（德国彭克分类法）则可划分出平原、山崖、河谷、山地、凹地、洞穴等类型。地貌与地形分类有联系，但也有明显区别，在同一种地形的不同位置会有不同的地貌特征，而不同的地形也可能存在相同的地貌特征。

地貌对传统民居形态的影响有直接与间接之分。直接影响的如吊脚楼、窑洞、地坑院等民居形式，往往存在对某种地貌特征的直接对应关系；而间接影响则是通过长期的实践积累选择对某种地貌特征进行利用和回避等，如山西省大云院历史上曾因地质灾害数易其址，最终才在山谷之中找到一处安全合适的高地。

根据中国地貌特点，以下几种地貌类型对传统民居形式的影响较大。

一、重力地貌

重力地貌是一种相对不稳定的地貌，地形坡上的风化碎屑或不稳定岩层，在重力和流水作用下发生位移，这种作用称为重力地质作用，由此产生的各种地貌称为重力地貌。重力地貌类型分为侵蚀类型和堆积类型，前者以陡崖为主，后者主要有倒石堆、石流坡（岩屑坡）、滑坡台阶、滑坡鼓丘、泥石流扇、泥流阶地和石冰川等。我国第一阶梯和第二阶梯地形均有大量重力地貌分布，虽然其地质相对不稳定，但不稳定地质的变化缓慢、发生概率低，这些地貌远离城市，战乱时期的避祸逃难者进入山区后，发现到处是山坡谷底，往往无可选择，只能两害取其轻，在战争和不稳定地貌中暂选后者，聊以生存。而部分堆积类型地貌受地表水侵蚀少，相对稳定，就更是中国西部山地民居广泛利用的地貌。

重力地貌的民居，面对的主要问题有两个。第一是地基的稳定性，解决方法大都就地取材，用石材、木桩等进行地貌改造、优化形成加固地基，如垒石将坡地改造为阶梯地以避免山体滑坠，或使用木柱插入坡体、崖壁作支撑等。第二是上部结构与地基的连接稳定性，石质地基中常将地基垒石延续，与墙体直接成为一体，使用石质墙体作为结构承重，间以少量小木柱木梁以加强结构承重的整体性、稳定性，如藏族碉楼；而木构民居则减轻上部重量、增加柱长，插入地基以增强结构稳定性，如云贵山区吊脚楼等（图2-17）。前者往往显得厚重坚固，而后者呈现底部架空、上部轻盈的特征。

图2-17
贵州山区的干阑式民居

二、黄土地貌

黄土地貌发育在黄土地层覆盖范围，在世界上分布相当广泛。中国是世界上黄土分布最广、累积厚度最大的国家，其分布范围北起阴山山麓，东北至松辽平原和大、小兴安岭山前，西北至天山、昆仑山山麓，南达长江中、下游流域，分布面积约63万平方公里 。其中以黄土高原地区最为集中，占中国黄土地貌面积的72.4%，一般厚50～200米（甘肃兰州九州台黄土堆积厚度达到336米），发育了世界上最典型的黄土地貌。

黄土地貌是不断被侵蚀的一种地貌，其侵蚀力有水力、风力、重力和人为作用等。因此黄土地貌往往沟谷众多、地面破碎，且因侵蚀而产生多级地形面。这种多样化的地貌产生了多种民居形式，“黄土塬”等较稳定的厚土平原成为主流木构民居的家园，也是中国大型多开间木构建筑的发源地之一。而土质较黏的黄土沟谷地带，往往伴随干燥气候，居民利用黏土筑墙，以黏土拌合茅草等建造土坯房，减少木材使用。在一些地势较高、地表径流更少、木材资源更加匮乏的黄土沟壑，还发展出在黄土坡地、崖壁开凿洞室，以黏土或砖加固拱顶的窑洞，以及垂直下挖成院后横向凿室的地坑院等特殊类型的民居（图2-18）。

土坯房、窑洞和地坑院，体现了黄土地貌对民居形式的直接影响。

图2-18
不同类型的窑洞聚落

三、风沙地貌

风沙地貌指在风力对地表物质的侵蚀、搬运和堆积过程中所形成的地貌，亦称风成地貌。其地面沙土流动性强，地质情况随沙丘深浅差别大。风沙地貌的变化是几种地貌中变化最快、持续性最强的，可分为风蚀地貌和风积地貌两大类。风蚀地貌以风蚀残丘和风蚀洼地形式广泛分布于柴达木盆地西北部；风积地貌由风力作用堆积而成各种沙丘和沙堆，广泛分布于柴达木盆地南部和东部、青海湖东岸以及青南高原的中部和西部。

风沙地貌对民居形式的影响很大，在内蒙古草原边沿，有很多流沙地貌，人们在蒙古包外围建设防沙障，或者用在毡包前建门楼的方式来抵御风沙对入口的侵蚀。青海东部的庄窠建筑为了抵御严寒和风沙，四周构筑土墙围合成院落，低矮单层居室通过檐廊使院落与房屋连为一体，院内有车棚、草料棚、畜料棚、果园、菜园等（图2-19）。即使外有风沙肆虐，室内仍然能保持相对洁净舒适。

图2-19
青海庄窠聚落

四、流水地貌

地表流水在陆地上是塑造地貌最重要的外动力，它在流动过程中不仅能形成各种侵蚀地貌（如冲沟和河谷），而且移动侵蚀的物质，形成各种堆积地貌（如冲积平原），这些侵蚀地貌和堆积地貌统称为流水地貌。流水地貌分为三类，按流水的三种作用——流水侵蚀、流水搬运和流水堆积，分别产生河谷、冲积扇、河曲等地形。

河谷和河曲大多位于陆地与水面交界处，地势起伏大、面积小，其实并不适宜民居建设，但水运交通和陆地交通连接处的河谷、河曲又往往成为经商通衢的重要聚居地，这样水陆交界处就转而成为交通最便利的宜居宜商之所，先民们因此发展出了众多沿河滨水的架空建筑，大多用条石筑岸后再进行悬挑或在水中垒石出水面后立柱等方法，来争取水上空间的利用，如江南水乡民居大致就有出挑、枕流、吊脚等多种临水建筑形式（图2-20）。

冲积扇则面积大而稳定，这种地貌区域温度较为适宜，降雨较多，适宜人类聚居，中国地形第三阶梯中，黄淮、长江、珠江等冲积平原均是此类地貌，地势平坦，地基稳固，虽然只占中国国土面积的12%左右，但人口占比很高。这里的民居主要需要解决的是防雨、防霉和通风问题，主流木构架民居采取多种方法应对，包括：抬高地基改善地形、室内地面垫空、设置砖石柱础、增加檐口和散水宽度、使用悬山屋面、利用举折排水、改进砖瓦工艺增强防水性能，等等。

图2-20
湘西凤凰古城的苗族吊脚楼

第四节

降水量

降水量与人口分布、文明发展的关系非常密切，根据降水量多少大致可将中国分为干旱、半干旱、半湿润、湿润等四类地区。其中半湿润和半干旱地区面积最广，两类地区的分界线也就是我国的400毫米降水分界线，大致经过“大兴安岭—张家口—兰州—拉萨—喜马拉雅山东南端”一线，也是森林植被与草原植被的分界线。我国的主要城市与人口大多数都分布在此分界线以南的半湿润地区和湿润地区。

降水对民居形式的影响主要体现在建筑防雨性能构造，包括屋面选材、屋面坡度、墙体防雨、地基材料、架空结构等方面。在北方的寒温带和中温带地区，冬季降雪较多，对民居屋面形式甚至整体格局都有较大的影响。

一、干旱地区（降水量<200毫米）

中国干旱地区面积近300万平方公里，约占国土面积30%，包括新疆、甘肃西北部、宁夏、内蒙古西部等中国西部大部分地区。200毫米年降水量线，也就是干旱地区与半干旱地区分界线，从内蒙古自治区西部经河西走廊西部以及藏北高原一线，主要居住着蒙古族、藏族、哈萨克族、回族等民族。

干旱地区气候干燥，多为草原、沙漠、戈壁等，因此民居无需考虑降雨，基本不做坡顶，由于少雨而木材匮乏，往往采用石墙承重、少量木梁柱支撑平屋顶的结构体系，平屋顶多采用土拱、土木密肋等构造。新疆南部等炎热干旱地区，常就地开挖地下室或半地下室来降低室内温度，室内地坪普遍低于室外地坪30厘米以上，为保持室内凉爽、减少热空气进入，建筑多减小侧窗，开启天窗通气采光。为抵御日晒和风沙，民居建筑往往低矮而延展，呈现内向围合形式。

二、半干旱地区（降水量200～400毫米）

中国半干旱地区主要分布于内蒙古高原、黄土高原和青藏高原大部，包括内蒙古中、东部地区及河北、山西雁北、陕西北部、宁夏南部、甘肃、青海、西藏等，分布范围200多万平方公里，占国土面积约22%。

半干旱地区蒸发量超过降水量，气候与干旱地区相似，但自然植被更多，有大量温带草原、旱耕地等。该地区是我国最重要的牧区，农业以畜牧业为主；人口比干旱地区多，民族主要包括汉族、维吾尔族、蒙古族等。

半干旱地区民居形式与干旱地区较为相似，实际上在我国有记载的历史中，很多干旱地区如准噶尔盆地、罗布泊等地，历史上的地表径流和降雨量等应与现在的半干旱地区类似，因此两个地区的生产生活方式有很多相同之处，其民居结构中，都是木材用量明显偏少，屋顶以平顶为主，墙体以草编、夯土、石材或毛毡等为特征。

三、半湿润地区（降水量400～800毫米）

中国中部与东部大部分地区均属于半湿润地区，面积约144万平方公里，约占国土面积15%。这里的居民以汉族为主，民居也大多是汉族的木构传统建筑。

商周时期中原地区民居就以木梁柱为支撑体，多以高出地面的夯土为基，且为了防潮和结构稳固，多在木柱下垫石块作为柱础，外墙普遍使用夯土，并设置斜坡散水以降低潮湿对室内生活的影响；西周开始出现、东周逐渐普及的烧制陶瓦，嵌固在屋面泥层上，能够很好地解决屋顶防水问题。汉代以降，由于木构技术和砖瓦烧制技术的进步，发展出抬梁、穿斗、干阑和井干等多种木构架技术，防水性能好的陶土砖和瓦的使用则降低了雨水和环境湿度对室内生活的影响。

斗栱这一屋盖支撑构件在汉代考古遗存中就已普遍出现，形式多种多样。它的作用也与湿润环境中的屋面排水需求等密切相关，可以说，湿润多雨的环境，是这一中国传统主流木构架建筑最重要的特征得以形成的重要原因。

四、湿润地区（降水量>800毫米）

中国湿润地区面积约占国土面积32%，300多万平方公里，包括广东、广西、湖南、江西、福建、海南、台湾、浙江、贵州、云南、湖北、四川大部、江苏南部、安徽南部、东三省东北部等，其环境比起半湿润地区较为湿热，自隋唐时起即是中国人口最密集的区域。

东汉之前，这里并非中华史载文明的中心，但河姆渡、良渚、鲻山等遗址发现许多桩柱、立柱、梁、板等建筑木构件，以及榫、卯（孔）、企口、销钉等木构建筑技巧，表明五千年前湿润地区的民居已为成熟的木结构建筑打下了基础。

河姆渡遗址附近有丘陵湖泊，是典型的河岸沼泽区，发现的建筑遗迹带有明显的干阑建筑特征。建筑用木柱支撑，生活空间以木质地板抬高，减少潮湿地面对生活环境的影响。抬高的地板除通风防潮外，亦可防止大雨后的污水与低飞昆虫影响；建筑下部还豢养猪、犬等动物，生活弃物掷出即为其饲料，地面上又可燃熏浓烟以驱赶蚊虫；居高临下，还可防虫兽袭击。

考古表明，湿润地区如河姆渡等处的早期民居建筑材料以木、草等为主。东汉后随着黄河流域半湿润地区黄土文化的南移，湿润地区逐步形成了结合土、砖、石、木几种主要结构材料的建筑文化。因此，如今湿润地区的汉族民居与半湿润地区民居的区别已经不大，只在西南热带少数民族地区仍然保留高脚楼、吊脚楼、矮脚楼、竹楼等干阑式民居。

第二章

材料工艺对传统民居的影响

材料的来源、加工、建造方法的差异，塑造了各不相同的民居形式，具体区别主要在于结构材料、围护结构材料、屋面材料等三个方面。

民居的建造一般就地取材，既经济又快捷，因此周边环境中方便取用的建筑材料对不同地区民居的形成有重要意义。例如，主要分布在贵州的布依族住地，山石遍布且多为水成岩，布依族人就地取材，开山采石，形成了以石建房的传统习俗，出现独具特色的“石头寨”，如贵州关岭滑石哨寨（图2-21）。而同样在气候相似的西南地区，也可见其他民族建造木结构的吊脚楼、竹结构的干阑式竹屋、夯土的土掌房，等等，体现了在材料工艺影响下民居的多样性特征。

图2-21
贵州布依族石板屋

第一节

基础结构材料

民居基础结构材料的选择与温度、地形、地貌、降雨等地理气候因素有直接的关系，按历史上在传统民居中出现的顺序排列，大致可分为土基、木基、石基、砖基，以及其他基础材料等。

《礼记·月令疏》中记载："古者窟居，随地而造。若平地则不凿，但累土为之，谓之为复；若高地则凿为坎，谓之为穴。"先民们曾经将土地直接作为栖身之所，土不但是基，还可以作墙和顶。经过长期的经验积累，大多选择干燥平坦的高地建造民居，直接利用土地进行夯实作为基台，再在其上垒墙竖柱，这就是土基。土基目前仍然少量使用于干旱、半干旱偏远地区的农村民居或生产用房。

上古时，以土为穴多在寒冷地区，温热多虫、蛇兽出没的地区则多"巢居"。《淮南子·本经训》中说荣成氏之时，"托婴儿于巢上"，此"巢"者，就是在大树上用树干枝条搭建鸟巢式的空中平台，用以躲开地面的虫蚁猛兽，这是民居木基的起始。木基是中国木构建筑上层结构和地面相联系的一种常用办法，干旱地区由于生物侵蚀较少，可以适用；而水上民居的木基长期泡在水中，可以隔绝空气，微生物的侵蚀也相对较少，因此也较为适用。南方地区还发展出竹基的民居，竹子就地取材易、施工难度低，但耐久性稍差，广泛用于南方亚热带和热带的竹材资源丰富地区。

石基比土基更牢固，且防水、耐腐蚀，但开采和运输成本较高，一般适用于周边有相关石材资源的地区。西晋晋武帝建大庙屡次地陷屋塌，孝武帝大元十六年，重建时即"堂集方石，庭以砖"[1]，用石材来做大殿基础。

砖的制作解决了石头的开采、运输不易以及资源不均问题。砖基是对石基的替代与补充，具有防水、稳定、施工难度低等优点。制砖技术成熟、成本适中后，砖基成为传统民居建筑应用最为普遍的地基类别。

1 吕思勉. 两晋南北朝史［M］. 上海：上海古籍出版社，2005：1038.

第二节

围护结构材料

围护结构主要包括墙体、门、窗等。其材料按历史顺序排列大致有土质、木质、石质、砖质和其他材质等。

黄河流域上古居民对黄土地形有着充分的运用，《淮南子・修务训》中说：“舜作室筑墙茨屋，辟地树毂，令民皆知去岩穴，各有家室”，说明上古民居最初采用土质围护结构是对穴居生活方式的改进发展。秦汉时期，不仅普通民居，连王公贵族筑墙也仍然多用土筑。西汉贾山在《至言》中说：“秦皇帝东巡狩，至会稽、琅邪，刻石著其功……筛土筑阿房之宫”，说明皇宫建筑的墙也是以筛土加工而成。随着技术工艺发展，出现了夯土、土坯、泥坯、筋坯等不同工艺。包括类似藏族打土墙这样直接对黏土进行层层夯实处理的，有如黄土高原的窑洞、地坑院等对土质环境进行简单处理的，也有以湿泥或草泥混合、用模制成土坯、晒干后层层堆砌的泥坯墙。《字林》中说，“砖未烧者曰墼”，这个“墼”就是用土制作的砖坯，是古代长期使用的筑墙材料。有时贵族王室为求奢华美观，甚至会在土坯墙外披上锦布。直至20世纪中后期，江淮之间的大量农村住宅都是以各种土坯作为墙体材料，条件较好的则在墙面施以石灰粉刷以加强墙体防雨和美观。

森林资源丰富的北方寒冷地区有将原木交叠搭接为木质小屋的传统，如东北林区鄂温克族“格拉巴”与鄂伦春族“木刻楞”，都采用大段圆木围合构成墙体；而亚热带和热带地区的干阑，则有将木板、竹编席以及木质窗格等组合充当围护结构的传统（图2-22）。《后书・钟离意传注》中记载：“初到县市无屋，意出俸钱，帅人作屋。人持茅竹，或持林木，争起趋作，浃日而成。”即汉代时，屋舍在长江流域用竹木为墙，是很普遍的。《通鉴注》说，“柱间不为壁，以板为障，施以丹漆，因谓之板障”。这也是木板墙的通用做法。

石材因开采难度大、运输成本较高，一般运用在较为重要的宫室、城墙、庙宇等建筑，而很少运用在民居围护结构。但是部分海岛、山区等石材资源多而土、木、竹资源较少的地区，民居围护结构也会以石墙为主，如贵州布依族石板房，湖南凤凰、福建惠安的石屋等。

砖墙具有保暖、安全、规范化等特征，随着元末明初山西煤矿大规模开采后，烧砖技术成熟并迅速具有了经济性竞争力，各类黏土砖成为住宅围护结构的主要材料，至今仍广泛分布于全国各个地区。

除上述土、木、石、砖之外，其他围护材料还包括草、纸、布、皮、蚌壳等。草质围护结构一般和土坯相组合，如常见的草坯墙及西藏的白玛草墙等。在玻璃得到普遍应用前，纸质材料广泛用于窗户等透光围护结构，清末时期经济条件好的人家偶有用云母薄片镶嵌于天窗和木隔扇中采光。布质与皮质主要见于少数民族的毡房等可拆卸民居。前述北方毡帐大多以布匹毛毡围护，《颜氏家训·归心篇》记载："昔在江南，不信有千人毡帐，及来河北，不信有二万斛船"，可见毡帐之大及其地区性分布特点。福建、广东等沿海地区的"蚌壳屋"，居民利用渔业中常见的牡蛎壳作为外墙材料以替代砖石，具有坚固隔热、不易透水、防腐蚀等优点，也是就地取材的一种典型做法（图2-23）。

图2-22
东北林区少数民族的木构建筑

图2-23
泉州崇武古城蚌壳屋

第三节

屋面材料

屋面材料按历史顺序大致有草、皮毛、木、石、砖瓦等。

我国自有记载起，以天然茅草覆盖屋面的做法就广泛运用。河姆渡遗址发掘中即有茅草屋顶的物证。西汉初年韦孟《在邹诗》曰："爰戾于邹，鬋茅作堂。"普通居民大都以茅草为屋面材料，中国人所共知的诸葛亮也说过："先帝……猥自枉屈，三顾臣于草庐之中"，草庐是对当时民居普遍状态的真实反映。南朝宋明帝的陈贵妃，虽贵为王妃，但其家中仍有草屋。可见民间屋宇，草作屋面殊为普遍。

皮毛屋顶主要用于蒙古包、哈萨包等北方传统游牧民族的毡房，这些以游牧和狩猎为生的民族利用动物皮毛的防寒防水特点，自古就将其用于衣物与房屋的保暖。其后纯皮质屋顶逐渐被加工更为精细的毛毡代替。

石质屋面用于传统民居只见于石资源多而土、木、竹资源较少的地区，具体多分布于贵州安顺六盘水、福建惠安以及云南石川和山东泰沂山区等地。

瓦屋面具有防水、防晒、易于施工、有利造型等优点。从目前考古成果来看，中国古代西周时期建筑已经用瓦。在古周原中心的陕西岐山县凤雏村和扶风县召陈村，连续出土了多座西周大型建筑基址，其中有大量的瓦和瓦当。西周早期宫殿建筑只在房顶局部（可能在屋脊等处）用瓦，到了春秋末期和战国时期，瓦的使用增多，在列国城市遗址中都遗存了很多瓦件，其中有许多带图案的瓦当。尽管如此，瓦在民居中的使用仍然相当有限，甚至成为区分阶层的限制要素。战国时期瓦的结构有了重要改进，就是把瓦钉和瓦身分离，这不仅增强了瓦的固结，而且使瓦坯的制作简化。根据出土的遗存及画像砖等实物证明，汉代民居已较多地使用瓦作。西汉中期，制瓦业技术进步，瓦逐渐成为传统民居中较为常见、但多局部使用的屋面材料。

从业已发现的证据来看，琉璃瓦最早出现在北魏时期，它代替了在灰瓦上涂色的装饰手法，经过上釉高温煅烧的瓦，颜色鲜艳靓丽，且往往与屋面装饰结合，防水性能也更加优异。但囿于施釉的材料难得与烧制技术要求高，一般用于宫殿与大型寺院建筑，民居较少使用。明清之后，琉璃瓦的色彩、形制更受到等级制度的限制，舆服制规定，除了皇家、王室、宗教建筑和先辈的合法遗传外，非经特许，官民住宅都不得使用琉璃瓦。

第三章

社会变迁对传统民居的影响

对传统民居形式产生重大影响的社会变迁途径大致有以下三类。其一，大量居民整体迁徙（人的永久性流动，如战乱、自然灾难、国家移民）；其二，少量居民局部迁徙（人的暂时性流动，如贸易、传教等）；其三，文化传播与融合（文化的流动，如强势文明传入、少数民族与汉族交融等）。

中国古代的社会变迁频仍，各种变迁事件的发生原因、地点、延续时间和影响力大小各异。按社会变迁与传统民居演化的关系，可以大致归纳为三个阶段：起源与一统、发展与融合、避居与迁移。每个阶段对相关地区民居的演化都产生了不同的影响。

第一节

起源与一统

——先秦与主体民族形成

考古发现成果证明，中华文明起源地有多处，重要的如中原黄河流域（二里头、仰韶等）、东南沿海（山东城子崖、浙江良渚等）、西南地区（贵州鸡公山、四川三星堆等）、北方（内蒙古红山、辽宁金县等）等。根据目前的发现和研究，其中一些文明还没有找到明显、明确并延续至今的轨迹；而黄河流域文明由于甲骨文的发现和三皇五帝历史传说的影响，一直是传统认知里中华文明的中心。

商代之后的遗址，黄河流域发现较多，西周、春秋到秦汉时期的宫殿建筑也有大量考古资料，其汉族主流木梁柱建筑的发展脉络相对清晰。但根据《礼记》等佐证，中原地区民居有穴居传统，而以木做柱将生活空间抬离地面的习惯，就目前考古发现及其时序而论，很可能是从东部沿海地区的干阑式建筑发展而来。可以说，中国主体传统民居的基本特征，主要是在中原黄河流域文明和南部长江流域文明、东部沿海文明的共同作用下逐渐融合演变形成，其来源是多元的。

考古发现证明，在夏商时代，夏商周这三个部落或国家一直都是同时存在的，夏、商统治者先后取得了统领权，但并没有灭掉其他部落，夏部落在豫陕一带、商部落在鲁冀一带、周部落在陕甘一带，各自生活繁衍。直至周王朝建立，一统天下，取消其他部落或国家，夺其领土分封姬姓亲属和功臣建国，开创了封建制度。这个制度在当时第一次极大地促进了中华民族的融合和文化交融，各地的传统民居文化理所当然也进入交融的大潮之中。历数百年而到了春秋时期，中国主体文化形态已经初步成熟，并达到了第一个高峰期，以“诸子百家”为代表，筑牢了中华文明的坚实根基和丰富内核，并产生了世界级的伟人、伟绩和影响力。

在建筑方面达到的水平，《史记》中对秦朝宫殿的记载可作文字佐证，至今仍埋在始皇陵封土下的九层高台建筑是目前尚难一窥全貌的实物遗存，本书第18页介绍的铺首所显现的精致工艺，虽然这些都是战国时期的宫殿建筑水平，但也给当时的居住建筑形象留下了想象的路径和空间。

发展至汉代，以朝代名而形成一个统一民族的特征也逐步建立。在建筑方面，除了诗歌、绘画等间接描述，更有大量在汉墓的画像砖以及各种明器中表达的住宅形态，已经呈现出与后来唐宋建筑实物相同的斗栱、出檐、屋脊等具体形象和特征。基于暖温带、半湿润气候形成的黄河流域民居擅长于对“土”的利用，从穴居、土墙到“墼”土坯和砖，取材适宜、结构稳定；而东部南部湿润地区民居中为防水而形成的干阑形式以木构架、坡顶等为特征，提高耐久度、改善生活。这两种民居应该是中国传统民居形式的主要起源，两者在长期的人民迁徙中相互融合，最终随着中原文明和汉民族的逐渐发展，随着汉代大一统皇朝的建立，成为相对稳定的中国传统主流民居文化特征——“墙柱分离、木构坡顶”，在众多汉代明器中，都可以看到这种建筑风格得到了相对成熟的展现。中国传统民居至此和社会、民族同步完成了主体建筑形式的一统（图2-24）。

图2-24
汉代明器中体现的中原民居风格

第二节

发展与融合

——南北朝民族融合

秦汉之后，随着各代皇朝的统一管理，中国传统民居各类形式的共同点逐渐增多，但我们当今熟悉的中国建筑形式的形成还经过了相当长时间的发展与融合。

秦汉时期土坯墙仍是围护结构的主体，且其建筑材料与工艺显然仍较为落后。南北朝时期，晋武帝大兴土木，泰始二年、大康五年、大康十年，三次兴建大庙（大殿），但三次所建皆因规模过于庞大而导致地陷、梁折，“盖其规制过于崇宏，而营造之技不足以副”[1]。可见在魏晋时期，重要的建筑结构技术仍然处于发展摸索阶段。

自东汉三国之后，因常年征战，中原土地大量荒芜，同时又因汉族农耕文化受到北方游牧民族的冲击，中原居民主体逐渐南迁，而南迁汉族则与南方的原住民形成民族交融的文化。同时，虽然汉族政权遭受北方游牧民族的巨大打击而被迫南迁，但北方游牧民族也大量接受先进的汉族政体形式与先进文化。如北魏鲜卑主动汉化以巩固政权，其他如羯族、氐族则在战争中逐渐被汉族同化或归化为汉族。根据石刻、壁画和文字记载，北魏等少数民族政权在进入黄河流域后，大量传承了原汉族的主流建筑文化。

南北朝时期的民族融合更为彻底。五胡入关后，除后来西迁的匈奴外，多逐步融入了汉族，他们在融入汉居住文化的同时，还带来了胡床等北方少数民族的家具，改变了中原汉族席地坐卧的习惯，使传统民居内的家具和室内布置方式产生显著变化。南北朝时期一度飘摇的长江以北汉民族文化，在北方（北魏等）五胡民族对汉文化的全盘接受中也得以不断发扬。而南迁的南朝政权本就已经融汇了长江流域的“寮”和“夷”，后又与南方的百越融合，类似上古先秦时期北方穴居与东南干阑的民居形式相互融合的情形，在这一时期继续强化，进一步发展了中国传统建筑文化，丰富了汉文化与汉族民居体系。

第三节

避居与迁徙

——唐宋以降的动荡

唐宋两代中后期的战乱造成大量的民族迁徙。唐代北方民族向南方的迁徙，是南北朝北方民族南侵的延续，而南迁的北方民族也和五胡一样，最终大部分融入汉民族；宋代的北方五胡继承者则既有辽金这样融入汉族的，也有女真这样完整保留民族本体的。唐宋北方民族的南迁，造成了汉民族的第二次生存危机，也形成了更大规模向南方沿海地区的避居。这是南北朝之后最大规模的中国民族变化过程，也形成了目前可考的最为明显的民居风格的具体流动演变轨迹。

一、唐朝动乱时期

隋唐五代时期，民居建筑形制逐渐成序建规。唐文宗时，颁《仪制令》规定各级官员宅邸序制："王宫之居，不施重栱藻井，三品堂五间九架……庶人四架，而门皆一间两架。"[2]《旧唐书·地理志》记载："至德后，中原多故，襄、邓百姓，两京衣冠，尽投江、湘。故荆南井邑，十倍其初。"记述后汉末年中原人避祸南迁，最南到达了岭南地区。而很多统治者又为了自身利益，驱民迁徙，如《旧唐书·德宗记》中："秦宗权攻汴而败，驱其民入淮南"，"大驱淮南之民渡江"。种种事件，介绍军阀败退南迁时逼迫自己统治的普通民众随同。因此唐代动乱，造成中原人口大量整体向南迁居，这种人口南向的趋势一直延续至明清，移民将中原已经相对成熟的建筑技术带到南方，并与南方原有的建筑文化相融合。

唐时民居一般以单层为主，有楼者尚少见。如《旧唐书·宗室传》载："河间王孝恭之子晦，私第有楼，下临酒肆"，记载了晦家中原有座小楼，高于邻居房屋，而有窥人家私之嫌；经人提醒，他毫不吝惜地将楼房拆除。南方地区在中原文化南迁前，民居相当简陋。《旧唐书·宋璟传》载："转广州都督。广州旧族皆以竹茅为屋，屡有火灾。璟教人烧瓦，改造店肆，自是无延烧之患。"这里改造的仍然只是店家商铺，因为商铺比较密集，发生火灾相互传播危险较大，而普通民宅，距离较远，火灾概率小，所以一般仍然保持"竹茅为屋"。《新唐书·元结传》载："拜道州刺史。初，西原蛮掠居人数万去，遗户裁四千……结为民营舍，给田免徭役，流亡归者万余。"这都是当时南迁政权在南方改造民居、安民守田的政绩记录。这些官方的营造，显然会将主流建筑通过匠人的引入和技巧传授，向南方地区传播，并逐渐形成南北相融的民居形式。

北方习俗在一些细节上也融入民居形式中，南北朝北方民族的"胡床"逐渐取代"榻""席"成为汉族尊贵者的主要内房家具；为取暖将火炕和灶台结合，在民间由女真而传至汉族，逐渐成为中国北方民居的普遍配置。

1 吕思勉. 两晋南北朝史［M］. 上海：上海古籍出版社，2005：1039.

2 吕思勉. 隋唐五代史［M］. 北京：中华书局，1961：832.

二、宋辽金时期

宋朝立国本始于北方黄河流域对长江流域的军事胜利，但其后又遭到更北方的辽金的攻击，自身也成为南迁的主体，最终南宋享国百余年，将汉文化和汉民居的主流特征在长江至南部沿海地区广泛传播。一部《营造法式》，在对单体建筑结构、构造和工艺技术总结归纳的基础上，对中国传统民居的基本制度起到了无可替代的规范与传播作用，并成为建筑时代特征的重要标准和分野。隋唐时期的画中席地而坐和垂足而坐都较常见，而宋代画中基本都是垂足而坐，说明室内家具与布局、布置也已完成了划时代的演变。

而北方辽、金对汉族文化采取了与北魏类似的吸收与加入的积极态度，最终也成功地延续并传承、发扬了以汉族居住文化为主体的中国传统居住文明，至今山西等地保存的传统建筑之大成者，很多都是辽金遗物。

三、伊斯兰与回族民居传播

唐朝初年与吐蕃、回纥的战争持续多年，基本维持了对西域的名义统治，而由于产业和地理气候等原因，当地民族则基本保持了其自身的大部分文化与民居特征，如毡帐等。唐代还有很多中东地区的伊斯兰商人经陆路或海上商贸路线进入中国，他们带来的阿拉伯数字、香料等对当时的生活有很大影响，在建设居所和清真寺的过程中，也将中东伊斯兰的民居特征带到中国，并一度产生较大的影响。但其后五代十国大动乱中，伊斯兰文化影响力也逐渐进入民族大融合的过程，很多阿拉伯科学与商品已成为汉族生活的一部分，而其毡房、清真寺等建筑特征影响力就相对较小。直到元代，大量回民沿蒙古西进线路自西域进入中原，并随之兴建回族民居。人口的大量增加和伊斯兰宗教的稳固性，使得陕甘宁等上古华夏起源地，成为回民的主要居住地，回族民居特征也随之发展成熟。

不同于南北朝佛教的传播和明代以降的基督教传播，伊斯兰教形成了较为稳定的社群和独特的民居建筑。其中文化影响较大的类型主要包括清代末期陕甘回族民居和新疆的部分回族民居。

回族民居往往具有典型的穴居特征，这是对上古民居传统的延续，族群基于中原和北方各个民族在黄土高原的生存经历，产生了挖山、挖地作窑洞的传统。窑洞的做法各有不同，如依山修筑的“崖窑”，根据地势较平坦的川、坝、塬、台、平川的地形特征和缺钱少木材的自然经济条件，下挖形成的“地坑窑”，或是在地面上用土坯和黄草泥垒的“箍窑”等。

回族民居多在少雨干旱地区，故屋顶多做平顶，富裕人家多建楼房，房屋建造皆根据地形特点和经济条件，与汉族民居有一定差异。回族盖房，不讲汉族通行的风水概念，只注意选择地势平坦、阳光好、清洁和取水方便的地方。黄土高原的回民盖房，多取阳山坡或僻风湾盖房。

与汉族杂处的回族，其民居会有一些汉族民居特征，但仍然在装饰、细节上保留本族的特点。与其他少数民族杂居的回民，他们的居住习俗，既有本民族的特色，又受其他民族的影响。如居住在云南傣族区域中的回民，其居住习俗中傣族、回族特色兼而有之。这里的回民也住傣族式样的竹楼草房，但居住习俗各异：傣族楼上住人，楼下圈牲畜；楼上一分为二，火塘在外间，里间全家人住，长辈和儿子媳妇以蚊帐相隔。回族的竹楼中间是堂屋，两边有卧室，长辈与晚辈分室居住，牛圈另在外面。

四、明清人口迁移

明清时期，朝廷因各方面考虑，主动对地区间人口迁徙施加了强力影响，随之在客观上造成了很多迁徙规模大且影响至今的民居风格跳跃扩散的结果。迁徙的主要对象是富裕地区、富裕人口到欠发展地区落户，迁徙的主要方向是向西和向边，局部向南、向北。由政权主导的大规模人口迁移，促进了传统主流民居文化的传播扩散，同时也催生了新的传统民居类型的形成。

明初山西大移民是此时期的最早一批大规模迁徙。由于元末多年征战，中原大地许多地区几乎变成了绝地，荒无人烟，无数的农田损坏。山西略偏北，在战乱中受损最小，而且人口众多，为了恢复中原的发展，朱元璋决定从山西移民补充到河南等地。为了鼓励百姓移民，朝廷制定了十分优厚的政策。朱元璋在位期间从山西大槐树地区移民十次，明成祖朱棣又进行了八次移民，前后十八次移民，共有上百万人口被迁移到省外各地，涉及姓氏达800多个，持续时间长达20多年，山东、河南、河北等地是此批移民的重点目的地。因此现在仍有“山西洪洞大槐树”是中华之根的说法。

山西移民促进加快了民用砖瓦的烧制和在民居营造中应用的普及，从而也间接地促成了民居建筑风貌特征从宋代向明代的演变。其基本变化是土墙变为砖墙，大大改善提升了墙体的防雨性能和承重性能，由此带来出檐的缩短、斗栱和梁架用材的缩小、悬山变为硬山等一系列极为显著的变化。在元代传统民居建筑风貌演变不明显的历史状态中，这些变化构成了宋明两代传统民居风貌特征的根本区别。

“湖广填四川”也是历史上迁徙人口规模大、延续时间长的重要迁徙活动。元末明初开始，从江西瓦屑坝等人口稠密地区迁出大量人口，填补两湖等地因战乱、饥荒而人口凋敝的地区，鼓励开垦荒地，恢复地方经济，即所谓“江西填湖广”；以两湖为中转站，又有大量移民在明、清时期的多次移民潮中迁往四川，如吴宽《刘氏族谱序》记载：“元季大乱，湖湘之人往往相携入蜀。”“湖广填四川”的移民原因和迁徙起止地有较多不同，主要分五种情况。

一是躲避战乱。元至正十一年（公元1351年）反元农民起义，湖广东北部随、麻、蕲、黄一带百姓为躲避战乱相继逃入四川，这就是元末的“避乱入蜀”。

二是1357年，跟随明玉珍部队入川的湖广人。徐寿辉部将明玉珍攻取四川，其部下农民军有大量湖广人。明玉珍失败后，这些人就地定居四川。

三是元末入川实蜀的湖广人。朱元璋在攻占四川后，为了补充四川人口，迅速恢复生产，下令迁徙一部分湖广人到四川定居。嘉庆修《宜宾县志》就说："大抵来自元明者多吴楚"人。例如元末朱元璋攻占集庆——今南京后，将城中数万富户夺资以充军用，人口发配四川和云贵（见《明太祖实录》）。至今这些地区仍有一些"南京村"，村民有着明朝服饰，祖传自南京。

四是明末张献忠入蜀。崇祯十七年（公元1644年），张献忠征湖广百姓入川，除一部分在作战中牺牲外，其余大多数人都在四川定居繁衍。

五是清初的政策性移民。清初四川因长年征战，人烟凋零，为了恢复和发展经济，清政府实行了一系列招民垦荒、鼓励湖广人入川开垦和发展生产的措施。

清初的移民与明初山西移民类似，有较好的税收优惠政策，因此吸引了湖广的手工业者大量迁徙到四川。

这些移民活动都对传统民居的融合演变产生了直接影响，例如，川东地区的客家土楼，就与其原乡地两湖、江西等地客家围屋的建筑形式与建构方式类似（图2-25～图2-27）。

移民把原住地的民居建筑形式和居住文化带入四川等西南地区，在当地的气候地理条件下生长发育，并与当地的居住文化交融，形成了有别于东、中部地区的民居形式，典型的如川西民居、一颗印民居等。四川现存民居类型最早也就只能追溯到此时，而更早的蜀地传统民居形式在经年战争下早已荡然无存。

我国近代最后一次大规模移民是清末中国人口的经济性迁徙，包括山西人"走西口"、粤闽人"下南洋"、山东人"闯关东"等重要历史事件。

清朝初年，随着中俄贸易的正常化，草原丝绸之路逐步繁荣，数百万山西人为躲避中原的旱灾等灾荒，离开家乡来到蒙古一带生活，有的从事贸易，有的则从事农牧业生产或铁匠、木匠、毛匠等手工业劳动。他们集聚定居、形成村镇，使得现今的内蒙古和蒙古地区在清朝时期从传统单一游牧社会转为牧耕并举的多元化社会，这段历史叫做"走西口"。山西移民将晋文化带到了关外，如张家口、归化（今呼和浩特市）等城市都可看到山西传统民居文化的强烈影响。

图2-25
客家原乡地的赣南客家围屋

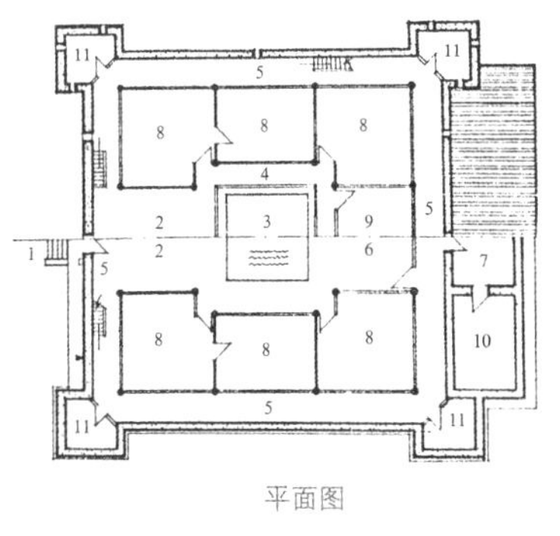

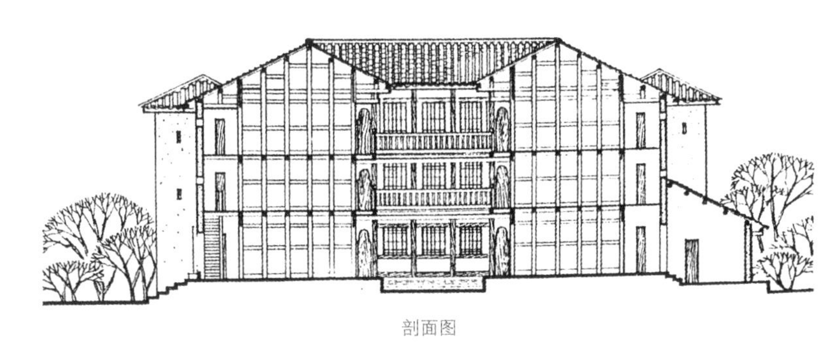

平面图

1. 大门 2. 过厅 3. 水池 4. 回廊 5. 走道 6. 堂屋
7. 厨房 8. 卧室 9. 客堂 10. 厕所 11. 碉楼

剖面图

图2-26
作为客家迁居地的川东客家土楼

图2-27
川东客家土楼典型平面、剖面

明末时期，东南沿海地区的居民即为躲避战乱而漂洋过海，进入南洋生活、创业；至17、18世纪，西方列强在南洋抢占殖民地，出台了一系列政策，吸引中国东南沿海的民众前往南洋，苦于清朝“海禁”政策的粤闽沿海居民开始大量涌入马来西亚、印度尼西亚、泰国等地，这段移民史被称为“下南洋”。大量华人往返于东南亚与中国家乡之间从事贸易活动，也促进了民居文化的传播，在东南亚可见大量闽南风格的民居和庙宇，而闽南民居中亦可找到诸多南洋风格的装饰细节。

清朝早期以“禁关令”限制汉人进入东北，清皇室将物产丰富的东北作为其天然粮仓。但同治时期后，清朝统治者无法继续严格实行“禁关令”，于是一部分人开始踏上“闯关东”吃皇粮之路，其中山东到关东海陆皆通且路程不远，便成为移民关东的主力。

这些出于贸易、生计目的的主动性迁移，将中国汉族民居形式扩散至蒙古族、满族的原住地，以及东南亚各地，同时也将徙居地的居住建筑形式与文化带回祖居地，形成风貌迥异的居住建筑，丰富了我国传统民居文化的多样性。

第四章

礼仪制度对传统民居的影响

礼仪制度对于中国传统社会生活有着深远影响。了解礼仪制度的基本内容、主要目的及其规定要素，能够从社会层面正确理解传统民居的功能组织、布局形式、建筑尺度和相关形制的基本原理。

第一节

礼仪制度的内容

中国传统的封建社会有着严格的礼仪等级制度，舆服制度是其典型体现。该制度史传创立于西周——周公制礼作乐，初载于《周礼》；历代都有对于舆服的规定，明确服饰、车马的等级制度。中国正史“二十四史”加上《清史稿》25部史书中，有10部专设章节记录“舆服志”，唐史的“舆服志”中又新增了关于建筑形制等级内容的规定，并为历代继承。

《新唐书・车服志》对住宅建筑等级做了详细的规定，如：“王公之居不施重栱、藻井；三品，堂五间九架，门三间五架；五品，堂五间七架，门三间两架；六品、七品，堂三间五架；庶人四架而门皆一间两架；常参官施悬鱼、对凤、瓦兽，通栿乳梁”，甚为具体。

《宋史・舆服志》谓：“臣庶室屋制度……私居执政亲王曰府，余官曰宅，庶民曰家。……凡公宇施瓦兽，门设梐枑，诸州正衙门许作乌头门；父祖舍居有者，子孙许之。凡民庶家不得施重栱、藻井及五色文采为饰，仍不得四铺飞檐。庶人舍屋五架，门一间两舍而已。”不仅建筑的形制区分等级，名称也等级森严。

明代对宅第屋宇的规定更加详细。“舆服志四・室屋制度”规定：“一品二品厅堂五间九架，三品至五品厅堂五间七架，六品至九品厅堂三间七架”；正统十二年（公元1447年）稍作变通，架数可以增多，但间数限制仍不能逾越。

《清律例》“服舍违式”大体因袭明代传统。由于经济发展，富裕人家多建大宅，虽限制面宽三间，但主要厅堂多在两侧加建不开门的梢间，形成总面阔五间、其中三间开门的形式，并成为当时营造民居建筑的主流。

可见，历代舆服制度的规定是中国传统民居的体量特点形成的刚性基础，也是庭院式、合院式、群组式的催生剂。

第二节

礼仪制度的目的

礼仪制度对民居建筑形制起到约束和规范作用，其目的主要是维护国家权威、规范社会秩序、彰显户主的社会地位特征。

国家权威是礼仪制度的首要指向。如明代舆服志规定，“（洪武）三十五年复申饬，不许造九五间数，房屋虽至一二十所随其不理，但（单体建筑面宽）不许过三间”。所谓“九五之尊”，九为最大的阳数，代表人间的最高地位；五在木火土金水等“五行”中代表“土”，居于中位，以此“九五”象征了帝王的尊位，因此九、五也就成为帝王才能使用的建筑形制的构成要素。

社会秩序主要指向士大夫的等级区分。在封建社会，不同数量的间架对应了不同的官员品级，从建筑外部形象上直接体现了不同等级的社会地位，使士大夫阶层更容易得到世人的尊重和向往，同时也有利于封建社会等级秩序的稳定。

户主特征则是对社会地位之外的富裕程度、文化程度等因素的体现，住宅建筑往往体现了户主个体对于国家、社会秩序的理解、遵守和利用水平。当然，在距离各级政权所在地较远的边缘地区、农村地区，一些富裕家庭的宅邸往往出现程度不等的“逾制”之举，以彰显户主的个性诉求。不过，这也反过来印证了住宅的礼仪等级制度在体现户主特征层面的重要影响作用。

第三节

礼仪制度规定的要素

以历代舆服志为代表的礼仪制度规定的要素涉及房屋形制的各个层面，主要包括间架、结构与构造、装饰等。

房屋的间架直接体现了房屋的主要形制。舆服志详细规定了不同等级的官员可以建造的房屋间架数量——即面宽和进深的尺度，通过房屋形制来表达户主社会地位、规范社会秩序，这也是礼仪制度中首要的要素。

结构和构造的规定则涉及建筑的规格、用材、建构方式等因素。例如，在选择屋顶结构做法时，庑殿顶、歇山顶皆属于统治阶层的象征，平民住宅一般禁止使用；还有，粗壮的楠木等名贵木材一般也只用于宫廷或官僚的房屋建造之中。

装饰包括房屋的整体用色、细节的纹饰题材等。如明舆服志规定，“庶民庐舍不（超）过三间五架，不许用斗栱，饰彩色”。因此平民住宅通常装饰简洁、用色朴素，亦形成了民居的特有韵味。因为民居建筑面广量大，这种韵味即成为城市风貌的基调。

第四节

礼仪制度的影响作用

礼制对中国传统社会的影响异常广泛深刻。社会礼仪制度中的内外、上下、尊卑等理念，决定了传统民居建筑中的秩序、体量、等级等。

内外关系指家庭空间的“内外”之别，对绝大多数家庭而言是男主外、女主内，内与外的区分也是家庭中的私密与公共空间的区分。传统四合院中的多进院落便是对内外关系的组织，一般而言院落层次越向后——深，所谓“庭院深深深几许”，“内”的性质越强，私密性越高，用于设置卧室和女眷活动的空间。

上下关系指家族或家庭中祖先与今人的关系、今人的代际关系。供奉祖先的空间一般是民居中地位最高的空间，住宅中一般在客厅正间或堂屋设置祖先牌位，宗祠中则在中轴线系列院落的最后一进建筑中设置祖先牌位日常供奉的场所。代际关系则体现在，家长居住在民居中朝向、品质最好的房间。

尊卑关系是家庭内部关系的进一步划分，主要指主仆关系。传统农业社会中的富裕家庭多需要雇佣仆人、长工等以服务家庭生活、农业生产和商业经营，仆人一般也与家庭成员同宅居住生活，但遵循着严谨的尊卑关系。例如在北京四合院中，一般都是长辈居正房，晚辈居厢房，仆人居于倒座。

第三篇

中国传统民居的基本构成与类型

建筑是由空间和实体构成的。在悠久的发展进程中、不同的地域条件下，中国传统民居的建筑空间、建筑材料、建筑构件、建筑装饰等方面都发展出了极为丰富、难以穷尽的种类和形式。本篇仅从形制与空间、结构与材料、色彩与装饰三个方面，分析其基本构成和主要类型。

竹苞松茂

第一章

形制与空间

空间是建筑的内核。中国传统民居建筑包含单体、群组、聚落等不同层级，各自具有特定的空间构成和组织特点，形成不同类型的形制。

第一节

单体建筑

中国传统民居建筑包含单体、群组、聚落等不同层级，各自具有特定的组织特点，形成不同类型的形制与空间方式。

所谓“单体”建筑是相对于建筑群而言。一般来说，在结构与空间上独立、不和其他建筑相连、并具有完整、连续的外围护的建筑物即为一栋单体建筑。也有一些特殊的建筑单体没有外围护，最常见的如“亭”“廊”等，通常被称为“建筑小品”。

在中国传统民居中，单体建筑与家庭单元的对应关系复杂多样。

最基本的情况，在经济实力有限、建造方式简陋等因素影响限制下，一栋房屋即是一个家庭居住单元。在单体建筑内再进行空间的区分，安排家庭成员和日常生活的不同需求，这样的民居广泛存在于各地。此外，也有些一户一栋的建筑，但单体体量较大，甚至是一栋拥有数十间居室的楼房。这类单体建筑是中国传统建筑中的特殊形制，多是富裕大户拥有。

随着家庭经济实力（或是社会政治地位）提升、家庭成员构成趋于复杂、家庭生活日渐丰富时，单栋建筑往往就难以满足家庭生活的需求。在这种情况下，一个家庭的生活空间就会包含若干栋单体建筑，甚至发展成为庞大的建筑群组。这也是中国传统民居极为常见的情形。

在某些情况下，如兄弟共同传承祖屋、兄弟合建等，或是在少数民族地区、特定文化区（如客家人聚居地区），或是受到经济等相关条件的严重制约，也会出现单栋建筑中生活着若干家庭的情况。

受到木结构体系的材料性能和加工特点影响，中国传统民居的单体建筑平面以矩形为主。矩形是民居最常见的“基本平面”类型，并以此为基础衍生出一系列平面形态（如“L”形、“凹”字形、“回”字形等）。

圆形则是单体建筑的另一类基本平面；此外，还有一些特殊的平面形态，如土楼、碉楼等。总体而言，中国传统民居的单体建筑平面可归为方（矩形）、圆两大类，以方为主，其他平面形式较少采用。

一、矩形平面

对于中国传统建筑中占绝大部分的矩形平面单体而言，“间”是一个极为重要的概念和形制要素。它是中国传统建筑最基本的空间单元，同时也是基本的结构单元，还是基本的功能单元。

“间”指相邻的两榀梁架之间的空间，也是建筑面宽上相邻两柱之间的距离，中国传统建筑中的一栋单体通常会包含若干“间”。在家庭日常生活中，室内局部的一个围合完整的空间也可以称为“间”，通常称其为“房间”，如卧房、厨房、书房等。

古代社会中，受到家庭的经济条件、人口结构、特别是朝廷舆服制度的影响，民居最常用的单体建筑为矩形三间（一明两暗），规模较大者为五间，皇亲和极少高官宅邸可达七间。各间的名称通常是：当中的一间称为“正间”（亦有称“明间”，多在三间屋中只有此间对外开门，因此当中是明间、两侧是暗间），两端各一间均称为“梢间”，正间与梢间之间的都称为“次间”（图3-1）。

从营造规则角度，传统民居建筑的间数基本均为奇数，南北朝向的特别是厅堂都用奇数，一方面中间便于通行和相关礼仪需要，同时也是阴阳五行说中“奇数为阳、偶数为阴”的影响。部分少数民族地区民居开间没有奇数偶数的限制，个别地区的一些特殊民居类型中也偶尔会出现偶数开间的情况（图3-2）。

古代舆服制度中的“间数”，多指住宅中等级最高的单体建筑的面宽所包括的间数，明清两朝都规定普通百姓的住宅单体建筑面宽不得超过三间。从众多实物遗存和当地名称理解来看，沿海富庶地区和富贵人家的住宅多把朝廷规定的间数作为开门的间数，称为“开间”，两端还各有一间不对外开门，三间实际上变成了五间。而舆服制规定享受五间、七间等级的官员级别高、人数少、关注多、管理严，一旦逾制便是大罪，因此遗存实物中没有发现逾制的。

此外，在广西、浙江等地还有被称为“长屋”的特殊民居单体建筑平面形态，但其间数不属于舆服制度等级的区分范畴（图3-3）。

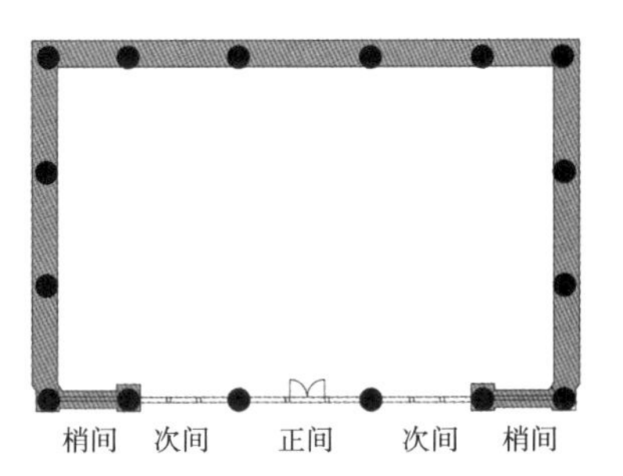

图3-1
传统民居中的开间

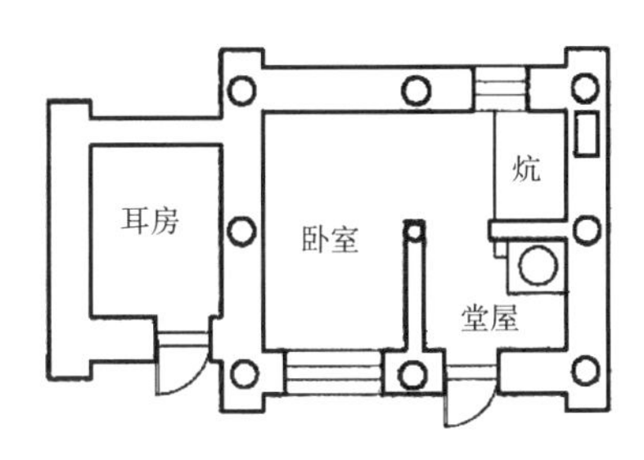

两开间口袋房带耳房一间

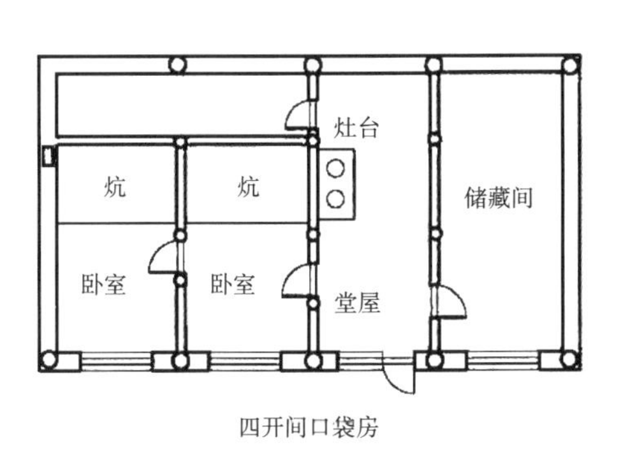

图3-2
辽西偶数开间的“口袋房”

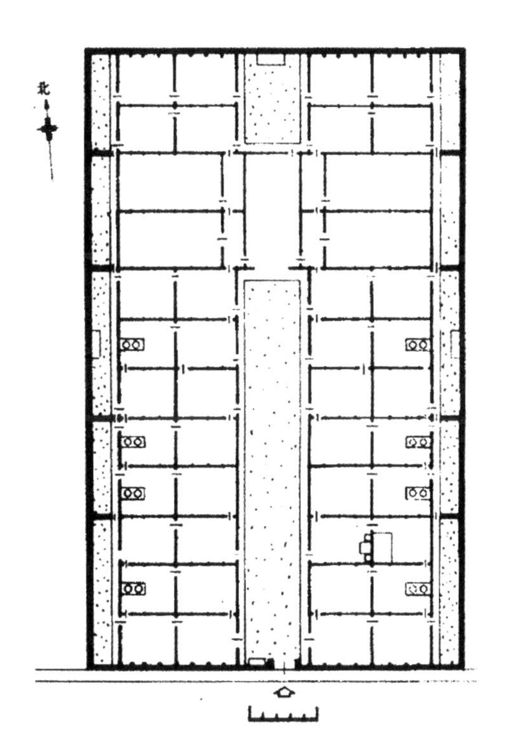

图3-3
鄞州区梅墟镇泥桥头钱宅

二、矩形平面的衍生形态

（一）“L”形

“L”形的平面又可分为两种类型。

一种是正间一侧的梢间因为使用功能的需求向外凸出，但空间关系并未发生改变，只是局部扩大（图3-4）。

另一种是在正房的一侧加建厢房，这也是矩形平面最常见的衍生形态，广泛见于各地的民居中。厢房的朝向与正房垂直，开门朝向正房前庭院，有时在正房和厢房外还有檐廊连通。在结构上，厢房是与正房垂直相连的一组梁架系统（如厢房与正房的梁架脱开，则是两个单体的拼合，不是标准的“L”形平面）；空间上，厢房是与正房有区隔的不同空间；功能上，厢房一般用做起居、书房、次要或客人卧室等，或是厨房、储藏等辅助用房（图3-5）。

（二）“凹”字形

“凹”字形平面，与“L”形平面类似，只是一侧凸出变成两侧凸出。在某些地区也被称作“虎抱头”。

“凹”字形平面也有两种不同的类型。一种是由正房两侧的梢间外扩，或是正间向内缩进（图3-6）。

另一种是在正房两侧接出厢房，有时也称为“槽型”平面。

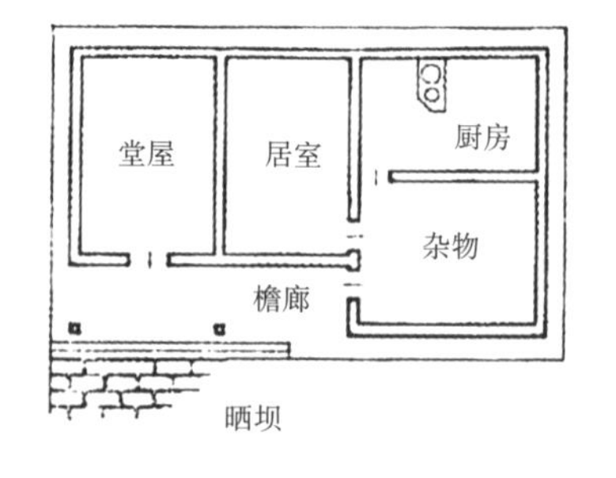

图3-4
四川广元卫子镇吴宅

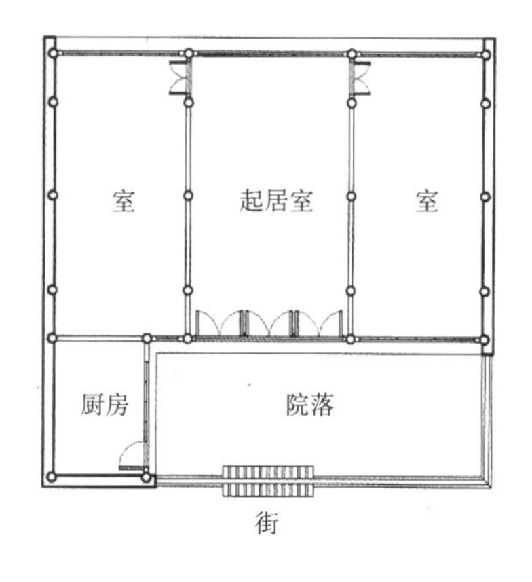

图3-5
苏州阊门横街34号

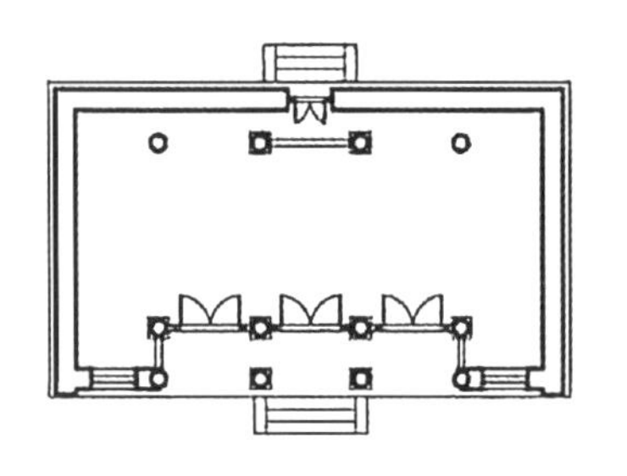

图3-6
河南民居“明三暗五”（左）与赣南“四扇三间”民居（右）

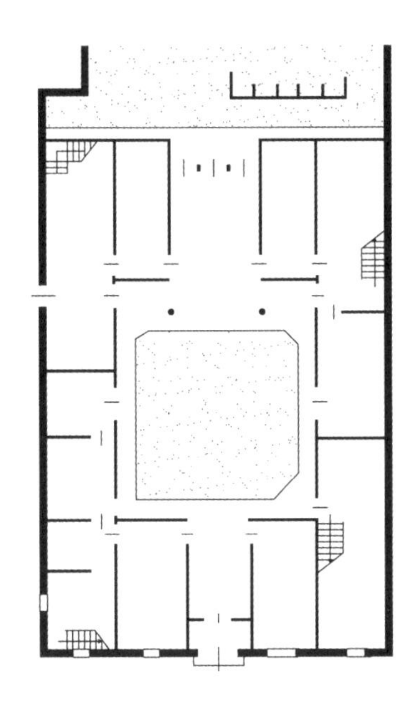

图3-7
临海税务巷某宅

（三）"回"字形

"回"字形平面的单体建筑与后文述及的合院式群组（尤其是南方地区的天井式民居），仅从外观有时难以明确区分，某种程度上可以看作特别紧凑的合院式群组（图3-7）。其判别标准在于正房和两侧厢房在结构上梁架是否相连，在空间上是否有半室外的檐廊作为空间区隔。若梁架脱开，或是空间上正房和厢房之间有半室外的檐廊，则应属于由单体建筑组合成的群组。

三、矩形平面的垂直发展

随着建筑技术的发展和家庭生活需求的日益丰富，单层的矩形平面民居往往有发展成2～3层的情况。不过除了碉楼、土楼等特殊形制的传统民居，在大部分地区（尤其是汉族民居中）3层以上的单体建筑较为少见。

单体民居的二层与底层结构一般上下对位、开间数相同。其内部功能分区较为明确，多为底层用于起居会客和厨房、二层用作卧室。楼梯的位置主要设在背面：多设在正间，也常设在梢间、耳房或是转角处（图3-8）。

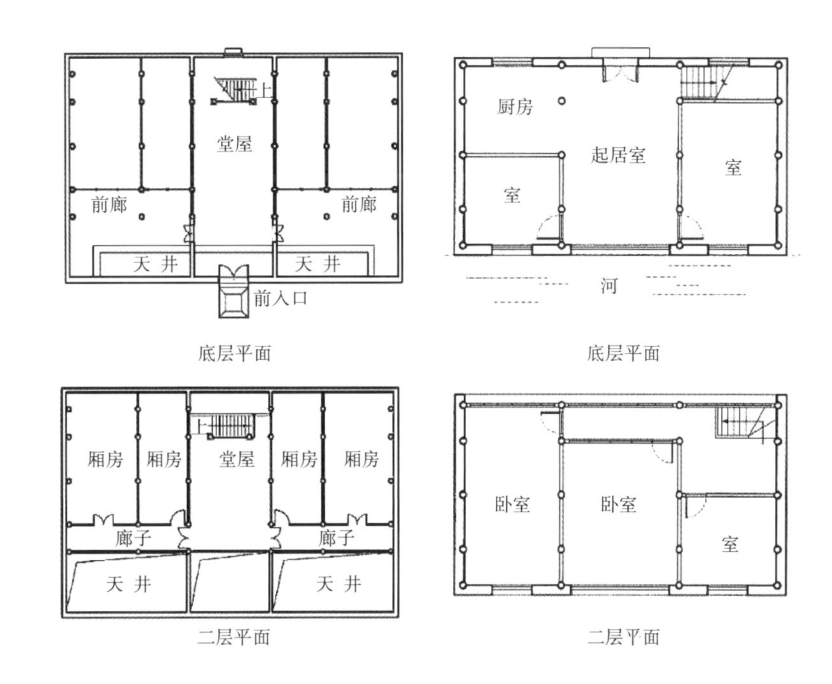

图3-8
单体民居楼梯的不同布局：查济村刘子勤宅（左）；苏州通关桥下塘8号（右）

四、圆形平面

圆形平面的历史十分悠久，极有可能是最早的建筑平面形式，自然形成的洞穴多没有平直边缘，古代先民的地穴也多为圆形平面。因为不甚精确的圆形最易形成，且稳定性好、风阻力小，民间一些临时搭建的简易窝棚也常有圆锥状形态，多以竹、木等杆状材料一头攒聚、斜撑围合而成。

因木结构不易加工成圆形平面，且不太方便居住礼仪下的内部空间分隔，发展成熟后的传统民居甚少采用。最为人所熟知、形成特定区域内传统民居主导类型的圆形平面单体则是游牧民族常用的毡包。毡包造型通常是圆柱上加圆锥，这来源于其特殊的功能要求和结构系统（图3-9）。

五、其他特殊单体形制

（一）土楼与土堡

“土楼”是一种独特的传统民居建筑单体，主要分布在闽、浙、赣、粤的客家聚居区域，是聚族而居的大型住宅。土楼最矮为两层，最高可达五层（包括阁楼）；外墙以夯土方式建造，形成封闭的圆形、椭圆形、半圆形或方形、矩形等多种造型，而以矩形、圆形最多。平面层次少者仅一圈建筑，现存实物中多者可达三圈加中心建筑；从建筑结构关系角度来看，土楼的每一个单圈就是一个大型建筑单体（图3-10）。

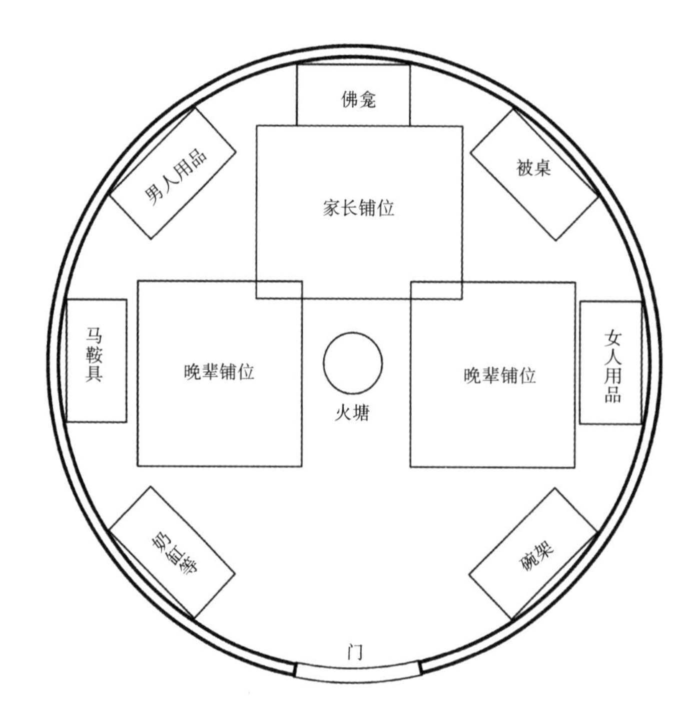

图3-9
蒙古包平面

在闽北、赣南等地，还分布着许多以夯土建造的土堡。它们都是特定历史与环境中家族聚居造就的特殊民居形态（图3-11）。根据戴志坚的研究，土堡的历史比土楼更为悠久。两者的主要差异在于：土堡沿外围堡墙一般是一圈回廊，只起围护作用，内部另行布置院落式的居住空间，而土楼的外墙内即是居住空间；土堡的外形也较为灵活，不像土楼多为规则的圆形或方形。

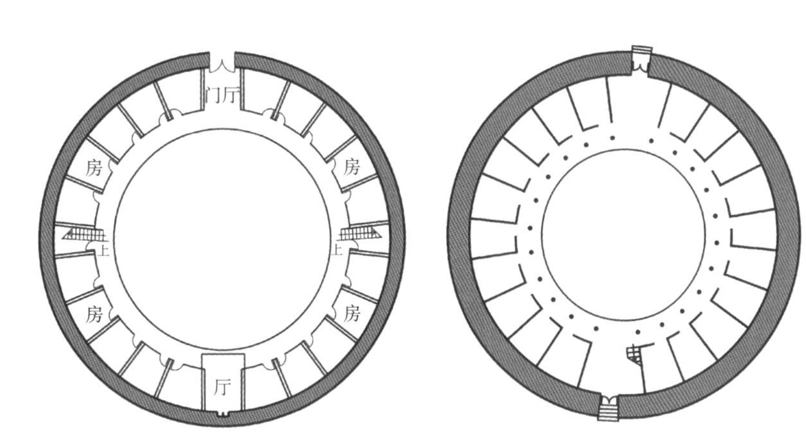

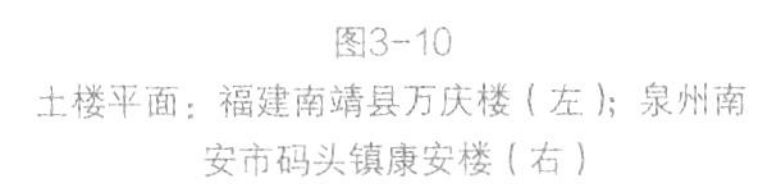
图3-10
土楼平面：福建南靖县万庆楼（左）；泉州南安市码头镇康安楼（右）

图3-11
大田县安良堡

（二）碉楼

碉楼是一种垂直多层的民居单体建筑。目前国内留存较多的碉楼类型，主要包括川藏地区的羌族碉楼、藏族碉楼和广东的开平碉楼等。

羌族碉楼多建于村寨住房旁，高度在10～30米之间，形状有四角、六角、八角等形式[1]，主要用于短期防御，平时亦可贮存粮食。碉楼外墙一般有明显收分，向中心稍倾，因此稳定性甚佳（图3-12）。[2]

藏族碉楼式民居是藏地传统民居的一种重要类型，其平面多呈长方形，3层居多，底层为库房或畜栏，上层住人，顶层常设有经堂。规模较大的碉楼式民居（如囊色林庄园主楼），设置有内天井，其平面空间划分方式也与汉族民居不同，未见明显的中轴对称、奇数开间等做法规则（图3-13）。

广东省著名侨乡开平的碉楼是一种集防卫和居住于一体的多层塔楼式建筑，其建造年代多在晚清至民国年间，出于防洪防盗需求而产生的。造型为方墩状，一般3～6层，也有高达7～9层的，平面都是矩形或正方形。根据功能和空间的不同，碉楼又可分为“更楼”“居楼”和“众楼”三种。“更楼”主要用作瞭望警戒之用，平面简单，多为一个完整矩形空间；“居楼”为富户独立建造，平面依然采用传统民居三开间的基本特征，当地称为“三间两廊”；“众楼”为若干户家庭集资建造，灾患时临时避难用，平面较为紧凑，楼梯狭窄，每层有2～4个房间（图3-14）。[3]

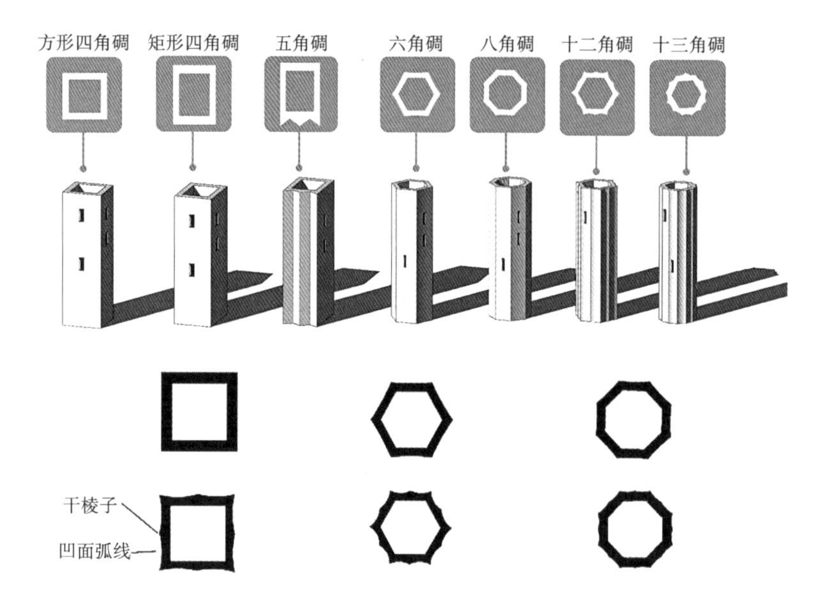

图3-12
羌族碉楼平面类型

1 佚名. 羌族碉楼［J］. 商业文化,2008（06）: 70-73.

2 刘亦师. 中国碉楼民居的分布及其特征［J］. 建筑学报，2004（09）: 52-54.

3 广州市国土资源和规划委员会，广州市岭南建筑研究中心. 岭南近现代优秀建筑1911-1949/广州［M］. 广州：华南理工大学出版社，2017：229.

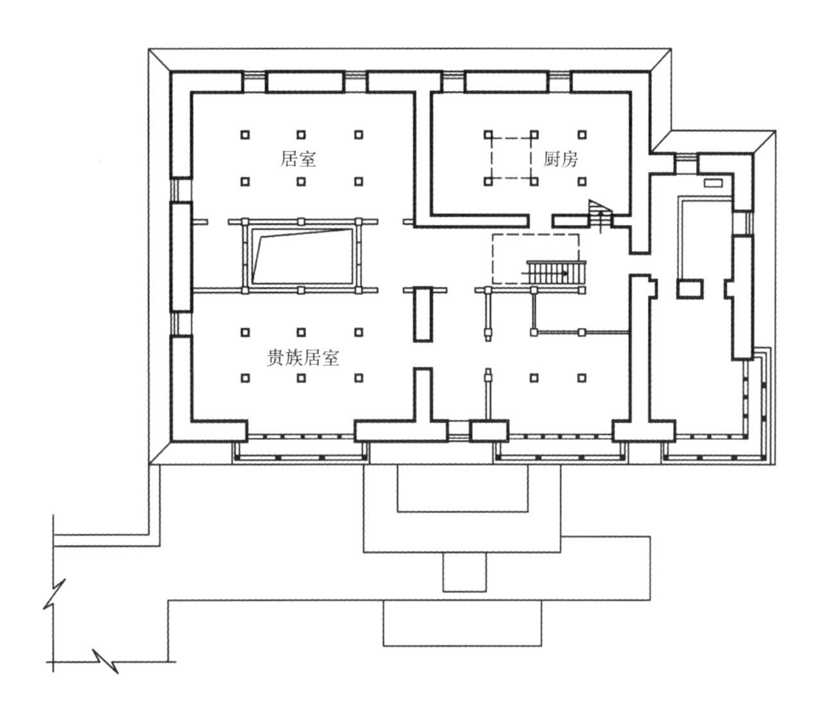

图3-13
西藏囊色林庄园主楼

图3-14
开平碉楼的类型与典型平面

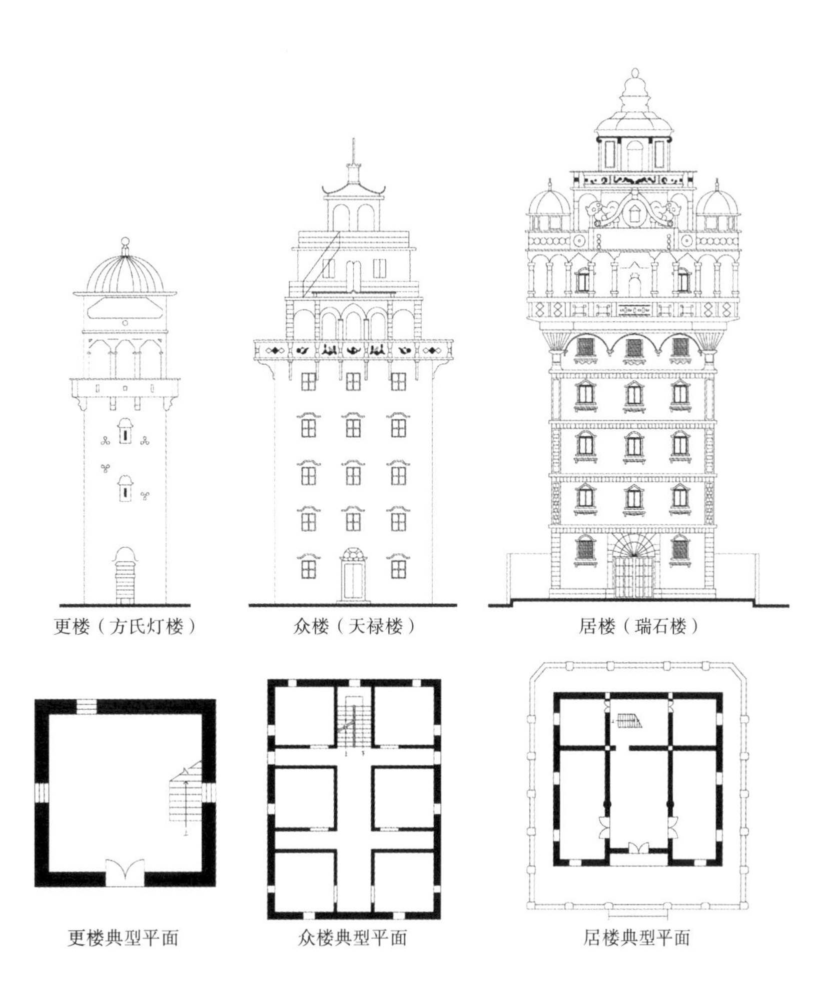

（三）穴居

穴居是居住设施最初始的类型之一，现在可以看到的穴式民居以窑洞为主。窑洞属横穴，是黄土高原地区民居的主流传统类型之一。根据其构筑形态，可分为靠崖窑、地坑窑（下沉式）、锢窑（独立式）等三个基本类型（图3-15）。靠崖式窑洞有靠山式和沿沟式，主要是横穴。地坑式窑洞主要分布在黄土塬没有适宜山坡、沟壁可利用的地区，这种窑洞的作法是先就地下挖一个方形地坑，然后再向侧壁挖窑洞。锢窑则是在地面之上，仿照窑洞的内部空间结构形态，用土坯、砖或石等建筑材料，建造独立的拱券结构窑洞式建筑。[1]

窑洞民居中，每一孔窑洞可以被看作一个单体，其平面形态各地多有

图3-15
靠崖窑（左上）、地坑院（右上）与锢窑（左下）

差异：如前后等宽、外宽内窄的大口窑，外窄内宽的锁口窑、斜窑；有时为了进一步扩大使用面积，往往在侧壁上开凿耳室或壁龛，或是形成与大窑相垂直的“母子窑”；也有向后壁挖的套窑、拐窑、尾巴窑等。

单孔窑洞内部通常被分为前后两部分，前半部作起居室与厨房使用，后半部分作卧房及储藏之用。[2]内部一般是进门一侧为窗炕连锅台，家具物什沿周边摆设（图3-16）。

山西晋阳有地上地下道路隧道连通成网、房屋窑洞连接成片的窑洞住宅群，但那是始建于宋代的军事设施，后代随军事作用的消失而逐步改建成现存的居住窑洞群体，可算是始建原因特殊、功能关系特别、造型富有特色的窑洞住宅个案。

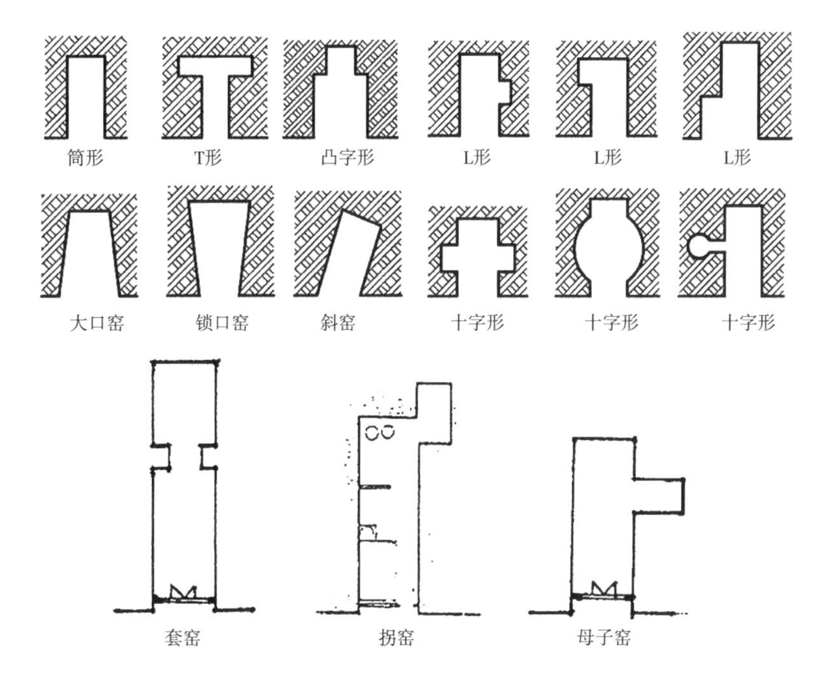

图3-16
单体窑洞平面

1 胡媛媛. 山西传统民居形式与文化初探［D］. 合肥工业大学，2007.

2 祁剑青. 陕西传统民居地理研究［D］. 陕西师范大学，2017.

第二节

建筑群组

当单栋建筑不能满足家庭生活对空间的需求时，就需要将若干栋建筑单体组合起来形成建筑群组。此处从功能角度将“群组”定义为供同一户家庭或同一个家族居住的一组建筑，以便与下文的“聚落”在层级上相区分。

传统的家庭、家族等社会结构，传统礼制文化的秩序特点，这两者结合而产生的功能布局与组合，是中国传统建筑群、历史街区的基本组织和内在核心、生命脉络；而其街巷、屋顶等的比例、尺度、走向，只是空间角度的表面形象肌理。脉络变了，肌理必然会有相应反映，没有核心脉络的肌理是不会有生命力的！

一、合院式群组

因为自然通风采光的需求、建筑材料和营造技艺的经济适用、特别是朝廷制度对住宅建筑单体面宽和纵深的刚性限制，在中国的大部分地区，多见由若干栋单体建筑围合院落而形成的传统民居建筑群组，一般称之为“合院式民居”。合院式民居是我国最常见、分布区域最广、组合形式最多、空间形象最丰富的传统民居建筑群组类型。

（一）合院的基本单位

一个基本的合院一般呈“口”字形，由若干栋单体建筑、连廊以及院墙相互连接围合而成，形成以院落为中心的空间布局。

围合院落的建筑要素及其基本组合方式，主要包括：正房/正厅+倒座+院墙/连廊，正房/正厅+单侧厢房+院墙/连廊，正房/正厅+两侧厢房+院墙/连廊（三合院），正房/正厅+两侧厢房+门屋或倒座（四合院）等不同围合方式（图3-17）。围合方式的选择主要依据住户对室内房屋数量的需求，正房（正厅、上房）、倒座（下房）等具体名称各地也多有不同。

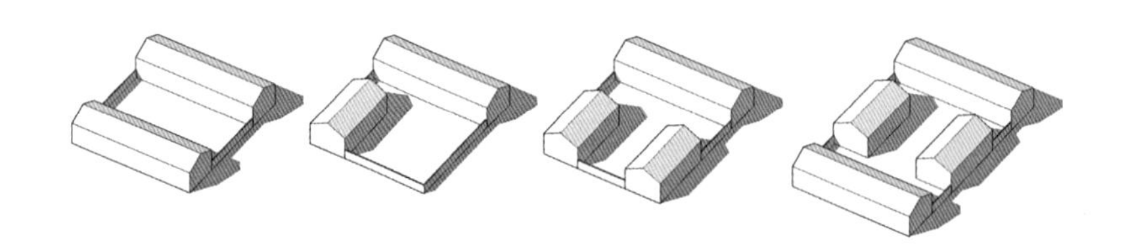

图3-17
合院的基本构成方式

1. 庭院的平面尺度与比例

“庭”，本指正厅（屋）阶前的空地；“院”，则是屋后被围合的室外空间，故有“前庭后院”之说。因建筑功能、造型、礼制和室外空间关系的多样性、复杂性，后来多简化合称为“庭院”，以泛指围合的室外空间。

中国传统的合院式民居中，庭院空间尺度与比例的差异较大，这是气候、用地条件、功能要求、礼制习俗、经济能力等因素综合作用的结果。总体而言，北方民居的庭院较为开敞，南方民居的庭院较为紧凑，一些非常窄小的庭院被形象地称为“天井”（南方有些地区把所有庭院都称为“天井”，也有一些地区则“庭院”与“天井”名称混用）。同一组建筑中，不同位置的庭院大小也各不相同、主次分明（图3-18）。

以苏州传统民居为例，其院落以矩形为主，左右对称。其进深尺度，根据《营造法原》中记载：“天井依照屋进深，后则减半界墙止，正厅天井作一倍，正楼也要照厅用。若无墙界对照用，照得正楼屋进深，丈步照此分派算，广狭收放要用心。”意思是院落进深与其后厅屋进深相等，最后一进后檐墙到界墙距离为前屋进深之一半；但实际民居中往往受到用地限制，院深多有缩减。院落的横向宽度和厅堂的宽度相同或减去两侧廊厢的宽度，较纵向进深略大些，庭院多呈扁长方形。苏州民居中还常见一种当地俗称“蟹眼天井”的小院，尺度小巧，多用于客厅背面的两侧、其他需要辅助通风采光处或边角地块（图3-19）。

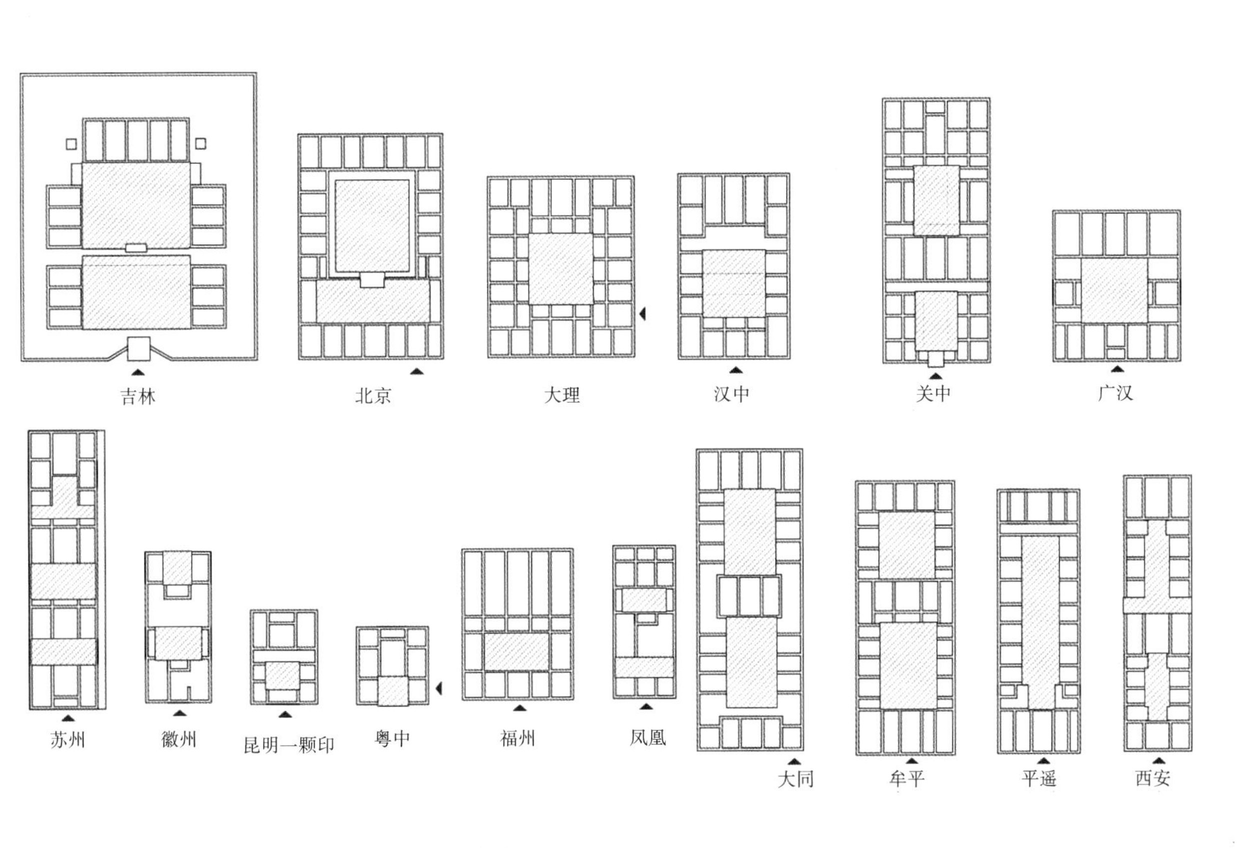

图3-18
各地合院式民居典型平面的不同特征

2. 剖面特征

合院的剖面特征与院落的进深、围合院落的建筑高度（包括檐口、屋脊）或院墙高度、地面高度等因素密切相关。

院落进深直接受自然气候条件影响。北京四合院民居的庭院进深比建筑进深要大得多（图3-20）。而苏州传统民居的院落进深则一般近似厅堂进深，客厅较深处冬季太阳光可以直射到，还可通过院落围墙的反射而获得柔和的采光，厅中不会感觉到刺眼的眩光。围合院落的墙或楼相对于进深来说比较高，利于形成较强的对流风。而"蟹眼天井"高耸如井，更具有较好的拔风作用，同时为一些进深较大的区域、偏房备弄等处引入自然采光（图3-21）。

徽州地处山区，地窄风大雨斜，相对而言，其传统民居较苏州地区的出檐深、院落小，空间感狭窄似井，故多称庭院为"天井"（图3-22）。

正房的层数多于厢房很常见，但厢房不可高于正房。

图3-19
苏州铁瓶巷顾宅院落与蟹眼天井

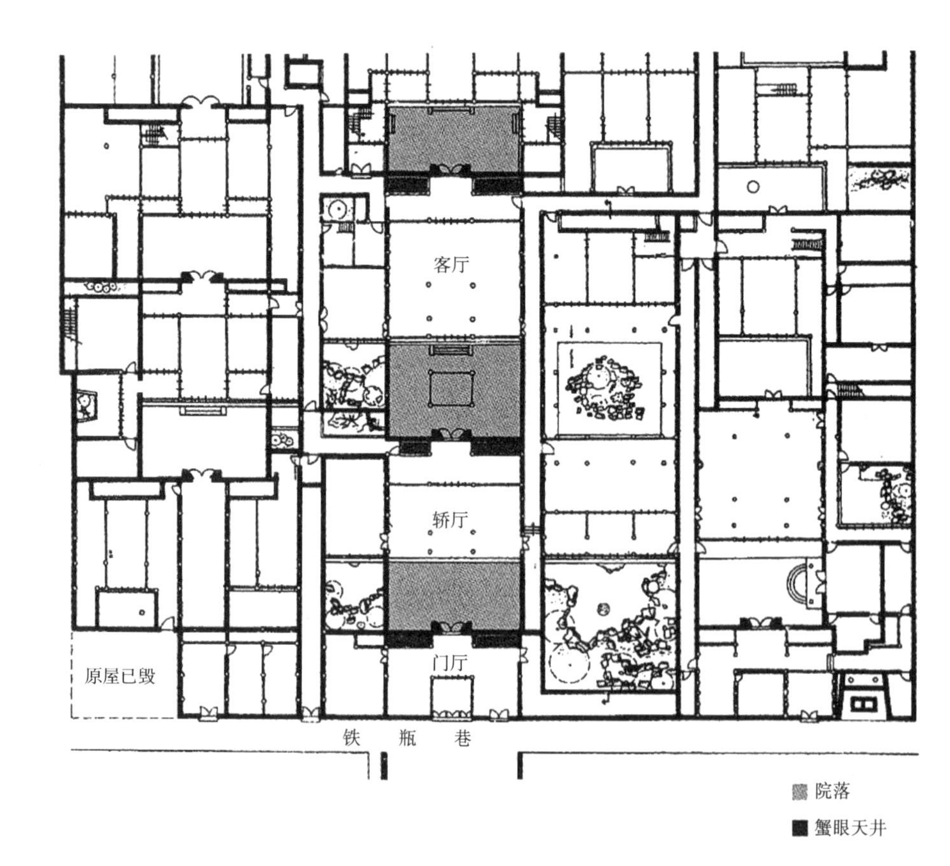

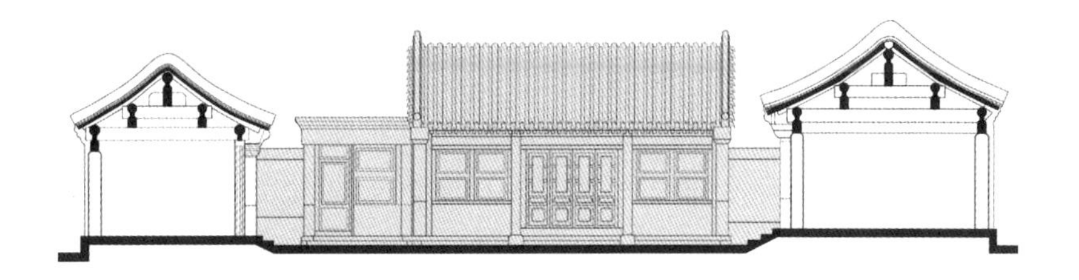

图3-20
北京四合院纵剖面

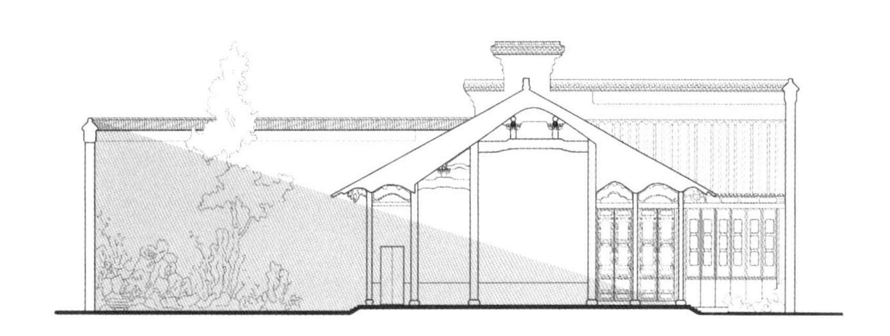

图3-21
苏州修仙巷张宅花厅院落纵剖面

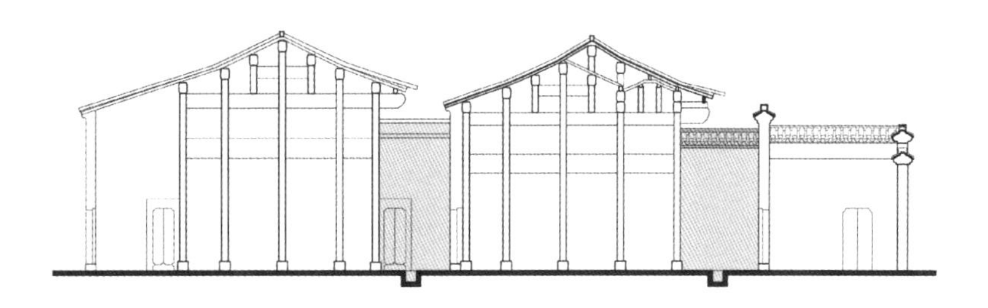

图3-22
查济村查君臣宅天井剖面

同一个合院中，正房的屋脊一般要高出厢房，体现了中国传统文化中的等级秩序。正房檐口高出厢房檐口，也可与厢房檐口齐平或齐平相连。两侧厢房的檐口一般等高，体现出合院的中轴对称性。很多地区合院式民居中的正房和厢房往往面向庭院设檐廊，一方面起到挡雨遮阳的作用，另一方面也为一些家庭活动提供了半开放的适宜空间（图3-23）。

除了围合院落的建筑之外，院墙也是影响院落剖面特征的重要因素。传统合院式民居的院墙一般较为封闭高耸，以保证内部庭院与建筑的私密性。院墙高度主要受当地治安状况和户主防卫需求影响，一般与厢房的檐口高度接近。风沙等环境防护需求也对院墙高度产生影响，西北等干旱少雨地区合院式民居中多单坡顶建筑，其院墙甚至往往高于屋脊。

传统合院式民居中，室内地面一般比庭院地面高出1～3级台阶的高度，以利于防潮排水；而正房的地面高度一般高于厢房地面或至少与之持平。

3. 朝向与方位

朝向是住宅的地理空间方向，一般讲究主体建筑（正房/正厅）和进户大门两个要素。合院式民居朝向的确定主要考虑自然环境（采光、通风等）、交通条件、宅基地特点等因素。大部分合院式民居都取近似南北朝向（各地根据地理位置不同会有角度不等的偏角）为主导朝向，这是人们的生活习惯与自然地理条件相适应的结果，并渐而形成一种以坐北朝南为尊的文化观念。在某些特定的环境和用地条件中，合院式群组也会采用其他朝向作为主导。

方位是在一个平面格局体系中，相对于某参照物的位置。中国传统民居中，平面格局中的不同方位被赋予不同内涵表述，如生方、火方、太岁方等。大中型合院以最主要的建筑物（通常是中间的正厅/正屋）为核心参照物，小型合院和单幢住宅一般以最重要的功能空间（通常是起居空间-正间/堂屋）为参照物。

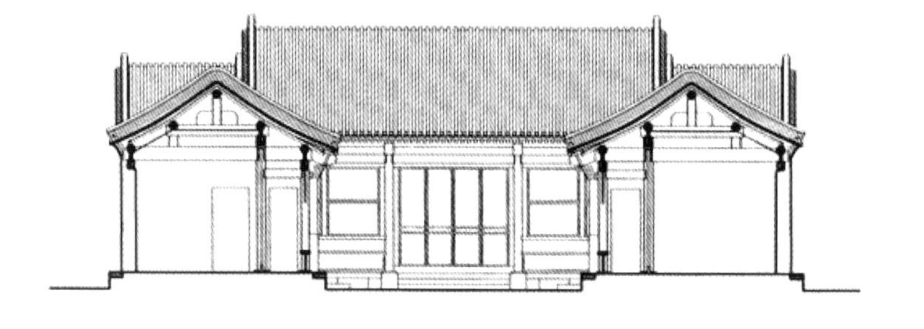

图3-23
北京东四八条某四合院剖面（屋脊高度等级关系）

传统民居的朝向和方位，因其所处时代、所在区域、所属文化而各有差异，但其本质上都是人与自然和谐的产物、人的审美心理的体现。在当时的认识水平和文化环境中，基本都是阴阳五行八卦等古代思想观念，天子所居的皇宫则对应于“星象图”，基层民间则更是以随意性较强、神秘性浓厚的风水说法为主流表现形式，究其核心理念，都是《易经》的阴阳、八卦和“五行”学说的滥觞。

4. 轴线与对称性

大部分合院式民居都有明显的中轴线。合院式民居的中轴线不仅仅在形态上起到主导和控制性，更反映了中国古代传统礼制和社会结构的文化特点。位于中轴线上的建筑或是建筑中的开间，地位相应较高，与其所承担的功能，或是使用者的家庭地位是相互匹配的。完整的合院，中轴线两侧均有厢房，形成左右基本对称的格局。当然由于家庭规模、经济财力、地形限制等因素，单边厢房的布局也并不罕见。

5. 出入口

合院式民居的主入口（正门）一般位于南面，因建筑的礼仪和适用组合、道路方位等原因而多有不同，常见位置有南面的正中、东侧或西侧，东面或西面的南侧，北面的正中。不同主流文脉、不同地区，乃至不同城市都有可能存在自己的住宅入口习惯偏好，如北京四合院的主入口大多位于东南角，而南方大部分地区的合院式民居主入口一般位于南面正中。民间的小型住宅，根据所在的场地环境不同，为顺应街道走向，也存在斜入、侧入等情况。

地位和等级较高的合院式大户民居在大门内外常设照壁。照壁主要有“一”字形和“八”字形两种平面形状，而其常见的位置则有三种。

大门内侧，独立于厢房山墙或隔墙之外的称为“独立照壁”；在厢房山墙上直接砌出小墙帽并做出照壁形状、使照壁与山墙成为一体，则称为“座山照壁”（图3-24）。

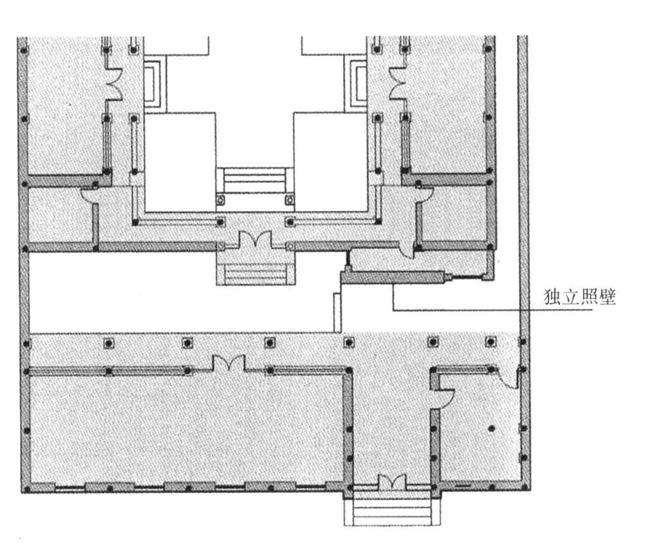

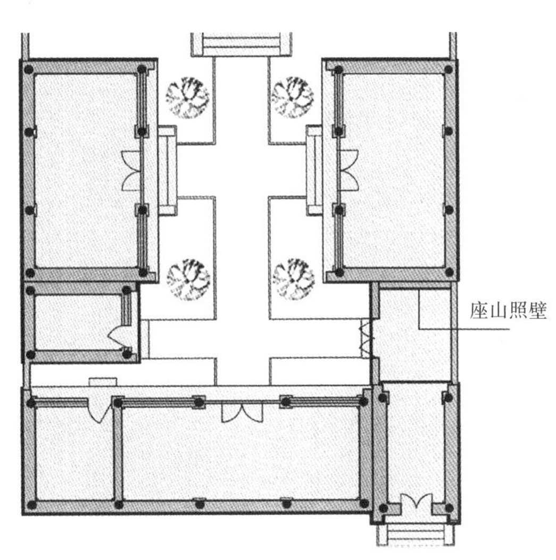

图3-24
大门内侧的照壁：独立照壁（左）；
座山照壁（右）

照壁位于大门外的街巷对面，正对宅门，一般有两种形状：平面“一”字形的叫“一字照壁”，“八”字形的称“雁翅照壁”。

位于大门外两侧，与大门槽口成斜出关系（通常夹角120～135度），平面呈八字形，称作“反八字照壁”或“撇山照壁”。做这种反八字照壁时，大门门线需退后2～4米，在门前形成小空间作为进出大门的缓冲之地（图3-25）。[1]

大型合院式民居除了礼仪性的正门之外，有时还会在正门之侧开设偏（角）门，辅助日常进出。

除了位于南面的正门之外，合院式民居在其余方位也会开设次入口。北京四合院的后门一般开在西北角。江南水乡的一些临水而建的民居，临水和临街两面均有门道出入，前门日常进出，后门紧靠河道，便于洗涤和船只停靠，形成前门为生活性入口、后门为服务性入口、侧门为机动性入口的合理分布。

总体而言，主体传统民居主入口方位选择顺序如下：南、东南、西南，在地形、交通制约的条件下，或是特定文化内涵的情况下，选择东、西、北。辅助入口随机，多在主入口背面中间或偏左（坐北朝南时偏西）方位。

图3-25
大门外侧的照壁：一字照壁（左上）；雁翅照壁（右上）；撇山照壁（右下）

1 桐嘎拉嘎. 北京四合院民居生态性研究初探［D］. 北京林业大学，2009.

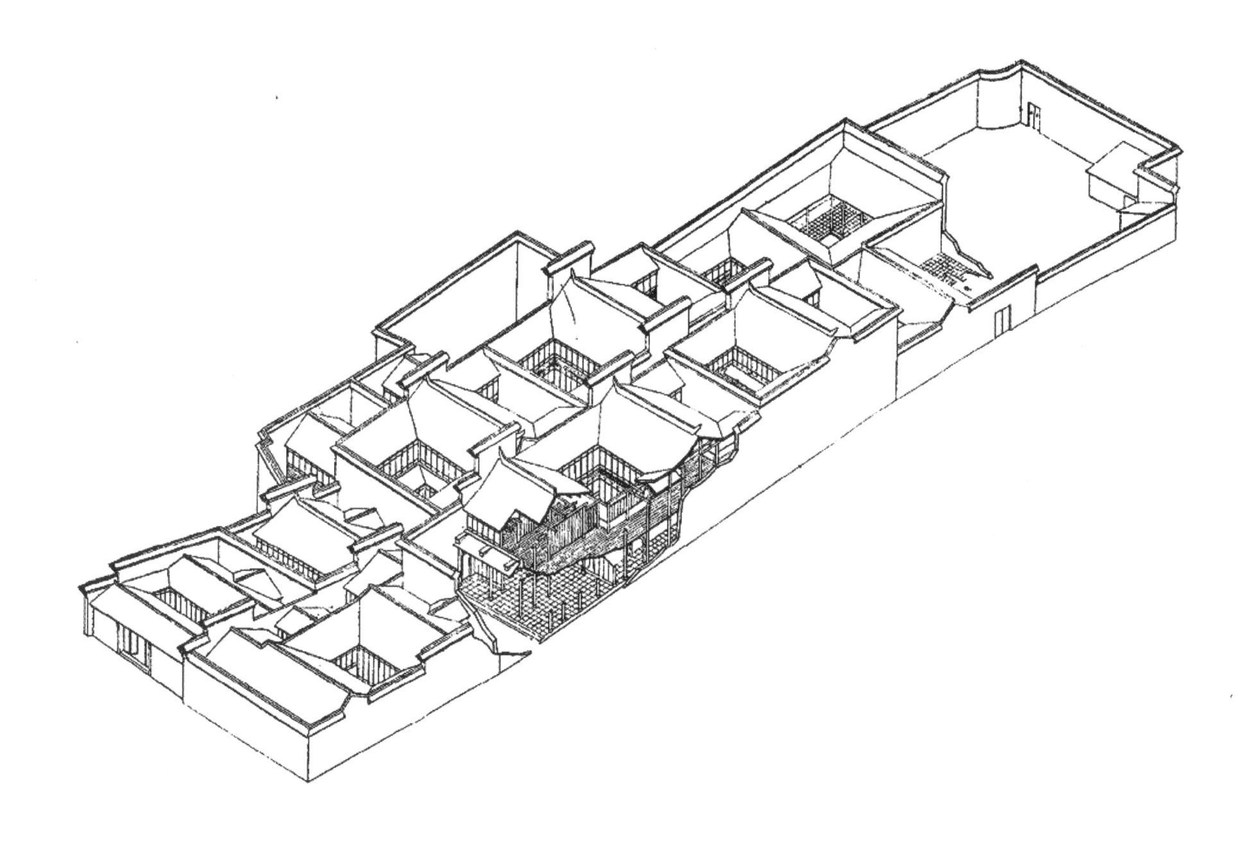

图3-26
苏州西白塔子巷李宅

（二）合院的垂直发展

随着家庭规模的扩大、家庭生活需求的多样化或家庭经济实力的增强，合院民居往往从平房向楼房发展。另外，南方地区往往用地紧张，楼房当然是合理的选择。

常见的垂直发展方式是先正房后厢房，这与正房、厢房的等级差别有关。一般正房2层、厢房1层，或正房、厢房都是2层，厢房层数不能多于正房。在楼房组成的合院中，楼梯也常常设置在厢房、连廊等处（图3-26）。

（三）合院的纵向发展

相对于普通人家基本的单进院落，大户人家人口多而关系复杂，对生活空间的功能分化要求更为必须和丰富。由于朝廷舆服制度限制单体建筑的面阔、体量等而不限群体组合，因此富贵之家和人口大户往往通过建筑群组向纵深拓展，以多个院落的组合来满足规模扩张、功能拓展的需求，居住空间呈现多个合院依次纵向串联的空间布局特征。在这种情况下，"进"便成为一个重要的空间概念。一般而言，纵向串联的合院中，每一个合院称为一"进"，但江南地区（以苏州为代表）一般以建筑为"进"，而北方地区往往以院为"进"（本节中阐述"进"数的算法随阐述对象）。

1. 多进合院群组的空间分区

两进的合院民居就具备了院落空间分区的基础。如两进的北京四合院分为前院和后院。前院由门楼、倒座房组成，主要用于与户外联系（如会客等活动功能）；后院又叫作内宅，主要由正房、东西厢房、游廊组成，是主要的家庭生活空间。也有的两进四合院没有垂花门隔出前院，而是在正房后加后院，建专供女眷居住的后罩房。在闽东北等地的民居中，两进院落的功能格局则有所不同，第一进院落是主要的家庭生活空间，后院一般用于辅助功能，如堆放柴火等（图3-27）。

三进的合院，在功能分区上已经较为完备。一般第一进院落用于对外交往等活动；第二进院落为家庭成员主要的生活空间；第三进院落则用于生活辅助功能，或作为更为私密的居所。例如典型的北京四合院民居即为三进院落。第一进院是垂花门之前与倒座房之间的窄院；第二进院由正房、厢房、游廊组成，厢房旁还可加耳房；第三进院是后罩房，后罩房西头的第一间或第二间设后门。在正房东侧耳房开一道门，连通第二和第三进院。在整个院落中，老人住北房（上房），中间为大客厅（中堂间），长子住东厢，次子住西厢，佣人住倒座房，女儿住后院，互不影响（图3-28）。[1]

图3-27
两进四合院平面

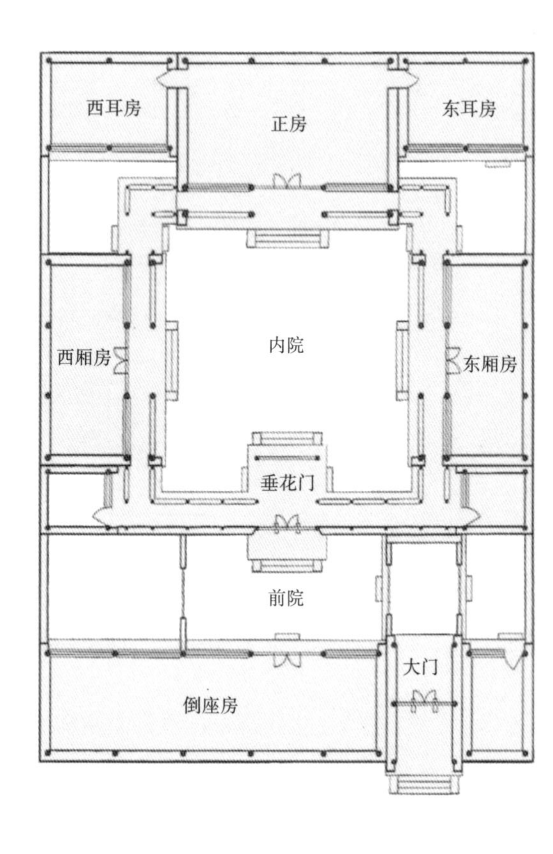

1 张章. 各具特色的中国传统民居建筑［J］. 中华活页文选，2014.

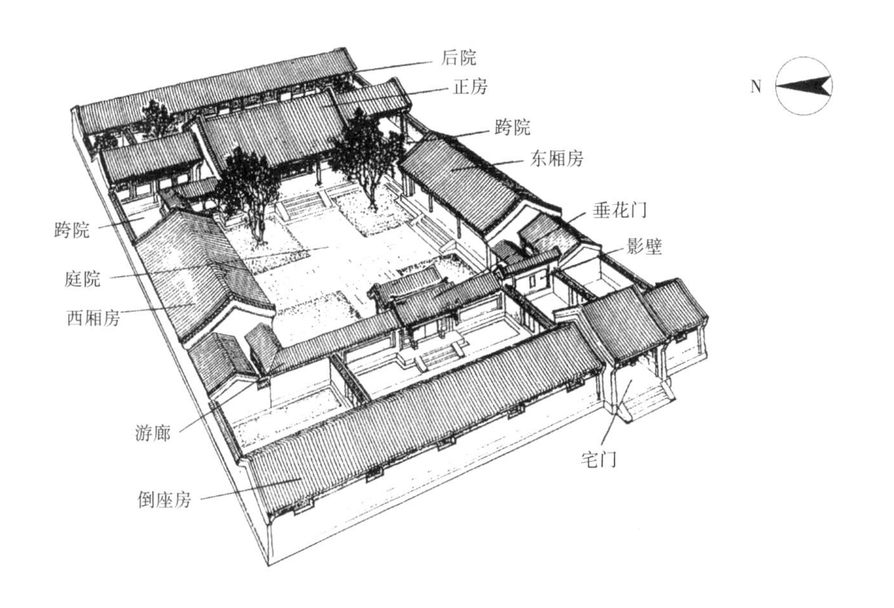

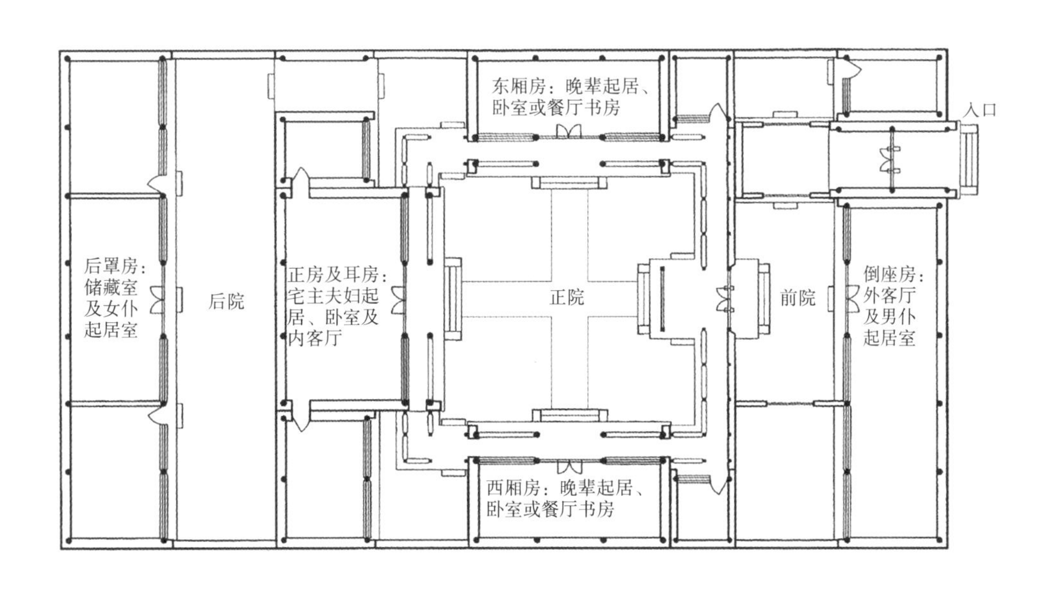

图3-28
北京典型的三进四合院：鸟瞰（上）与平面图（下）

四进（按苏州本地以建筑为“进”的习惯算法则是五进）院落是苏州传统民居的代表形制。除了门厅直接对外不设院落（大户人家有时门厅外对面设照壁，形成门前广场空间），每一进院落都对应一个特定功能的厅堂空间，自外而内（多为自南而北）依次有门厅、轿厅、客厅、内厅、卧厅，共五厅，故而又被称为“五厅制”。在客厅与内厅之间还有砖雕门楼与隔墙，以分隔围护专供家眷起居的内部空间。规模较大，生活功能完整，传统礼仪形式完备而相对简洁，主次分明、内外分隔、主宾有序，建造质量上乘，艺术水平精湛，文化氛围浓厚，现存数量较多（图3-29）。

五进院乃至更多进的合院式民居群组多见于规模庞大的家族。常见的做法如四进院在南面临街处建两排倒座房；有的在正房和后罩房之间建一堵墙，墙上开一座门。这些方式都使得院子变成五进。苏州、扬州等长江下游沿江地区则是在卧厅后逐次重复加建。现存实物中，苏州有九进的案例，扬州有多至十一进。

2. 多进合院群组的纵向剖面特征

在两进以上的合院式建筑群组中，不同建筑的高度、院落的剖面、地坪的高度等一般都有着明显的等级与秩序。

从地坪高度来看，一般规律是后进高于前进，既有步步高的寓意，也有利于突出主要建筑。正厅后面各进地坪与正厅地坪同高，既不影响主要建筑的地位，也避免过于增加土石工程量。切忌出现前进高而后进低的情况，这一方面是民间文化的表现，另一方面也方便雨季排水的需要。

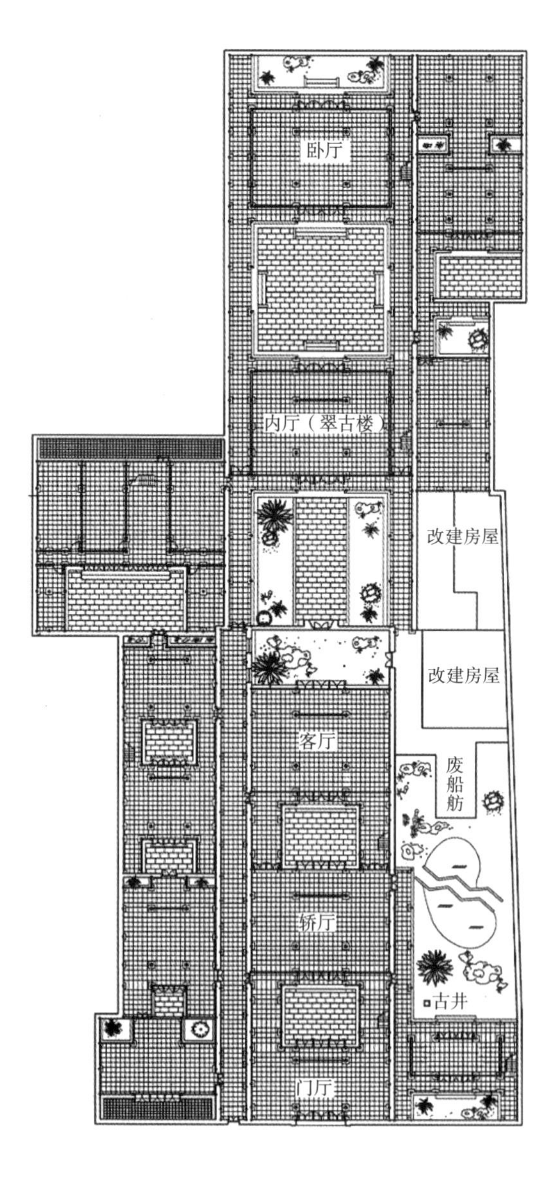

图3-29
苏州潘祖荫故居平面

从建筑高度来看，一般而言，主要建筑高于次要建筑，中轴线建筑高于两侧建筑。多进合院群组中，在都是平房的情况下，正厅的屋脊和檐口一定是群组中最高的，正厅之前若干进院落的建筑则一般从南（前）向北（后）依次升高（图3-30）。

当群组中有楼房时，楼房一般安排在正厅之后的若干进院落中（最末一进居多），整体上呈现北（后）高南（前）低的态势。在这种情况下，楼房一般用作卧房、起居室或读书藏书楼、闺房绣楼等。

而城镇中常见的沿街住宅，楼房往往沿街布置，底层用作铺面，二层为辅助性居住空间，主要生活居住空间放在后进平房，但这种情况基本没有多进合院。

南方地区常见整体都在二层以上的多进合院式群组，体量较为齐整紧凑。这类情况多出现于晚清以后，居住建筑的秩序已不再拘泥于传统礼仪的严格束缚。

（四）合院的横向发展

同一纵向轴线上串联的一系列合院称为一“路”。当家族发展到一定规模，纵向拓展不能满足需要，或因地形限制无法继续沿“路”纵向拓展，即以原“路”为基础，以“并联”的跨院形式进行横向拓展，满足大家族的空间需求。

若干“路”的组合有时也对应着大家族中兄弟家庭的居住空间，反映了传统家族的人员结构及其扩展变化。

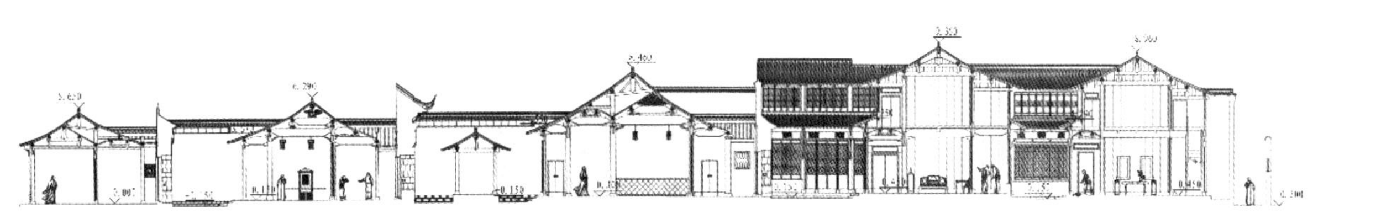

图3-30
苏州铁瓶巷顾宅剖面

1. 跨院的布局结构

出现“路”的并联时，中间的称为“中路”，侧旁的是“东路”“西路”，或统称“边路”。苏州现存最多的有五路，山西祁县乔家大院则多达六路并联。

中路一般是最早建成使用的，必定包括了最核心的居住功能、最重要的礼仪场所，通常为家主、宗子所居。即使只有两路并联，也必有一个称“中路”（或“主路”“正路”）。边路多为后来逐步增扩，多为中路的辅助性功能空间（通常书房设在东路对应晨读，花园设在西路对应休憩），或是未分家的兄弟家庭所居。

无论并联多少“路”，一个大家庭中只设一座正规的礼仪性厅堂，分家以后才可以另建厅堂（包括另起炉灶）、另起堂号。过去中国人遇见同姓多问哪个“堂号”以上溯明白本家同宗关系即源出于此。苏州的五路是一个大家庭居住，而祁县乔家大院的六路是家族近支同宗合住，所以这两个群组中的功能结构和主辅结构关系是很不一样的。这也充分印证了中国传统民居形象的空间肌理取决于内在的社会结构、礼仪制度等生命脉络。

2. 跨院的交通与出入口

一户一正门，设于中路，是礼仪性、主要出入口；日常进出视人员或行为的特性和方便，也经常使用旁门（耳门、角门）、后门。路与路之间一般在院墙、廊道中开门，不直接连通室内。

苏州传统民居各路之间常留出盖有屋顶的通道，称为“避弄”。避弄不仅是联系各进的纵向通道，也沟通了路与路之间的横向交通，大大便利了大型合院式民居内部的联系。同时，避弄还是大家庭中妇女避开男性宾客、仆人避开主人的通道，反映了传统礼制对民居空间的影响。类似的做法在江南民居中较为常见（图3-31）。

图3-31
苏州天官坊陆宅：多路合院与避弄

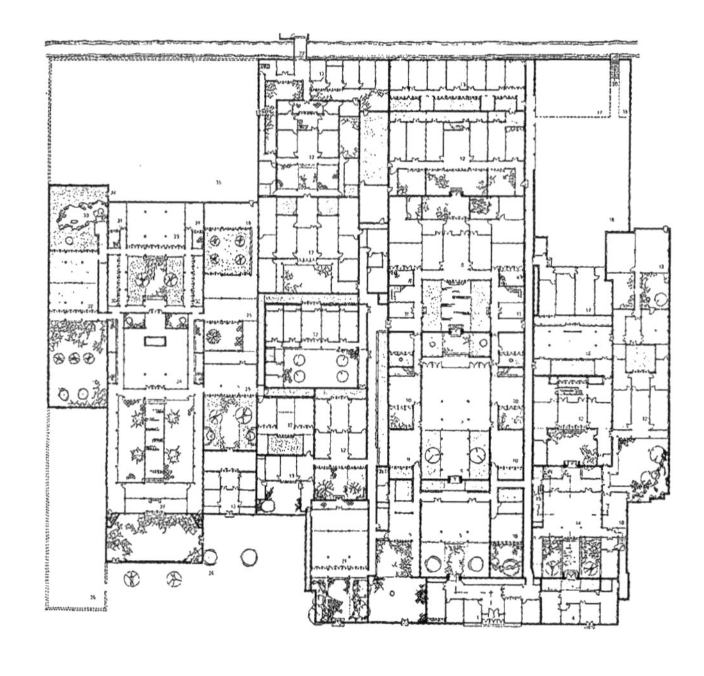

（五）不同区域合院式民居的空间特征

合院式民居在我国分布最为广泛，根据分布地域和形态特征，可以将其大致划分为北方片区、南方片区、西南片区等三个大的区域类型，每个大的区域类型在形态上具有一些共性特征，但又包含诸多各具特色的子类型。

北方片区主要包括华北、东北、陕甘等地，典型的子类型如北京四合院、晋陕合院、东北大院等。

南方片区主要包括长江以南的东南沿海地区和中南地区，典型的子类型如苏州民居、徽州民居、湘赣民居、岭南广府民居、闽南民居等。

西南片区主要包括川、渝、云、贵等地，典型的子类型如云南一颗印、巴蜀民居、川西民居等。

1. 东北合院式民居

东北地区，御寒是首先必须解决的问题。高纬度地区日照角度低，为了获得良好的日照，形成了建筑间距大的特征。东北合院式民居气候适应性最大的特点是布局较为宽敞，院落空间大（图3-32）。此外还有其他特点，如所谓的“高、宽、矮、窄”：“高”指房屋台基高，主要是为了防积雪；“宽”指南窗宽大，这样有利于南向采光；“矮”指房屋净高低，“窄”指室内进深小，都是利于保温的措施。

图3-32
辽宁铁岭郝浴故居

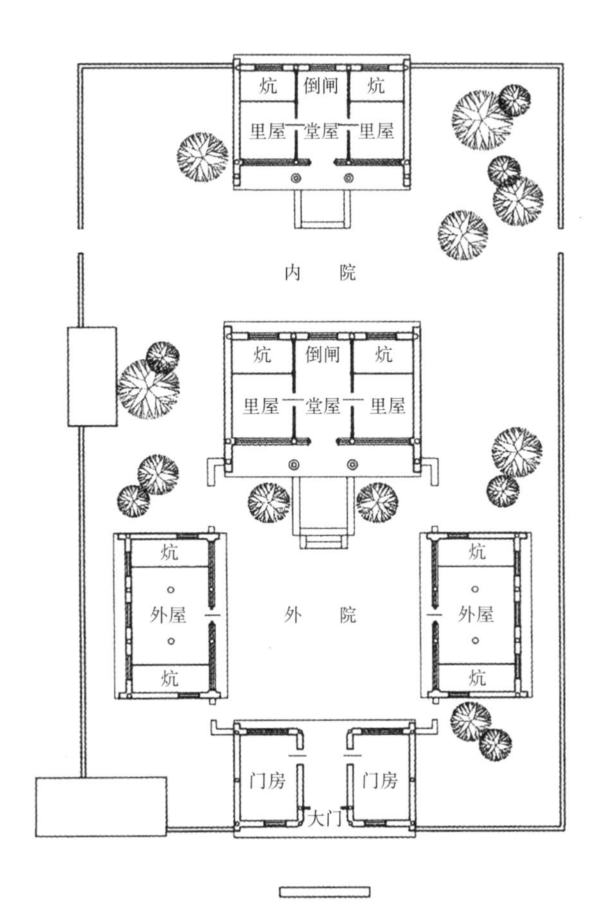

2. 华北合院式民居

华北地区的合院式民居，可以北京四合院为代表。周边的河北、天津、山西等地大致因袭北京四合院形式，但内院比例明显趋于窄长。在院落组合上，河北、山西等地也更加灵活，一般由二、三进合院组成，各进间多用垂花门或腰门分隔，形成各自独立的狭长空间（图3-33）。现存实物中最多的如河北蔚县有所谓“九连环”的九进院落。

3. 西北合院式民居

西北地区典型的合院式民居如关中宅院民居，以窄长的四合院布局为基础，根据规模大小有一进式、多进式和多进连廊式。总体平面布局严谨，轴线明确，层次分明，主从有序[1]，用地布局多纵深狭长，形成了独特的窄院形态，具有“深宅窄院”的特点，不仅节约用地，也有利于满足遮阳避暑防风沙的区域环境特点的需求（图3-34、图3-35）。

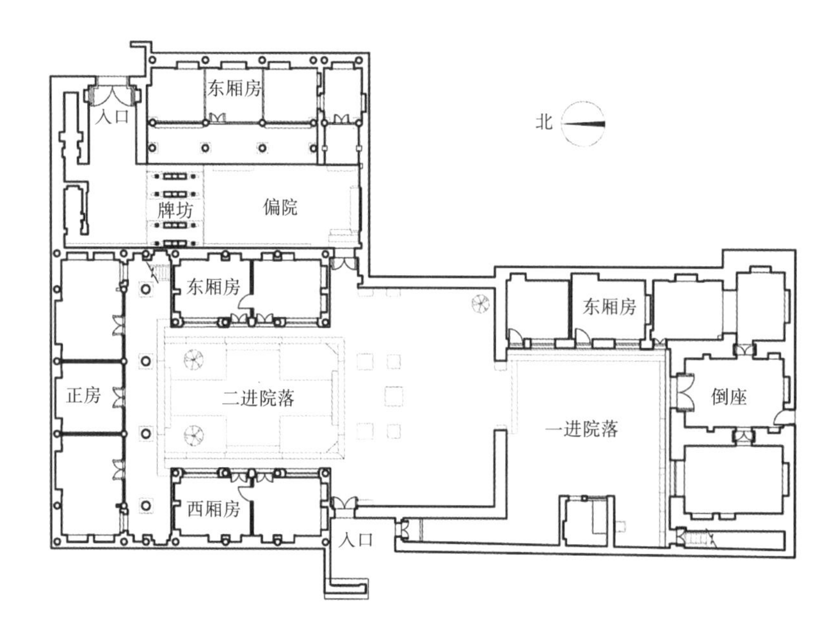

图3-33
山西襄汾丁村17号院平面

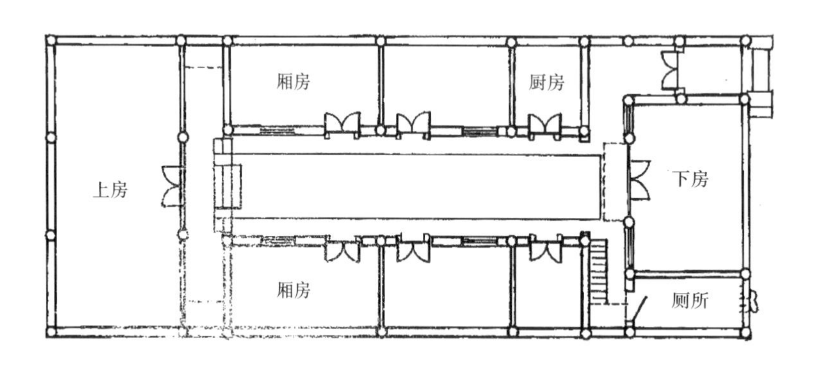

图3-34
韩城党家村民居平面

1 郝丽君. 西安地区居住建筑地方风格与自然环境关系初探［D］. 西安建筑科技大学，2006.

4. 江南合院式民居

一般概念的“江南”包括苏南、浙江、皖南等地和江西部分地区。这个区域的合院式民居以苏州传统民居和徽州传统民居最为著名。平面布局以厅堂、厢房、庭院（天井）组合成基本单元，在不同的地域和条件下，结合连廊、夹层、亭榭等半开放空间，合理地组织安排各种功能需求，获得良好的采光与通风效果，适应多雨、温湿的地区气候特点。

与北方相比，江南地区纬度低，日照间距短，合院式民居布局比北方合院式民居明显紧凑，二层的单体建筑也较多，以适应这里人多地少的条件。在丘陵山地区域，房屋外廊及其组合更为灵活，但依然遵循基本的合院组合规则，尤其在核心部分都有明确的中轴对称和礼仪等级秩序。代表性案例前面已有介绍，以下为中小型不规则案例（图3-36、图3-37）。

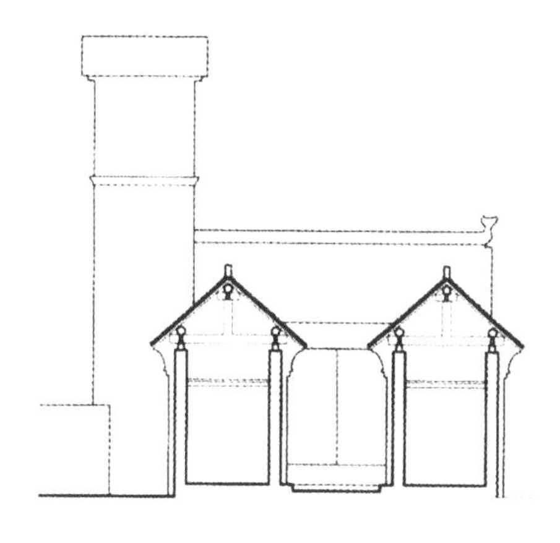

图3-35
党家村党东俊宅院横剖面

图3-36
安徽歙县呈坎罗宅平面

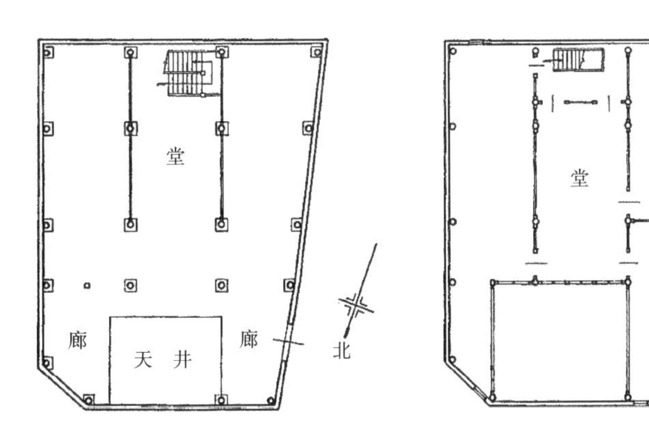

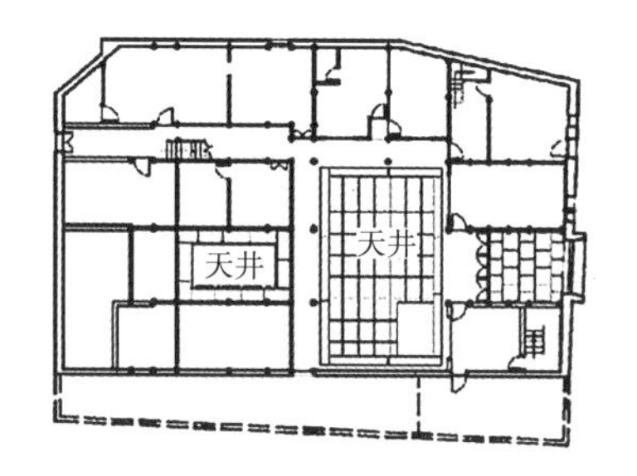

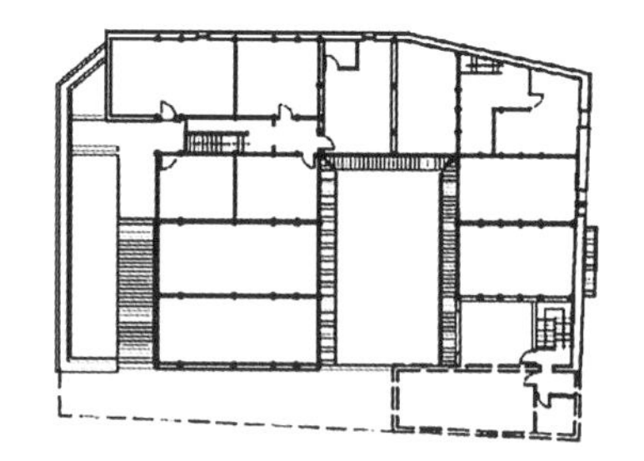

图3-37
浙江慈溪小五房平面

5. 川西合院式民居

川西地区合院式民居的特点是因地制宜结合地形，空间局部灵活多变，并不勉强追求对称性。民居以一正两厢一下房组成的“四合头”房为基本单元。为适应夏季闷热的气候条件，多设置通风天井，以形成良好的“穿堂风”。广泛使用檐廊或柱廊来联系各个房间。[1]屋檐出挑较大，形成大量半室外空间（图3-38）。

6. 西南合院式民居

云贵川等西南地区，山岭遍布、用地局促，且海拔较高、日照强烈、昼夜温差较大，因而合院式民居整体布局更为紧凑。且因古代交通交流不便，更易形成地方性特点，代表类型有“一颗印”“三坊一照壁”“四合五天井”等形制。

“一颗印”民居的特点是正房、耳房毗连，布局紧凑，体量小巧，适合当地多山、平地较少的地貌特点。建筑外观较为封闭，多为两层，高墙小窗，体型四四方方有如钤印，故得“一颗印”之名（图3-39）。这种形态有利于防风、防火、防盗。建筑无固定朝向，多随山坡走向无规则散点布置（图3-40）。[2]

“三坊一照壁”“四合五天井”则是云南白族民居建筑中最基本、最常见的形式，大多为两层或局部两层（一般是正房）。“三坊一照壁”一般都是“门”字形的三合院，每边称为一“坊”，另一边则为照壁。正房一坊朝南，由户主居住，东西两侧二坊一般为子女住所。正房两侧常有耳房，称为“漏角屋”，亦为两层，但进深与高度都略小。“漏角屋”通常一侧用作卧室、书房或储藏室，另一侧用作通高的厨房，以便排烟。“漏角屋”与东西两侧厢房之间形成小天井，有利于采光通风和排水。若住户财力不足，常只盖正房一坊和单侧厢房一坊，形成曲尺状的格局。而“四合五天井”则是照壁所在的那一边也建成一坊下房，形成四合院。这一坊两侧也有“漏角屋”和天井，整个建筑共有五个天井，其主入口多设在东南角的漏角天井（图3-41、图3-42）。

1 董靓，付飞. 川西地区传统民居设计策略［J］. 城市建筑，2008（06）：80-81.
2 李静. 安化民居建筑符号再生设计研究［D］. 湖南工业大学，2011.

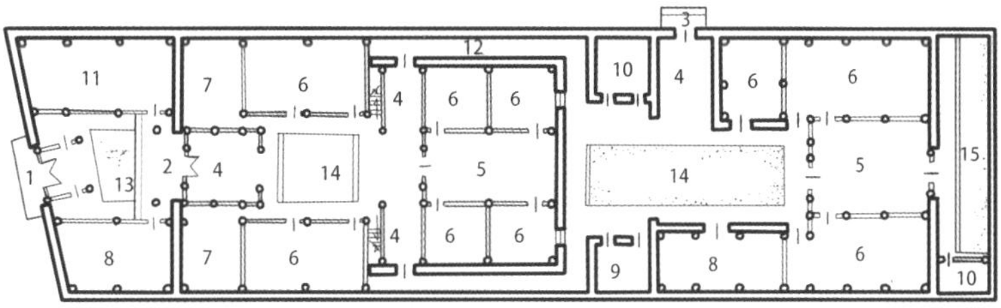

图3-38
西昌市马湘如宅平面

1. 大门　2. 中门　3. 侧门　4. 过厅　5. 堂屋　6. 居室　7. 厨房　8. 库房
9. 浴室　10. 厕所　11. 畜舍　12. 走道　13. 水池　14. 天井　15. 后院

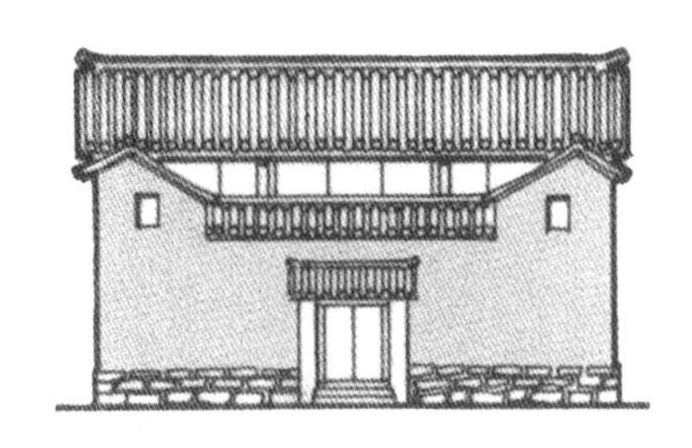

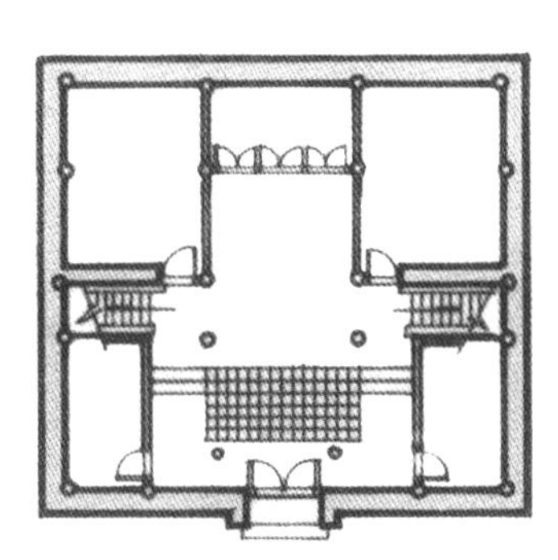

图3-39
典型“一颗印”民居的平面和立面

图3-40
昆明乐居乡“一颗印”民居群

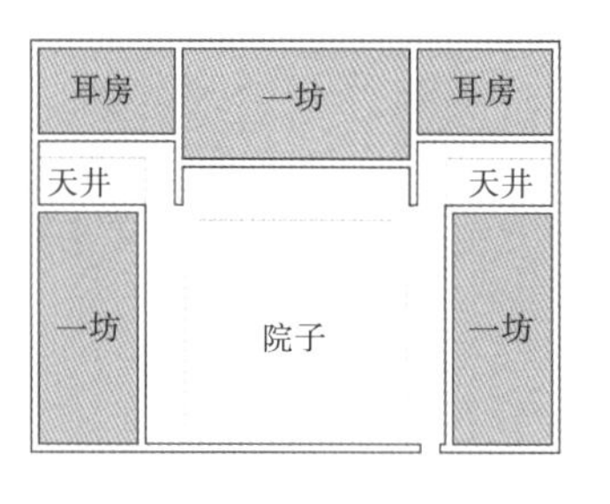

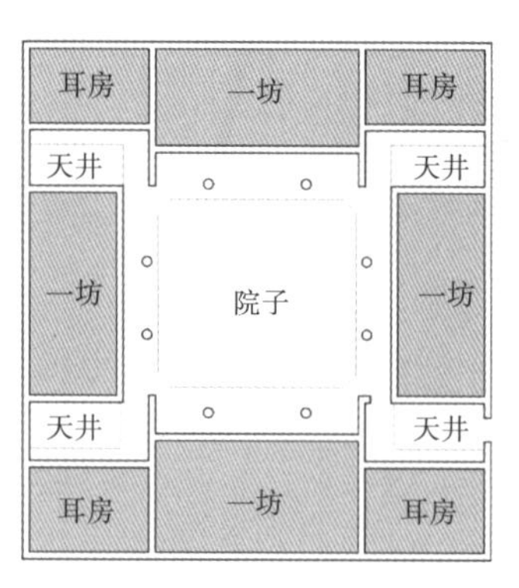

图3-41
“三坊一照壁”（左）与“四合五天井”（右）的平面布局模式

图3-42
“三坊一照壁”白族民居图解

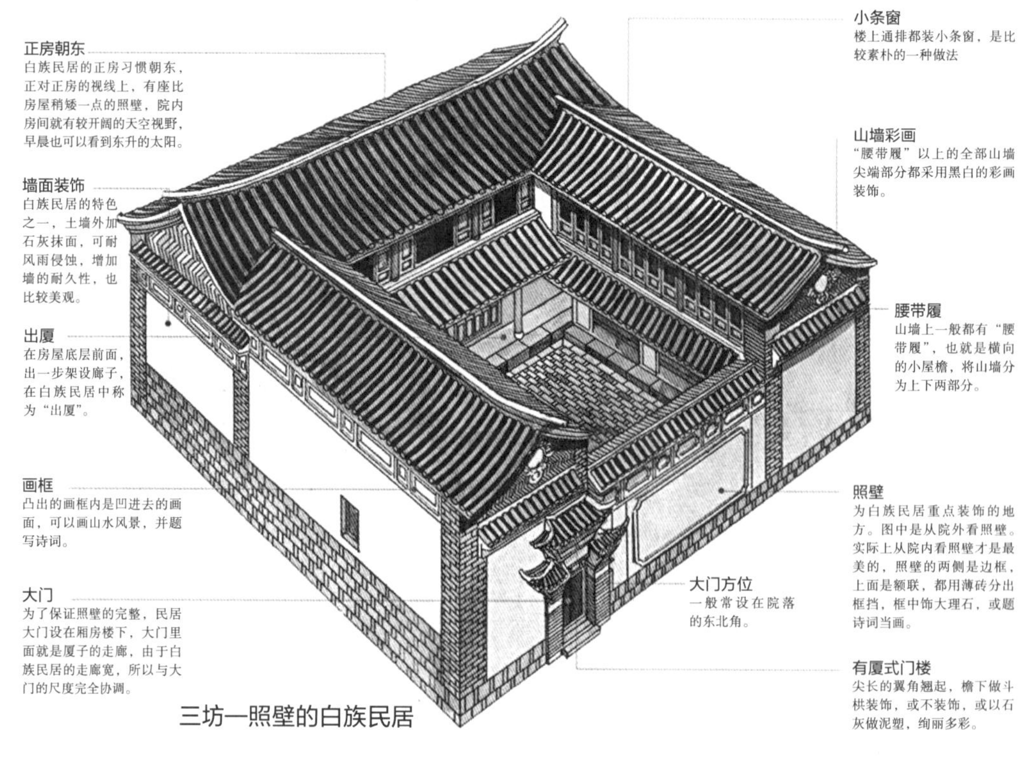

7. 闽南合院式民居

闽南地区合院式民居的典型代表是“官式大厝”，民间俗名“皇宫起”，一些地区又名“红砖厝”。“厝”（cuò）在闽地意指“房屋”，闽南大厝的主要特征是前埕（chéng，闽地指房子正门前的私人或公共空地）后厝，坐北朝南，三或五开间加双护厝。

闽南古厝具有“光厅暗屋”的特征。位于正房中央的厅堂宽敞明亮，常以可折合收放的木门扇与后轩相连，两者在空间上可分可合，适应家庭生活的不同需求。后轩常用作书斋或接待密友之处。正厅两侧的次间主要用作居室。这种一明两暗的三开间在闽南被称为“三间张”，在其基础上左右再各扩充一间梢间，则形成了“五间张”，正房两侧的厢房则俗称“榉头”。大厝则根据规模不同形成多进合院。当地称“进”为“落”，三进以上的民居俗称“大三间张”或“大五间张”。通常第一进称“下落”（前落），第二进称“顶落”（上落），第三进称“后落”。每落中正厅前的天井俗称“深井”。下落屋身正前留设的户外广场称“埕”，用于停车、活动或布置为庭园。[1]

闽南大厝的另一个突出特征是有所谓“护厝”的做法，在中轴线院落东西厢房外侧再加建南北向的长屋，多用作厨房、杂务、储藏或是客房、仆人房等辅助用途，也有用作书斋的。如果只做一侧护厝的，另一边也往往留出通巷。护厝与主院落之间形成纵向的长天井，与中轴院落之间有门户相通。这种做法与北方的跨院有所不同（图3-43）。

图3-43
泉州“五间张带双护厝”民居

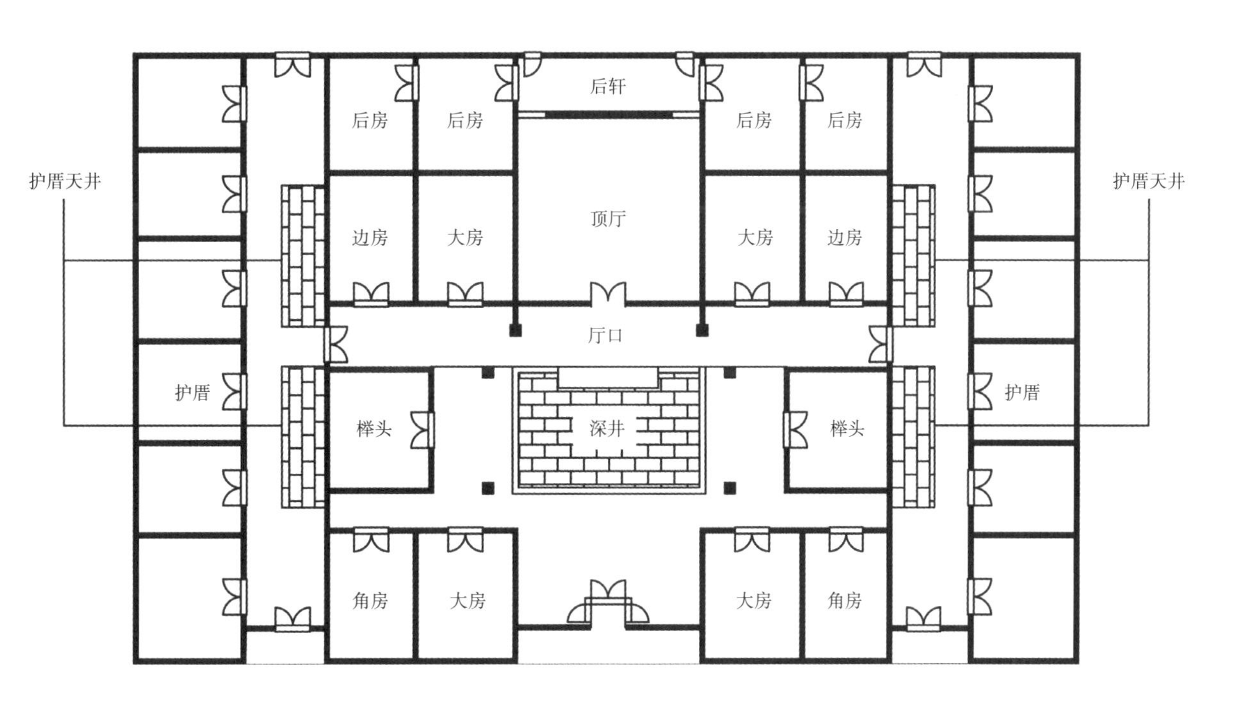

1 见百度百科词条：“闽南古厝”。

8. 华南合院式民居

华南地区传统合院民居平面布置的总体特点是深房小院。特别是沿海地区的民居，由于地处亚热带，气候炎热湿度大，日照时间长，且时有暴风骤雨，所以民居的营造要适应通风、采光、排水、抵御台风等要求。住宅多坐北朝南，有良好的朝向；平面布置进深较大、面宽狭窄，利用天井隔开各进房屋以通风采光，当地形象地称之为“竹筒屋”。较大型的民居形成2～3进的纵向排列，而横向则以走道相连，做成若干个开间，一开间俗称一面过，依次增加，大的可达五开间。这些以天井组合的民居建筑结构整体、内部空间流通，能较好地综合解决夏季通风、雨季排水、风季防台等问题；天井给周边建筑带来采光、同时避免阳光直射、保持室内荫凉，有的天井还在上方设置天窗，可随时开闭以调节室内小气候。较典型例子如广州西关大屋（图3-44）。

二、其他群组格局

（一）嵌套式群组

该形式多出现在分布于闽南、粤北、赣东南的客家土楼中。土楼具体形状多达数十种，以圆形最为典型。圆形土楼低则2层、高达5层（包括阁楼），可大体分为单圈加中心建筑、双圈、三圈和四圈这四种类型，除了中心外，都是同心圆环形建筑，大多数是3圈（图3-45）。

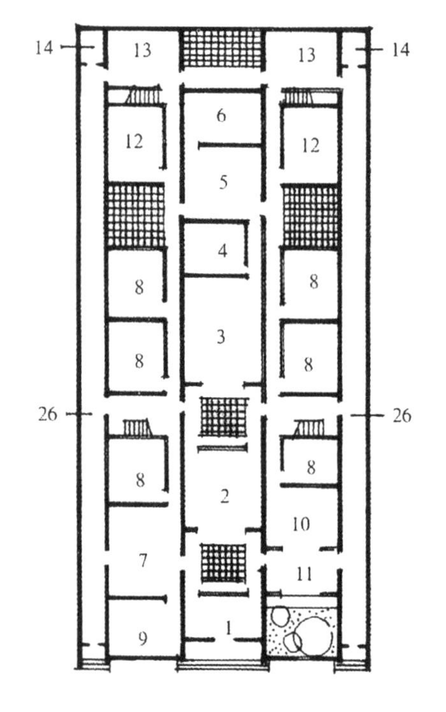

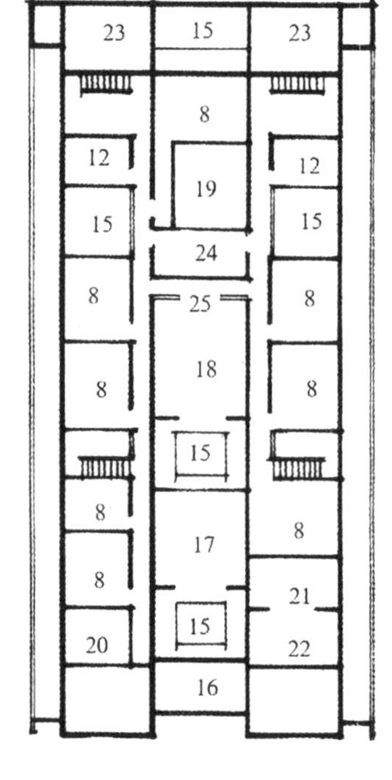

图3-44
广州西关大屋平面

1. 门厅	2. 轿厅	3. 正厅
4. 头房	5. 二厅	6. 二房
7. 偏厅	8. 房	9. 倒朝房
10. 书房	11. 前廊	12. 佣人
13. 厨房	14. 厕所	15. 天井
16. 门厅上空	17. 轿厅上空	
18. 正厅上空	19. 二厅上空	
20. 偏厅上空	21. 书房上空	
22. 前廊上空	23. 厨房上空	
24. 杂物	25. 神楼	26. 青云巷

单圈加中心建筑是最简单的一种嵌套形式，中心是祭拜类建筑，并因地区习俗分为两种，一种供奉家族先祖，另一种供奉观音菩萨。

双圈型即外环包绕内环，形成内外同心两环。内环建筑一般是平房或高度不超过外环的一半，这样可使土楼内部的空间不会太过于拥挤，同时也有利于采光和通风。

三圈型即拥有三环土楼结构，外面的一环建筑最高，有利于防御。内两圈多为一层，且高度持平。

四圈型为最复杂的一种嵌套式结构，内外共包含四环土楼。外环（一环）最高，一般4层或5层，二、三环均为单层，最内环为环形回廊，内建单层圆形天井院，作为全宅的祭祀建筑。

此外，土楼的群组布局也常有方形、八角形嵌套，一般都是同心式或对称式布局（图3-46）。

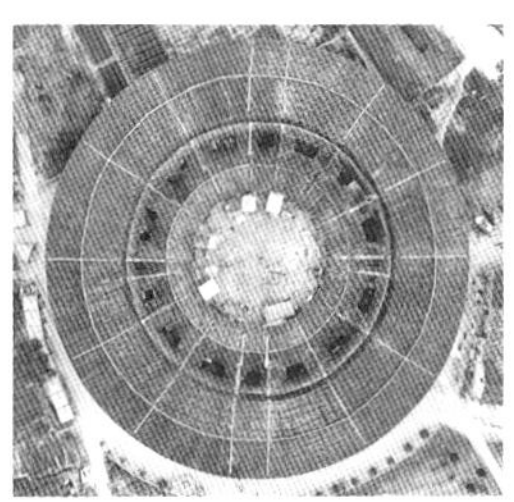
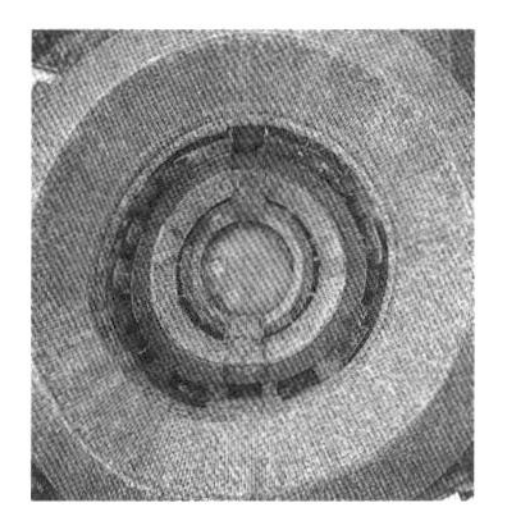

图3-45
土楼的嵌套式布局：单圈加中心型，福建省漳州市南靖县裕昌楼（左）；双圈型，福建省华安县二宜楼（中）；三圈型，福建省龙岩市永定区环极楼（右）

图3-46
方形嵌套，福建省永定县湖坑镇洪坑村奎聚楼（左）；八角形嵌套，潮州“道韵楼”（右）

（二）同心式群组

同心式布局与嵌套式布局较为相似——从同一个中心点层层向外扩展，但不形成封闭的圈环。如闽北、赣南等地的客家围龙式围屋，在其中心合院式的“正堂”部分外围左右两侧建造“横屋”（简称“横”）。左右横屋在后部以弧形房屋相连，形成半包围式的“围龙”（简称“围”），“围龙”以同心的方式层层向外扩张。根据房屋规模不同，有“两堂两横一围龙”“三堂二横一围龙”“ 四横一围龙”“四横双围龙”（两层围龙），等等，现存实物中最多的有“十横五围龙”（图3-47）。

（三）穴居的组合方式

窑洞住宅平面组合类型丰富，如单边平行布局、“L”形、“U”形及多种窑洞院落等，组合方式与地面民居颇多类似，这也充分反映了传统营造文化和礼制的强大影响力。

1. 单边平行布局

平行布局在靠崖窑、锢窑中最为常见（图3-48）。窑洞孔数多为单数，但也有“一明一暗”的两窑并联做法，将并联的窑洞从中打通相连。三孔窑洞“一明两暗”的格局较为多见，中间一孔称为“中窑”，两侧为“边窑”，在窑与窑之间穿凿过洞，将两孔或三孔窑洞打通。中窑系主居室，边窑供晚辈居住及作储物空间使用，形成“父上子下，哥东弟西”的原则。[1]

图3-47
赣南寻乌县菖蒲乡五丰村粜米岗客家龙衣围，为“八横三围龙”

靠崖式窑洞在山坡高度允许且坡度适宜的情况下，有时布置几层梯台式窑洞，形同坡状楼房（图3-49）。[2]

2. “L”形及“U”形

“L”形布局主要是根据地形条件，沿“L”形的坡崖布置。其每边的空间关系和平行布局基本相同，同样有“父上子下，哥东弟西”的习惯。

靠崖或道沟边有一方凹地之处，三面凿窑便成“U”形平面布局，功能布局原则与单边平行布局相同。

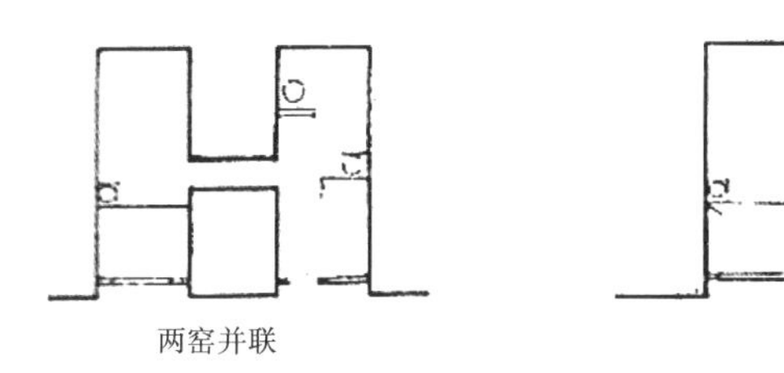

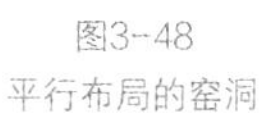
图3-48
平行布局的窑洞

图3-49
多层靠崖窑：山西临县李家山

1 祁剑青. 陕西传统民居地理研究［D］. 陕西师范大学，2017.

2 任康丽. 传统民居设计思想对现代居住理念的启示［D］. 武汉理工大学，2003.

3. 窑洞院落

由窑洞组成的院落在西北地区也十分常见。单边、“L”形和“U”形布局的窑洞都可以加上院墙，形成单排院、两排院、三合院等(图3-50)。四合院式的窑洞院落常见于地坑院，一般以坐北朝南的窑洞为主人居所，两侧为子女居所，南窑有一孔作为入口通道，其余用作厕所、畜圈等。

山西、陕西等地还有大量由窑洞和地面建筑，或是靠崖窑和锢窑组合而成的院落式民居，都是根据实际地形条件、地上地下灵活组合。一些大型窑洞民居甚至还有若干不同高度上的窑洞院落群组，一般主人居于高处，仆人居于低处，形成非常复杂的复合空间(图3-51、图3-52)。

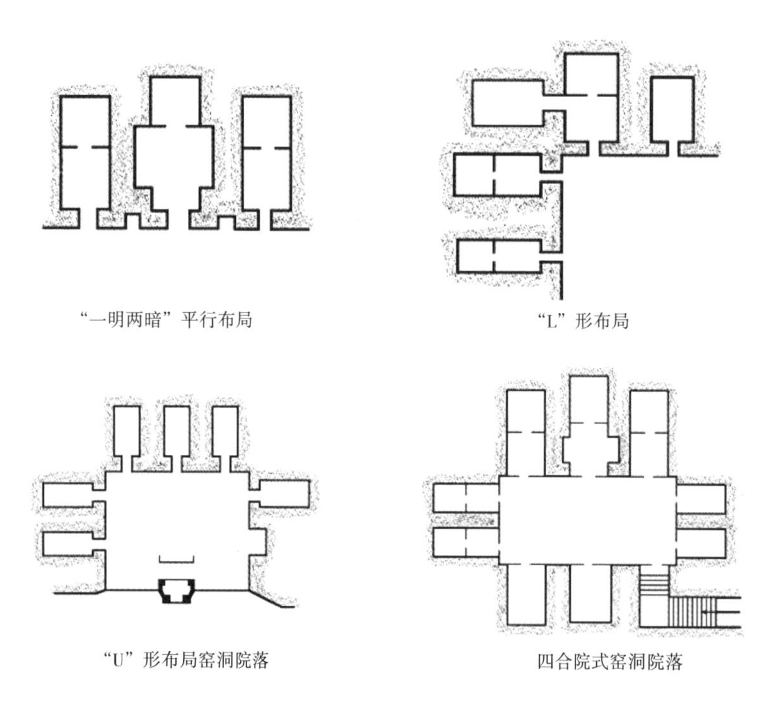

图3-50
窑洞院落布局

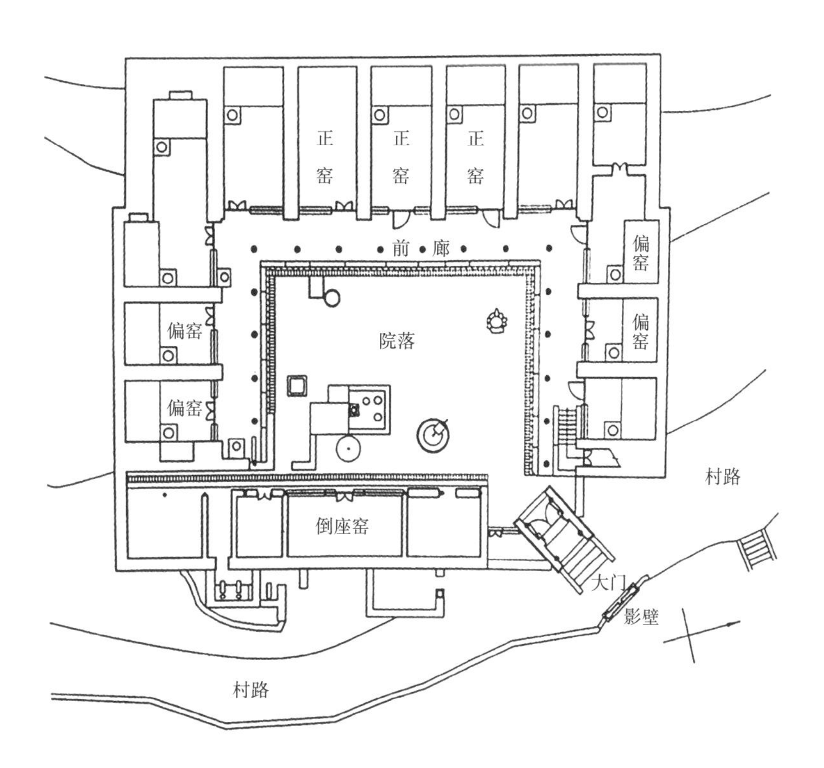

图3-51
临县碛口镇李家山大宅

图3-52
陕西省米脂县姜耀祖宅

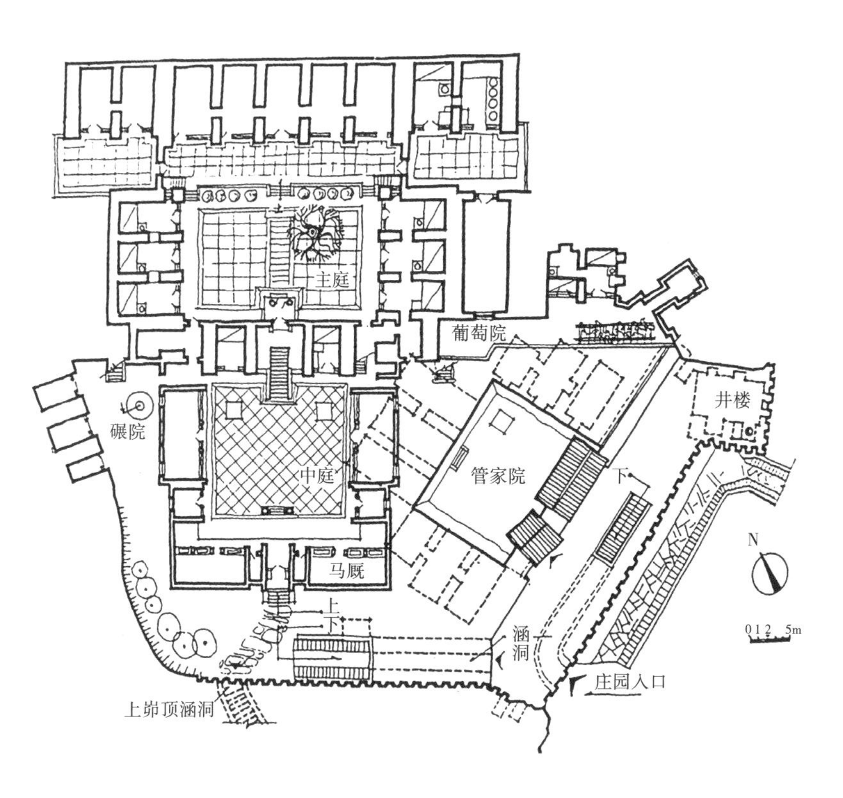

第三节

户内空间

一、厅

厅是中国传统民居内部的核心空间，承担着日常起居、待客、聚会、议事乃至饮食娱乐、婚丧吉庆、祭祀等多样功能，是一个内涵极为丰富的空间。[1]

厅一般位于民居的中心和中轴线上，尤其是正厅，在位置、体量、规模、等级上明显处于全宅的最高地位。

（一）厅的分类

1. 空间特征分类

从空间特征的角度，厅可分为围合式、开敞式、机动式三种类型。围合式厅堂有固定的门窗和墙完全围合；开敞式部分围合或完全没有围合结构，一般仅两侧以墙体围合，基本只出现在南方地区；机动式厅堂是采用可拆卸的门窗格扇，应不同季节需要而随时拆装，以使厅堂空间更好地适应气候特征。

2. 功能特征分类

从功能特征角度，大型传统民居中的厅一般有正厅、客厅、内厅，还有休憩类的花厅、船厅等不同类型。正厅的礼仪性和建筑等级最高，功能的公共性最重要；客厅主要用于会客接待，条件优越的大户家庭把会客功能从正厅分离出来单独建客厅；内厅是家庭内部起居中心；花厅、船厅类则是住户颐养休闲场所。也有把正规的特别是中轴线上的建筑都称为“厅”的，这些就都是一种泛称了。

（二）厅的室内布置

汉族传统民居中，厅内基本是规则的轴对称布局，亦可随机临时调整。家具主要包括椅子和案几，主宾在案前分列左右。从明初朱元璋将元朝的尚右改为汉族传统的尚左，至今一般仍为左主右宾。

正厅中轴位是供奉性、宣示性、向往性内容：正间后部屏门正上方高悬匾额，中间挂大幅“中堂”画或祭拜类图像、物体，明代后普遍出现两侧对称的楹联（图3-53）。

内厅正间为内眷生活起居厅堂，靠北设有长几安放祖先牌位，前置方桌，左右两边设两把椅子，顺着墙壁东西两边，摆放三椅二几，整体的陈设格局与礼仪性为主的正厅相比较为活泼自然，体现家庭生活气氛。

二、堂屋

堂屋的功能性质类似正厅，都是传统民居的核心空间，只不过堂屋常见于规模较小、等级较低的普通民居之中。在面积有限的情况下，通常以正房居中的一间作为堂屋，出入最方便，利于家庭的公共活动。堂屋的日常布置原则也类似于正厅，有中心、有秩序，但因空间小、功能多、活动杂而不追求对称。

西南地区侗、羌、彝等民族传统民居不强调中轴对称格局，但也有中心——正房，一般是民居中最大的空间，承担日常起居、会客、安放神位、节庆欢聚等功能。正房中多设置火塘，是住宅内部空间的核心。火是这些民族的崇拜对象（如羌族人即把火神作为家神，火塘中的火种被称为“万年火”），火塘是各种聚会、祭祀、起居活动的中心，接待客人、家庭聚会常围绕火塘进行（图3-54）。[2]

图3-53
江苏常熟翁家巷2号彩衣堂正厅

1 土晖，曾雨婷，王蓉蓉．浙江传统民居中厅堂的空间类型与地域分布［J］．名城保护案例与技术创新，2015（12）：87-90.

2 汪晶晶，四川羌寨民居火塘及其相关空间要素平面特性分析［J］．山西建筑，2015（11）.

三、卧室

卧室私密性要求最高。因此，中国传统民居中的卧室一般多位于次间、梢间或厢房中；在可能条件下，不在中轴线上、厅堂、正间等处安排卧室。卧室内布局以床（炕）为核心安排相关器具，多受当地气候条件、生活习俗和个人生活习惯等影响，一些地区还讲究睡眠时的头足方向。

北方地区，卧室布局既要考虑争取更多日照，也要考虑避免冬季西北风的影响。东北地区冬季白天起居活动往往在炕上，因而多将火炕沿南侧的窗户布置，屋门设在一侧的梢间以利保温，烧炕的炕口在卧室南墙外，排烟道通常设在卧室北面，以利充分利用烟气的热量（图3-55）。

南方地区，床铺一般设置于卧房里侧，避免阳光直射；床后或床尾与墙体之间形成狭窄的“马巷”，安置私密储藏和马桶。条件较好的人家通常用架子床，悬挂帷幔遮挡蚊虫，规格较大的架子床甚至可以将马桶、小型桌凳、灯盏等布置在床架围合范围内。卧室前部设置梳妆台凳、盥洗盆架、衣橱、箱柜等。

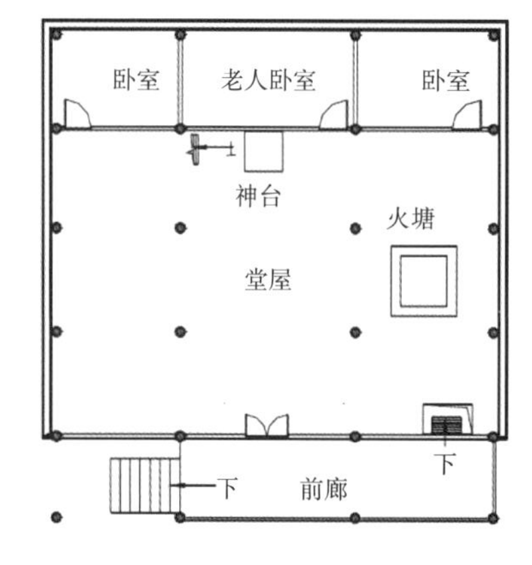

图3-54
桂西北壮族民居平面

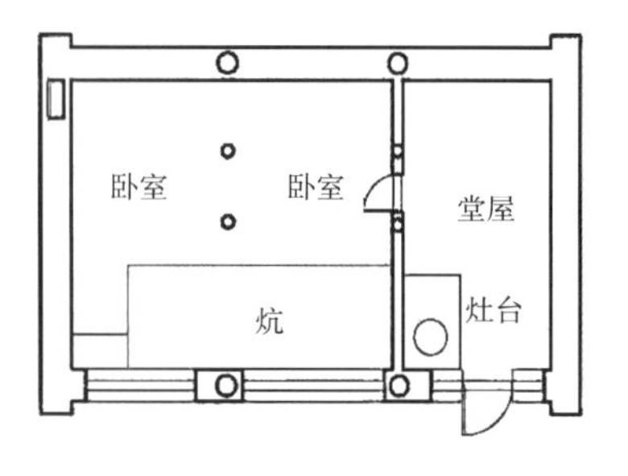

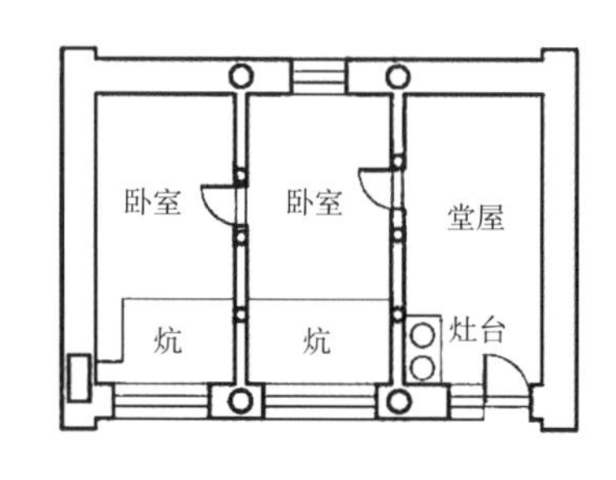

图3-55
辽西三开间“口袋房”

四、祭祀空间

中国传统民居中的祭祀活动场所一般是位于中轴线上的厅堂，其祭祀活动与其他活动（如起居、接待、议事等）的空间通用、时间错开。这种空间的多功能性正是中国传统民居建筑的一个突出特点。

大型家族基本都在户外单独设置祠堂，一些城市中的富裕人家也多在户外单设祠堂，且往往在交通便捷处集中设置，以方便前往祭拜。因此一些交通便捷地区常汇集形成祠堂建筑群。

一些人家有特定的宗教信仰，如尊信佛教、道教等，往往会在住宅中设置神龛，或专辟一个房间作为日常祈拜修行的佛堂。

五、书房

一些具有较高文化水平和社会地位的家庭中，书房是必不可少的功能空间，视户主经济能力和偏好，一间房或一独立屋的皆有。位置较为灵活，通常位于中轴线两侧的院落中，其中又以东侧为多，以利晨读采光。书房又称书斋，《园冶》有云：“斋较堂，惟气藏而致敛，有使人肃然斋敬之意。盖藏修密处之地，故式不宜敞显。”

一些大型家族往往还会利用家族祠堂或专设家塾，供族中子弟就学。

六、辅助空间

（一）厨房

除了火塘等特殊类型外，中国传统民居中的厨房多设置在住宅边僻之处。从实物来看，设置原则类同现代：净污分开、方便餐饮、方便对外（购物进户与垃圾出户，传统社会的燃料多为柴草、燃煤，食品多是初级农副产品，量大污多）、不碍景观；大户人家还有等级区分的考虑，即所谓“君子远庖厨”。例如北京四合院中的厨房往往设置在主院东房最南侧。

苏州传统民居因临水、临街、临巷等不同环境和进落组合方式较多，厨房可设置的位置多。一般都以院落分隔与主要功能房间分流、分区，通过后门或避弄直接连通街巷、河道，以利采购运货、垃圾出户。常见位置有以下几种：多进民居的最末进，与主要功能以院墙隔开，经避弄联系客厅、内厅、卧厅；多路民居的边路偏后位置；进数较少的民居中，位于客厅和内厅之间的厢房；单进的民居中，偏于梢间的一角或在院落一隅单独设置灶间。

厨房内陈设一般根据人口数量，以灶台为重点布局，辅以橱柜、桌凳、水缸、木桶等。根据民居规模大小的不同，厨房的规模亦差异很大。

（二）厕所

民居中的厕所都在较隐蔽的位置，并常有厕门忌正对大门、厕所忌位于住宅中轴等禁忌。一般位于西侧或与畜圈相连，总体上都设在主导风向特别是夏季主导风向的下风。这是非常直白普遍的生活经验，是人类的一般需求，而在传统相宅类的风水说法中，都以一些词僻意玄的方式表达。

在规模较大的传统民居中，家人、客人、仆人的厕所均分开设置。

（三）储藏空间

中小型民居常在院内或简易库房存放工具、用具等杂物，面积较小；大型民居一般会在末进院落中专设库房。西南山区少数民族的传统民居普遍采用底层架空的做法，储藏粮食、农具和饲养牲畜。地下水位较低、土层较厚、土质较硬的地区，多在院内或室内下挖洞坑成窖，用来存储适合窖藏的生活物资。

七、生产与经营性空间

在中国传统社会的生产方式下，农业户和小型工商业户的居住与生产空间往往结合在一起，在城乡中普遍存在。店（坊）宅混合型民居的空间组合模式主要有下店（坊）上宅、前店（坊）后宅两种。前者往往规模较小，多见于城镇沿街；后者前后以庭院分隔，前店（坊）直接对外，后面的家居部分往往另设出入口，以减少相互干扰。大型的店（坊）宅混合型民居组团，其生产、经营和生活空间的分区就更为复杂，但业居和内外分区、避免干扰的原则不变（图3-56）。

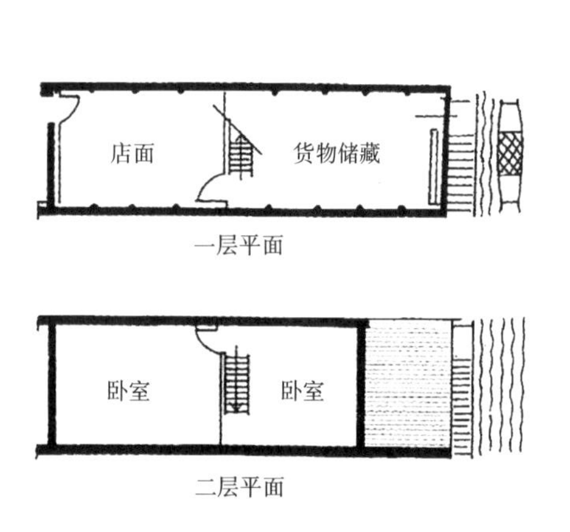

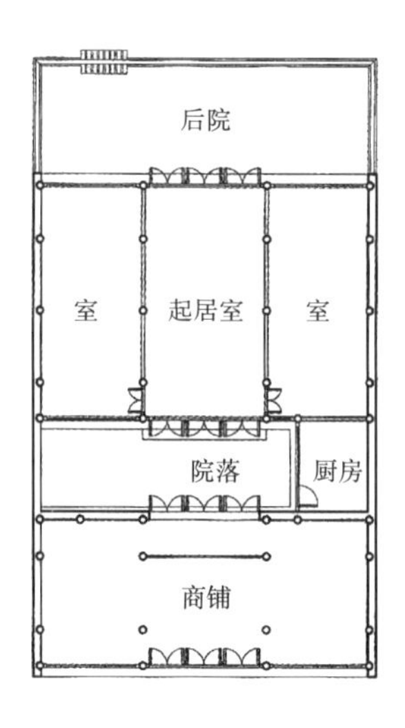

图3-56
苏州“下店上宅”与“前店后宅”民居平面

八、休闲空间

传统民居中的休闲空间主要是庭园和宅园。“所谓宅园，即住宅旁侧之园，住宅和园景分开，园或在宅之后、宅之前、宅之左、宅之右。所谓庭园，则是在住宅庭院布置园景，宅和园紧密关联，浑然一体，相对来说宅园面积较大，庭园面积较小”[1]。园林空间与居住空间的有机融合源远流长，是中国传统民居尤其是主体传统民居的特有魅力所在。

1 魏嘉瓒. 苏州古典园林史［M］. 上海：三联书店，2005.

第四节

聚落

若干家庭、家族的聚居形成聚落，有村落（寨堡）、街区和城、镇等多种类型，其功能和尺度差异甚多甚大。本书论述针对村庄聚落和街区聚落，这两类聚落结构尺度相近，都是生活居住为主，也可以称为传统民居聚落。

中国传统民居聚落的形成，多是自发建设、随机生长的。也有许多经过有意识的整体规划的例子，主要就是确定路网线位和道路宽度、各个地块的边界，具体建设由住户自行组织或实施，舆服制度和乡风民俗是建设标准。即使是自发建设，由于遵循人与自然和谐共存（天人合一）的基本理念，在民间丰富而成熟的营造技术、营造方式和营造理念的作用下，亦多能获得人工建成环境与自然生态环境完美融合的效果。

在传统民居聚落的形成发展过程中，受到聚落性质、用地条件、交通、水系、经济能力、文化传统、宗教民俗等诸多条件的限制和影响，在不同地区形成了丰富多彩的聚落形态。主要可分为以下类型。

一、棋盘式布局

该形式布局均衡、交通方便、衔接性好，但需具有一定规模，是平原地貌中城镇街区的主要布局形式。棋盘格网式的街巷形成聚落的主要交通系统和空间划分方式，一般是通过事先规划、集中或陆续建设而形成。通常以两条街巷之间的空间边界为限布局院落，大的院落群组可以形成一整个街坊。《周礼·考工记》记载的建城规则布局就是棋盘式，中国古代很多著名城市都是棋盘式布局，北京老城区的街区即是这种布局形态的典型（图3-57）。

又如福建漳州埭尾村，街巷网络方正、直角相交，建筑整齐划一、排列成行（图3-58）。两行建筑之间有小巷，称为“冷巷”；共有闽南传统大厝 276间，每栋建筑前有10米宽的大埕以作各户门前活动区。南北向的冷巷和东西向的大埕、沟通每家每户的排水沟渠也都是棋盘式网络状。[1]

1 易笑，吴奕德. 漳州埭尾古村棋盘式布局形态特征研究［J］. 中外建筑，2014（02）：70-72.

图3-57
1945年的北京老城区

图3-58
漳州埭尾村

二、中心式布局

中心式布局聚落，民居围绕某个中心展开布局。中心往往是社会组织结构或文化意义上的核心（如宗祠），也有是居民生活行为的中心（如水塘、广场等），或者是某种标志性自然景观要素，形成赋有特殊意义的场所。如广东肇庆八卦村建成已700余年，村庄模仿八卦图的布局建在一座名叫凤岗的小山上（图3-59）。

三、防御型布局

一些特定区域的民居聚落，因治安需求往往形成具有很强防御性的布局。聚落外周以高墙围护，内部建筑排列紧凑，道路错综复杂。围墙适宜位置建有专事瞭望、防卫功能的高耸建筑物，如碉楼、钟楼等。

图3-60是山西阳城县郭峪村。明末时该村屡次遭到劫掠，不得已修筑堡墙、地道、御楼等设施，形成严密的防御型布局。

又如四川省汶川县桃坪羌寨，始建于汉武帝元封年间，寨内共有31条通道，通道各处都有对外射击的暗孔。寨房相连相通，外墙用卵石、片石混砌（图3-61）。

图3-59
广东肇庆八卦村鸟瞰

图3-60
山西阳城县郭峪村

图3-61
桃坪羌寨

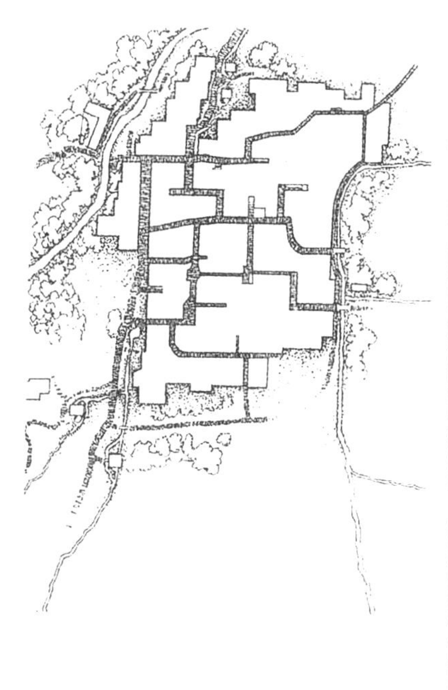

四、沿河布局

江南地区水网纵横，传统社会中河道是主要的交通运输路径。民居沿水布局，方便生产生活出行，聚落整体形态多沿河道延伸布局（图3-62）。

聚落内的道路系统亦依循水网格局，发展出了“河街”“廊棚”等极富特色的公共空间。“河街”指与河流平行、临河而建的街，是水乡特有的街道形式，一般宽3～5米，外侧沿河，里侧建筑沿街相连排列，住宅、商铺、茶肆、酒店、作坊等因市而宜（图3-63）。[1]

“廊棚”是在建筑与河道之间的过渡区搭建的廊子，像是有顶盖的河街，起初是为了商贸卸货摆摊用。挨着房屋的廊叫“檐廊”，两边凌空的廊称作“通廊”或“廊道”。廊是一种很好的建筑与河道的过渡形态，既

图3-62
沿河聚落：乌镇

1 徐境，任文玲. 西塘古镇滨水空间解读［J］. 历史文化遗产规划研究，2012.

图3-63
沿河聚落“河街”：苏州山塘街

图3-64
沿河聚落“廊棚”：嘉善西塘镇（上）；德清新市镇（下）

延伸了室内空间，又可遮阳避雨且视线通透（图3-64）。

沿河型聚落中的住宅多喜临水而筑。根据道路与河道关系的不同，有面街面水、面街背水等不同情况。为了使更多的人家分享水道，沿河而建的建筑一般面宽较小，多是两层砖木结构，一层或商或坊或宅，二层是住家或单独卧室（图3-65）。

五、山地布局

山地聚落的基本格局是道路尽量沿等高线伸展，以尽可能减少道路的坡度变化，便于通行。聚落规模较大时有若干条位于不同高程、大致平行于等高线和坡面的道路，道路之间以各式台阶、磴道相连，形成丰富的立体空间形态景观。

如江西上饶婺源县篁岭村落，民居围绕水口呈扇形梯状错落排布（图3-66）。村子中央有一条500多米的主街巷，称为“天街”。九条巷道由天街分支，延展至村庄各个角落。[1]

又如重庆龚滩古镇，沿乌江走势呈带状分布，平行于乌江的主石板街及沿坡上下的石阶巷道形成以一条主轴为中心的街巷系统（图3-67）。[2]主轴水平贯穿镇区，建筑沿着水平街道延伸出线性空间；支路则沿坡势向上延展。

聚落中的民居建筑，其长边方向多平行于等高线，方便户内日常生活。底层架空做法极为常见，不同高程上的建筑层层叠叠，形成特色鲜明的山地聚落形象（图3-68）。

图3-65
沿河聚落建筑形态：无锡清名桥

1 朱虹. 草民的“皇宫”篁岭［J］. 当代江西，2017：54-55.；王淼. 山崖上的古村落——婺源篁岭［J］. 中华建设：156-158.

2 林芝玉. 龚滩古镇石街空间特征解析［J］. 装饰，2011（10）.

图3-66
山地聚落：江西上饶婺源县篁岭村落

图3-67
山地聚落：重庆龚滩古镇

图3-68
山地聚落：西江千户苗寨

第二章

结构、材料与做法

结构、材料与做法是中国传统民居形态特征的物质基础；而材料的物理化学性能、加工工艺特点，更是影响甚至决定结构类型和做法特征的基本要素。

第一节

传统民居的主体结构类型

一、木梁架

中国传统建筑多为木结构，以柱支撑上部梁、枋、檩、椽等构件组成结构框架。进深方向上，从前墙到后墙之间由梁柱等构件组成的一榀木架称为“贴”，其中分隔正间（明间）与次间的称为“正贴”，靠山墙的称“边贴”，正贴与边贴之间的都称“次贴”。

（一）抬梁式

抬梁式的特点是柱上承梁，梁上承檩（桁），檩上承椽（图3-69）。抬梁式结构在民居中多用于主要厅堂、正房的正贴，偶用于次贴，边贴不用。优点是梁下无柱，可以形成宽敞的室内空间，且大梁的装饰性强。北方的木构中，梁一般较为平直；南方则多月梁，线条优美，雕刻精致，但木材尺寸需够大，造价较高。

（二）穿斗式

穿斗式的特点是柱子直接承檩，每檩下的柱子都落地，直接负担屋面重量，柱与柱之间用枋穿连（图3-70）。[1]穿斗式木构省料、便于施工、比较经济，还有较好的抗震性能，因为具有众多优点而广泛应用于传统民居。

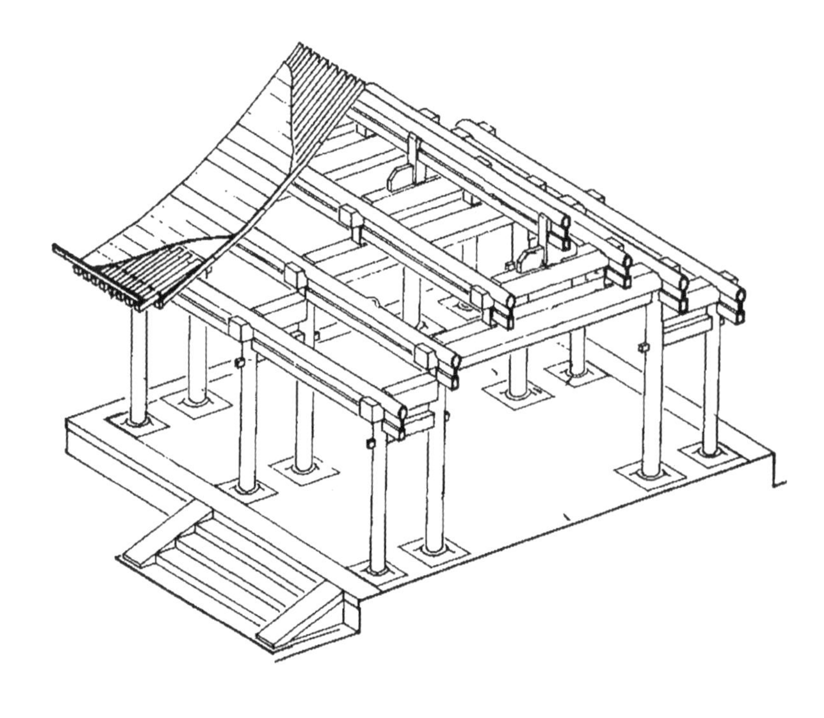

图3-69
北京四合院正房抬梁式屋架

彝族民居中的木构架用穿斗做法但柱子不全落地，形成木构架的特殊做法（图3-71）。[2]

（三）混合式

抬梁式空间大、样式美，但料粗价高；穿斗式结构整体性好，用材较细成本低，但空间限制大。因此传统民居建筑中广泛使用抬梁与穿斗混合的结构体系，主要有两种模式：一种是不同帖的梁架分别采用不同结构，常见的如正帖采用抬梁式、边帖采用穿斗式，既能获得中心部位的大空间，又能在外围加强结构整体性；另一种是同一榀梁架内混合使用抬梁式和穿斗式结构，一般是室内或核心部位用抬梁式，外围或前后廊用穿斗式。

二、承重墙+木梁架

中国传统民居建筑中以墙体作为承重结构并非主流，但亦不罕见，尤其是在因地制宜讲究经济性的民居中应用较多。从结构角度，主要有墙体承重、墙体与木结构共同承重两种。

墙体承重结构多见于各地一些低造价、较简陋的小型民居中，砖墙、石墙甚至土墙皆有现存实例。究其目的，皆出于木料难得和降低建宅费用的原因。如广东潮汕地区不少生土民居多采用砖墙搁檩的方式，檩条直接搭在两侧墙上，墙中没有梁柱系统；云南彝族土掌房亦有此种做法，多为平房，以石为墙基，土墙上直接搁梁；贵州西部的石作民居中也有用石墙体承重的做法。赣南典型的“四扇三间”民居，即以四堵承重墙体围合和分隔出三开间的内部空间，是较为纯粹的承重墙体系。北方部分传统民居则多有在合院的东西两厢和倒座采用墙体承重结构的做法。

图3-70
穿斗式屋架

图3-71
四川彝族民居的木构架

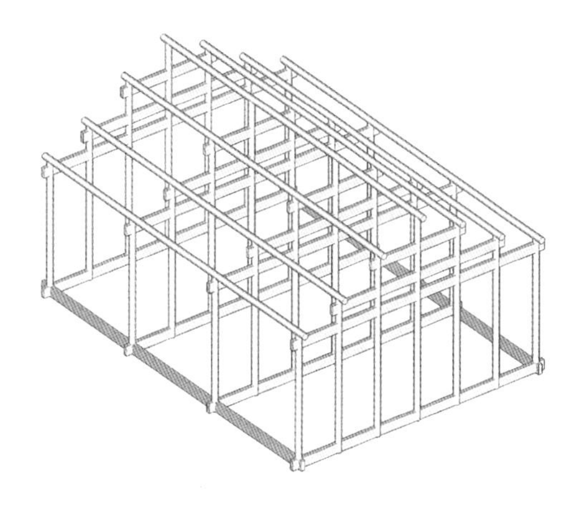

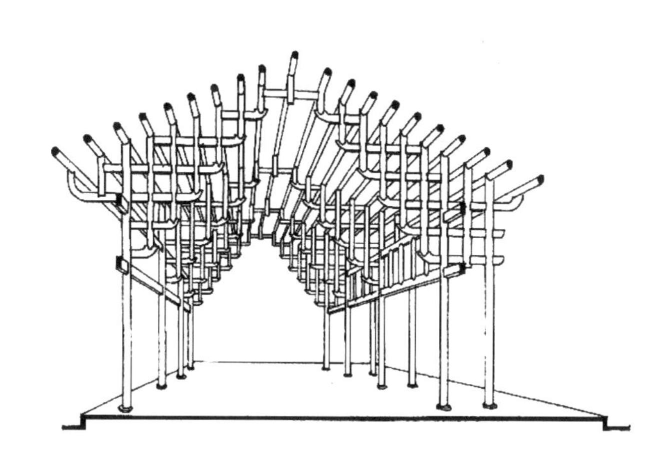

1 魏恺翔. 台州民居古风初探［D］. 同济大学建筑与城市规划学院，2004.

2 潘谷西. 中国建筑史（第七版）［M］. 北京：中国建筑工业出版社，2015.

墙体与木结构共同承重是中国传统民居建筑最为普遍的做法，明代以后砖墙与木结构共同承重逐渐普及，现代则以钢筋混凝土取代了木结构部分，以致有“砖混结构”的专用名词。土墙、石墙与木结构共同承重的做法很多地区也都有，典型的如土楼、古厝民居的砖木石混合结构等。

三、特殊木结构

（一）井干式

井干式结构以木墙直接承重，不用木柱框架。木墙用原木直接层层水平叠放，在转角处端头交叉咬合，其做法和古代井壁相同，故有此名（图3-72）。

井干式民居建筑大多分布在木料丰富的森林覆盖地区，但有因地域文化、地理环境而产生的不同特点。东北林区井干式民居较为多见，俗称“木刻楞”。云南一些地区的传统民居亦有类似做法。泸沽湖畔的井干式民居建筑多建在山脚，以石头为基础，原木纵横相架为木墙；中甸和金沙江畔的纳西族井干式民居多为平顶。[1]气候闷热、雨水丰沛的怒江河谷地区，傈僳族、独龙族的传统民居则有一种“井干—干阑”混合结构：下层为干阑式结构的架空层，上部居住层为井干式结构；部分民居只有正房用井干结构，厨房、外廊等空间依然是梁柱结构。[2]

图3-72
迪庆同乐村井干式民居

1 尹睿婷．井干式建筑的生态观与可持续发展［J］．吉首大学学报（社会科学版），2018，39（S1）：234-236.
2 王祎婷，翟辉．滇西北傈僳族传统井干式民居［J］．华中建筑，2015，33（03）：195-199.
3 潘谷西．中国建筑史（第七版）［M］．北京：中国建筑工业出版社，2015.

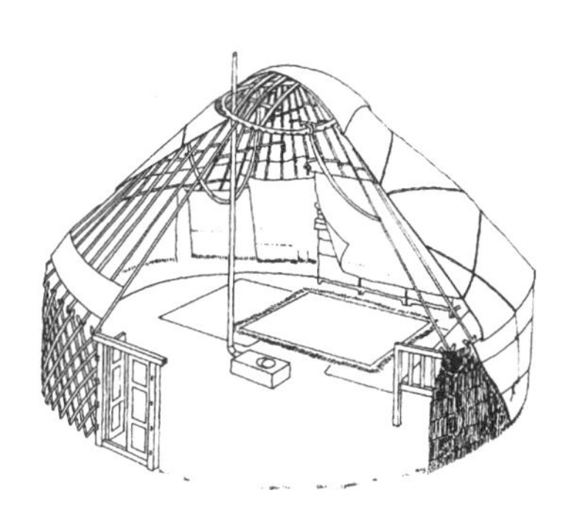

（二）毡包

蒙古族等游牧民族采用的特殊民居建筑结构，是用条木结成斜网格骨架与伞形顶，顶中央有圆形天窗；上盖毛毡，用绳索勒住，一般为圆形（图3-73）。支撑毡子的编织状结构称为“哈那”，是一种可收放的木骨架结构，展开来就成为一种网格状的大扇片。这种结构易拆装，安装仅需1～2个小时，拆卸后体积也不大，一辆马车或一匹骆驼可以拉走。

四、拱券与穹顶结构

拱券与穹顶结构历史悠久，其起源甚至可以追溯到穴居时期。由于文化观念的影响，在中国传统民居（尤其是汉族民居）中应用不多，多见于西北黄土高原地区和一些少数民族民居。

如西北窑洞民居中的锢窑民居，是拱券结构在中国传统民居中最为系统性的应用。锢窑民居结构为砌块拱券承重，多为一、二层建筑。上下层都是砌块拱券称“窑上窑”，若上层是木结构则称“窑上房”。[3]窑房结合式民居分布广泛，墙体构造以实砌砖墙为主，砖土复合墙体应用也较普遍（图3-74）。

图3-73
毡包的木骨架

图3-74
晋西窑上房民居

第二节

传统民居接地部分的主要类型

一、地基与基础

地基指建筑物下面支承基础的土层，有天然地基和人工地基（复合地基）两类。天然地基是不需要人加固的天然土层，种类有岩石、碎石土、砂土、粉土、黏土等。人工地基经过加固处理，传统民居建筑常用的有石屑垫层、砂垫层、混合灰土等，也有用木质或石质桩柱打入土层以挤压加固、提升地基承载力的做法。[1]

建筑埋在地面以下的部分称为基础，是建筑物在地面以下的承重结构。传统民居建筑基础的用材主要有砖、石两大类，明代后以砖最为普遍；其他如木、竹之类，因其承压抗腐耐久等方面的性能特点不宜作为基础材料，只在少数地区、特定建筑中得到应用。

基础的形状对应于结构体系传力特点，一般为墙下设置通长的条形基础，因在砖普及以前多用块石，南方民间常称之为“石脚”。柱下亦常设置独立基础，多为正方形。

二、台座

台座亦称“台基”或“台明”，是用砖石砌成高出地面的平台。采用筑台的方式形成建筑基座，获得平整的室内地面，早在先秦时期就很普遍，甚至专筑高台建房屋。时至明清，先做台座并使之高出周围地面若干，然后再在台座上盖房屋，仍是传统民居建筑的通常做法。

筑台最早是为了御潮防水，后来则出于外观及等级制度的需要形成了各种不同的形制。台座越高，建筑的等级相应也越高。一般平地住宅，台座高于台周地面不超过三级台阶。

台座的材质，包括夯土、砖、石等。夯土为台在新石器时代便已出现，构造简单、施工方便。随着建筑技术的发展，台基不再用夯土做法，而改用砖石砌筑。

台座的构造分层主要包括以下几部分。

1. 垫层：沙、土等找平，以平衡承重台体。

2. 台体：常用素土、灰土或碎砖三合土夯筑，高等级建筑用砖、石砌成。外围以砖石砌筑“台帮”以作限定保护并助美观，包括锁口石、侧塘石等。台基四周压面包角虽不直接承重，但有利于基座的维护与加固，而且便于加工、美观精致，以体现房主的经济能力和文化品位。

3. 面层：民居室内地面，简陋者为泥地，用木榔头之类器物反复击打致其板实平整；条件稍好的则用普通条形青砖；等级较高的建筑多用方形地面砖。方砖的尺寸大小和质量视户主的经济能力、社会地位而有别。同一户民居的群组中，各单体房屋的地面铺装往往也显示出等级差异，正厅的地面铺装材料一般是规格最大、质量最优、施工最为考究的。在可能情况下，传统民居的卧室地面多用木板，更为清洁、安全、温馨。木板地面可在台基面直接铺装，也可先铺砖地面，再在砖地面上铺装木板地面。

在南方潮湿多雨地区，民居台基发展出了多种形式的防潮构造。

1. 散水：作用是迅速排走外墙根附近的雨水，避免雨水浸泡或渗透到地基，防止基础变形、下沉，以利房屋的巩固耐久。散水宽度一般稍大于出檐宽度，以便屋檐流下的雨水都能落在散水上迅速排散。

2. 架空夹层：用以排出室内地坪以下的潮气。民居中卧室地坪用木地板，和地面之间留有空隙，在侧面的地栿石上开有通气孔，使潮气尽快排出，通气孔形式多样，往往做成精巧的装饰。太湖周边黄梅天湿度大，经济能力强的家庭甚至以缸、坛之类陶器垫砌方砖地面，以获得更好的通风防潮效果。

三、柱础

柱础是传统木结构民居重要的接地部件，用于承托柱体，扩大柱底受力面积，将荷载传至下部基础，同时隔绝地下潮气，对木柱起到保护作用。《营造法式·法式看详》记载：“柱础，其名有六，一曰础，二曰碛，三曰碣，四曰踬，五曰礩，六曰磉，今谓之石碇。”除了结构功能之外，柱础逐渐发展为传统建筑中重要的装饰构件，其形态变化丰富、装饰华美，多具有鲜明的地域特征和时代特征。

柱础的材质，绝大部分为石质。其形制一般是以方形石为主体，中间有圆形的凸出部分以承托木柱。唐宋时期常做成覆钵状；明清时期传统民居建筑中多将柱础凸出地面的部分与其下分开制作，下称“础石”、上为“柱础”，形态变化极为丰富。较为常见的“圆鼓式”如古代皮鼓，上下小、中间鼓出，南方民居中应用特别广泛；“覆斗式”柱础如倒覆之坐斗，其外形可方可圆，也可呈八角形，视柱子的形式而定。其他如“束腰式”“方墩式”等，式样繁多，难以尽述。[2]

四、干阑

用柱子将建筑底部架空，形成平整的室内地面，是中国传统建筑中一种历史非常悠久的做法，并有“干兰”“干栏”“干阑”“杆栏”“杆阑”等不同称谓。本书采用“干阑”。狭义的干阑是指底层用柱架空的一种做法，广义的干阑则是指有特定形式和空间格局的一种民居建筑类型。

建筑底部架空，主要有以下几种目的。

1. 克服不利地形。常见于南方多山地区，主要是在水边、山边等崎岖狭窄的坡地上，用木柱将底部架空以获得平整的建筑楼地面。典型如四

1 参见百度百科词条：“地基”。

2 潘谷西. 中国建筑史（第七版）[M]. 北京：中国建筑工业出版社，2015.

图3-75
重庆江津白沙镇宝珠村

图3-76
粤中江河内湾水上民居

图3-77
广西融水苗族民居

川、云贵等地的“吊脚楼”民居，脚柱矮的1～2米，高的甚至可达13～14米（图3-75）。这种做法在生产力低下的古代减少了土石方工程量，对于防止泥石流灾害和水土流失也有一定的作用。

2. 隔水防潮。常用于滨水地段或是南方潮湿多雨地区，甚至有建于水面上者，大大拓宽了民居的环境适应性（图3-76）。

3. 防止虫兽侵袭。如西南山区的传统民居，一般是单栋独立的木楼，底层架空，防止虫蛇野兽侵扰，并可用来饲养牲畜或存物（图3-77）。

第三节

传统民居墙体的主要分类与做法

根据墙体的不同受力特征，可以将其分为承重墙和非承重墙两大类型。承重墙体需有一定的强度以承受荷载，故常用砖、石等材料。为加强墙体承重能力和整体性，承重墙多有在横向加木条、铁条等筋构件的做法。非承重墙主要用于分隔、限定空间，常用于房屋外层围护、院落围合、内部空间围隔、房间分隔等。因不需承重，墙体材料选择较多，主要考虑外围合防雨水、内分隔少占空间。

一、墙体在建筑中的部位分类

根据在建筑中的所处部位不同，传统民居中的墙体可主要分为外墙、内墙、院墙等不同类型。

（一）外墙

民居的外围护墙需要具有一定的保温、防水、防火性能，同时还要具有较好的耐久性。常见材料包括土（夯土、土坯砖）、砖、石、木、陶片，也有一些用地方特有材料建造的墙体，如贝壳墙、毡墙等，极具民族、地域特色。

根据外墙的位置不同，还可进一步细分为位于建筑两侧端头的山墙和位于建筑前后两面的檐墙、槛墙，其中山墙在传统民居中具有特别重要的意义。

1. 山墙

位于建筑物侧端的外围护墙称为“山墙”。明清以降，汉族传统民居建筑中普遍采用山墙高出屋面的“硬山”形制，多以土、砖、石等材料砌筑，主要是因为聚居的住宅密度较大，且多为木构，砖石等非易燃材料砌筑山墙能够有效地起到阻火蔓延的作用。

山墙作为民居建筑的重要组成部分，也因地域的不同而呈现不同的形态和文化特征，成为各地传统民居建筑最富特色和识别性的形象要素之一。

最基本的山墙形态是“人字形”山墙，墙顶坡度随屋面坡线，它是一切山墙形式的基础。等级较低的民居建筑人字形山墙通常较为简易，部分木构件外露导致防潮防腐与防火性能不佳；考究的做法在山墙顶外侧用方砖砌出一道凸出墙面厚1～2寸的“搏风”作为装饰。“搏风”本是悬山结构时代用于遮挡风雨以免损害土墙的构件，明初砖墙普及后，它被作为一种建筑传统和文化标志而加以改造、传承至今。清晚期后江南地区的人字形山墙多有省去搏风的做法，形象简洁但显单调；闽粤等地区传统民居的人字形山墙也各具地方特色（图3-78）。

“人字形”山墙顶略高于屋面，防止火灾蔓延功能不强。苏、皖、浙、赣等地进一步发展出了“屏风式”山墙（亦称“封火山墙”）。“屏风式”山墙顶部依循屋面的坡度砌筑成阶梯等形状，有三叠、五叠乃至七叠（或称三山、五山、七山）之分，其形态的变化与建筑形制息息相关（图3-79）。进深小的山墙通常做成三叠，呈“凸”字形，是最基本的“屏风式”山墙形态；较大进深的民居中则常见五叠式，称之为“五岳朝天”；七叠式山墙通常是聚落中的大型公共建筑采用。

徽州地区的“屏风式”山墙因其端部向上翘起如马昂首，又称“马头墙”。其具体形式有鹊尾式、印斗式（又分挑斗、坐斗）、坐吻式、朝笏式等不胜枚举，成为徽州传统民居最为著名的形象符号（图3-80）。

除了以上两种主要形态，各地山墙还有一些特殊做法。如苏州部分传统民居的屏风式山墙顶部做成弧线状，形似观音菩萨的头巾，故称之为“观音兜”，可看作是“凸”形山墙的曲线形变体。一些采用卷棚屋顶的建筑，山墙顶部也会随卷棚而成弧线（图3-81）。

图3-78
北方传统民居硬山搏风（左）；苏州传统民居硬山搏风（右）

图3-79
屏风式山墙

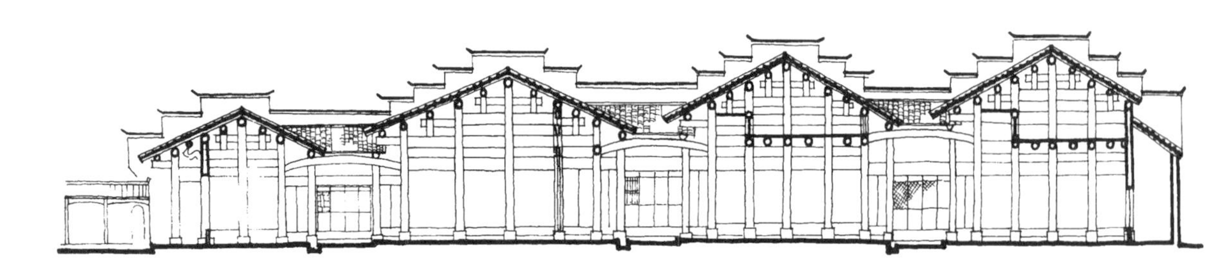

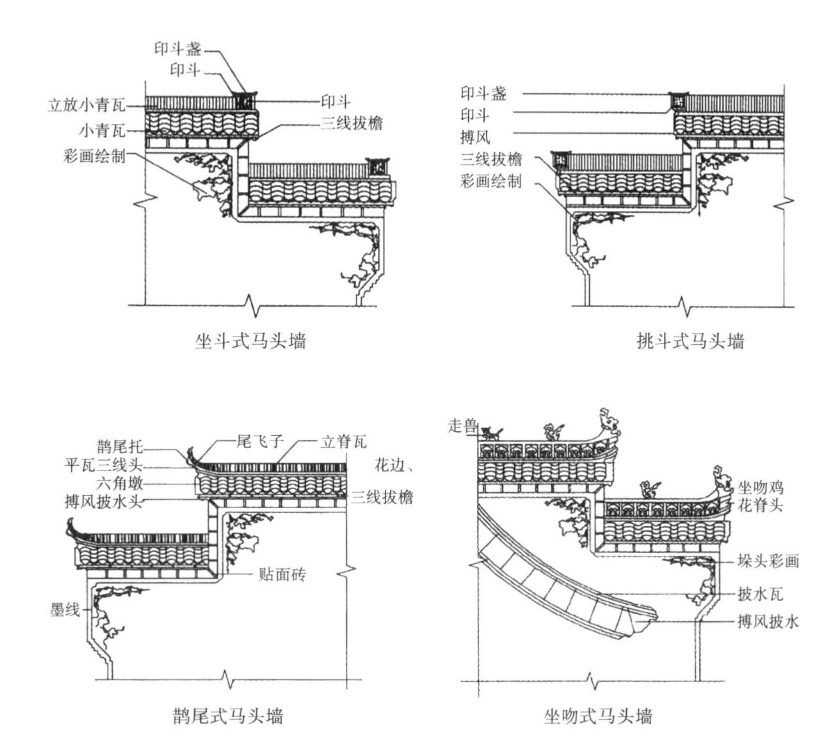

图3-80
徽州民居马头墙式样

图3-81
“观音兜”式山墙

广东民居多有“镬耳”式的山墙，而潮汕地区民居则特有“五行山墙”，这两者在形式上和观音兜多有相通之处（图3-82）。

福建民居的屏风式山墙多用曲线，产生了马鞍、燕尾、波浪等多种山墙形态（图3-83）。

总体而言，从北往南、从西往东，传统民居的山墙类型与形态越来越丰富；同类型山墙在不同地区也有地域性的形态差别。

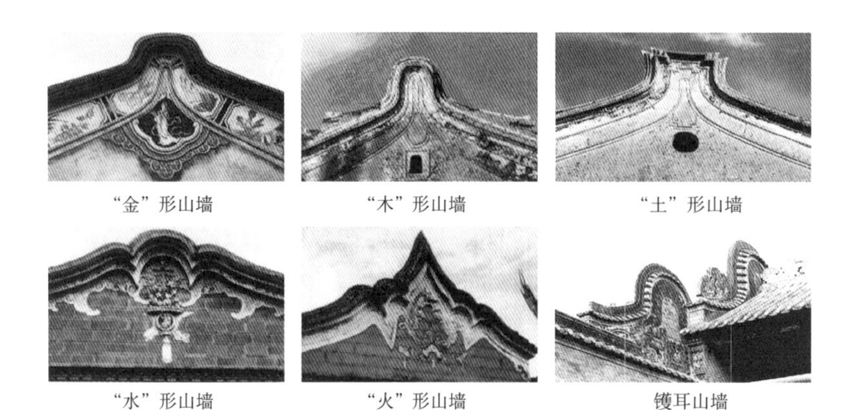

图3-82
“五行”山墙与镬耳山墙

图3-83
福建民居山墙式样：宁德古村落（左）；平潭石头厝（右）

2. 檐墙与槛墙

檐墙是建筑正面沿檐柱之间砌筑的外墙，按所在位置有前、后檐墙之分。很多民居将前檐下满开木门窗，尤其是正间，故而前檐墙多用在梢间或次间。

檐墙做成防火墙叫“封护檐墙”，多砌于檐柱之外，檐椽架到檐檩上但不伸出，檐墙上砌将椽头完全封住。这种做法尤其在后檐墙上应用较多，如扬州地区的封护檐墙有冰盘檐、抽屉檐、菱角檐等多种做法。还有“漏檐墙”，檐墙只砌到檐檩，椽、梁、枋等部件外露，墙上多做出各种装饰图案（图3-84）。

槛墙是窗下的矮墙，高度一般在3尺左右。其顶面是一块厚2～3寸的木板，称为榻板，上置木窗。槛墙厚度一般不小于柱径，与柱子相交处，内外多做成八字形倒角，使柱子部分暴露在墙体之外，有利于防潮防腐。槛墙因位于建筑正面，其砌法一般较为严整细致，并常做各种精美的装饰（图3-85）。

图3-84
北京四合院中的后檐墙常见做法

图3-85
北京四合院中的槛墙做法

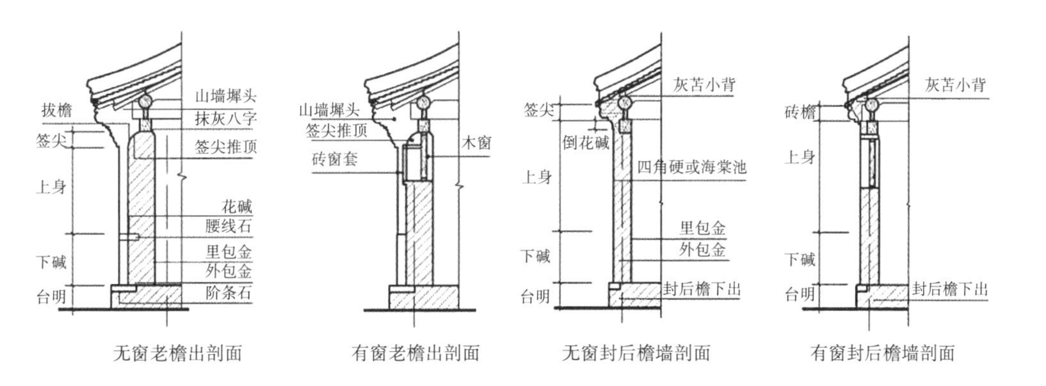

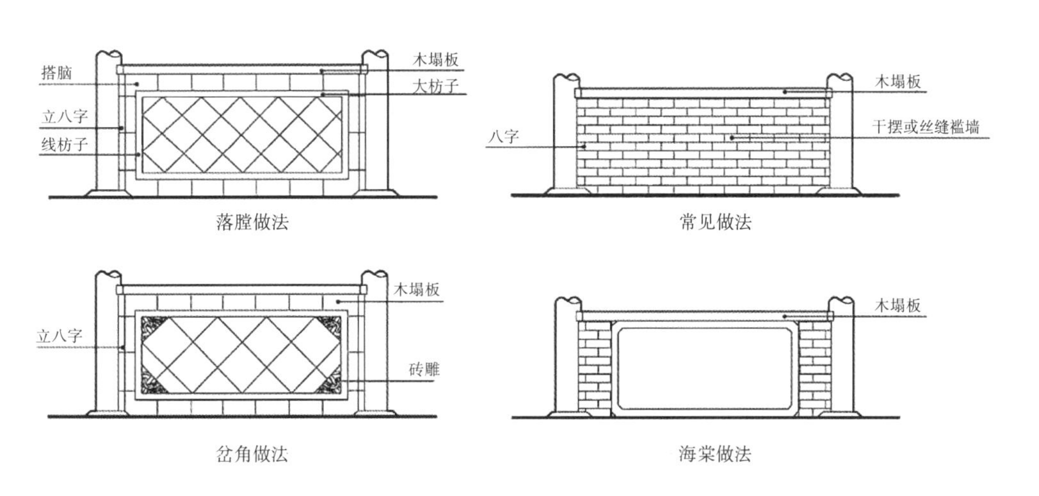

（二）内墙

内墙主要用于分隔室内空间，相对于外围护墙，在耐久、防水、保温等方面要求较为宽松，而着重光洁美观、少占空间。木板墙应用非常广泛，薄体（半砖）墙多加粉刷，以求光洁并增加室内亮度。

（三）院墙

院墙材料多与主体建筑采用同样的材质和做法，以便备料和形象统一协调。其顶部一般用砖、瓦或石覆盖，以防雨水渗入，保护下部墙体。因安全和私密性需要，传统民居的院墙一般比较封闭。江南等地的民居户内院墙上也常常设置精美的漏窗，沟通墙两边空间。漏窗以瓦片或薄砖制作窗花格，故又称“花窗”，图案千姿百态，制作精美，成为江南传统民居的一大特色（图3-86）。

二、墙体的材料与做法分类

（一）土墙

土作为墙体的材料具有极为悠久的历史。由于其材料易得、工艺简单，直到砖墙普及之前，土墙都是传统民居中最主要的墙体类型。土的比热容较高，用作围护墙体可以较好地平衡室内热环境的波动，较易满足夏季隔热的要求。土墙又有一定的呼吸性能，可随时调节室内湿度，有助于营造适宜的室内居住环境。

因其价廉易得，土墙民居的分布范围极为广阔，无论干燥少雨的北方、潮湿多雨的南方、常年湿闷的山谷地区，土墙在民居中都是极为常见的。黄土高原地区的土墙传统民居有：陇中的夯土合院民居、甘肃的秦巴山区土屋、河西走廊的夯土寨堡等；青藏高原地区的土墙传统民居有：木架坡顶板屋、夯土碉楼、夯土庄廓等；西南地区则有：土掌房、夯土墙与密肋屋顶结合的民居、瓦板房等；华南地区的土墙传统民居有：闽中排屋、闽中大厝、客家土楼等。

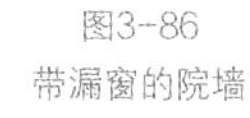
图3-86
带漏窗的院墙

以工艺方式区分，土墙主要可分为夯土墙和土坯墙两类。

1. 夯土墙

通过夯打的方式将泥土压实形成的墙体称为夯土墙。其施工过程大致分为：土料选择与处理、模板架设、上料、逐层夯实、拆模等，不同夯筑方法的步骤有一定差别。

我国传统夯土工艺主要包括版筑法、椽筑法两大类（图3-87）。

版筑夯土墙以木板作模具，按一定比例内填黏土、石灰，或加碎砖石、植物枝条等，再用杵层层夯实构筑。版筑法又有短板版筑、长板版筑和短板长板结合的版筑法之分。

椽筑法采用表面光滑顺直的圆木代替两侧木模板，一般每侧用3～5根圆木，当一层夯筑完成后，将最下层的圆木翻上来固定好，用同样的方法继续夯筑，依次一根一根上翻，循序进行。[1]

2. 土坯墙

土坯砖的使用更为广泛。根据制坯材料和工艺的差异，可以分为素坯、泥坯、灰坯、筋坯等若干不同种类。

素坯是直接从地中取方整成形的素土，不做其他加工处理，直接用于砌筑。

泥坯即用泥土进行一定的物理加工和处理而成。常见的做法是将湿泥填充到木模中挤实、抹平，脱模、晾干后使用。另一种做法则是将泥先用石磙反复碾压形成胶泥，然后直接用铁刀分割成坯块，常见于南方地区，生产效率较高但形状尺寸不易规则。而西北常用的做法是使用纯生土在模具中夯打而成（图3-88）。

灰坯是在泥土中掺入石灰，筋坯则是在泥土中掺入草筋。其目的都是为了提高土坯的强度。

土坯砖的主要优点是就地取材，施工简单，造价低廉，故而运用非常广泛。但土墙怕水怕潮，筑土墙时的选址和排水很重要。

1 陆磊磊. 传统夯土民居建造技术调查研究［D］. 西安建筑科技大学，2015：28.

图3-87
夯土墙工艺：版筑法（上）；椽筑法（下）

图3-88
土坯砖制作

（二）砖墙

传统民居中所用的砖基本上都是烧结黏土砖，北方和江南地区多为青砖，闽粤地区则出产特有的红砖。不同的颜色和制砖材料的化学成分、烧制工艺都有密切关系。少数用于高等级重要建筑的砖，其烧造工艺十分复杂（如山东临清贡砖、苏州水磨金砖等）。

传统民间制砖业的技术和经验水平差异很大。有的对产品质量的控制能力很强，砖的尺寸也就趋于标准化。但有的随意性较强，只要尺寸能符合当地建造的需要即可，往往缺乏精细控制。同一地区的不同砖瓦生产者，其产品的尺寸往往存在差别，即使同一个制砖作坊，不同时期生产的产品也未必能控制在统一尺寸上，这种情况也经常会在民居砖砌体实例中体现出来。

砖墙的砌筑，起初是干垒不用胶粘剂的。最早的胶粘剂是泥浆，明代才逐渐普及用石灰浆。通常是重要建筑用纯灰浆，次要建筑用石灰砂浆，再次者用灰砂黄土的混合灰泥。对于特别重要的建筑，则有用石灰浆掺糯米汤汁的做法。

根据面层处理方法，砖墙可分为清水和浑水两大类。清水砖墙即砖墙表面不施面层的做法，墙砖又有干摆、丝缝、淌白、糙砌四种砌法。其中干摆即著名的“磨砖对缝”工艺，即将毛砖磨成边直角正的方形或矩形，砌筑成墙时，砖与砖之间干摆灌浆，墙面不挂灰，整个墙面光滑平整，严丝合缝，浑然一体（图3-89）。“磨砖对缝”具有突出的视觉效果，但砖的烧制技术要求高，砌筑费时费工，成本较高，故一般多用于富足人家较为重要的高等级建筑中。浑水墙面的面层则各地处理多不相同，江南一带常用石灰抹面，形成“粉墙黛瓦”这一特有的地域意象。

图3-89
“磨砖对缝”工艺效果

砖墙砌筑的基本原则是通过特定的砌法来加强墙体的整体性，这是所有砌块类墙体都要面对的问题。传统民居砖墙砌筑的一般原则是上下错缝、顺丁组合、转角咬接等。具体的砌法十分丰富，如平砖丁砌错缝、平砖顺砌错缝、侧砖侧砌错缝、平砖顺砌与顺砖丁砌上下组合、三顺一丁、两顺一丁、席纹（扬州等地又称“玉带墙”）、空斗等，不一而足（图3-90）。

“空斗”是中国传统民居特有的一种砖墙砌筑方法，目的是减少用砖量、降低造价。将砖块砌成盒（斗）状，通过丁砖的连接和增加眠砖的方式来减少用材和墙体自重，但仍能保持一定的整体性。空斗墙厚度大多为一砖或一砖半，各地又演化出马槽斗、盒盒斗、高矮斗等许多不同砌法。[1]

为了解决降低造价和保证强度的矛盾，传统民居砖墙往往将各种不同砌法根据各自特点组合运用到建筑的不同部位。常见做法是在墙体的底部、转角处、纵横交接处、门窗洞口边缘处采用密排实砌，以保证整体稳定性；其余部位采用空斗砌法减少用砖量。扬州地区将这种底部密砌、上部空斗的砖墙砌法美称为“和合墙”或“鸳鸯墙”。有的地方在空斗砖墙中间或双层砖墙之间以碎砖、泥土、砂石填塞并用灰浆浇筑（通常称为“灌斗墙”），改善了墙体的强度和热工性能（图3-91）。

除了砌筑方式外，还有一些增强砖墙整体性的辅助措施。例如，在墙体中设置类似构造柱作用的木柱、横向的近似圈梁作用的木梁或石梁；外围护砖墙中，常用金属构件（民间称之为“铁壁虎”）加强山墙锚固。

（三）石墙

传统民居中墙体所应用的石材类型主要有块石、片石、卵石。根据不同类型石材的特点，砌筑方法也各具特色。

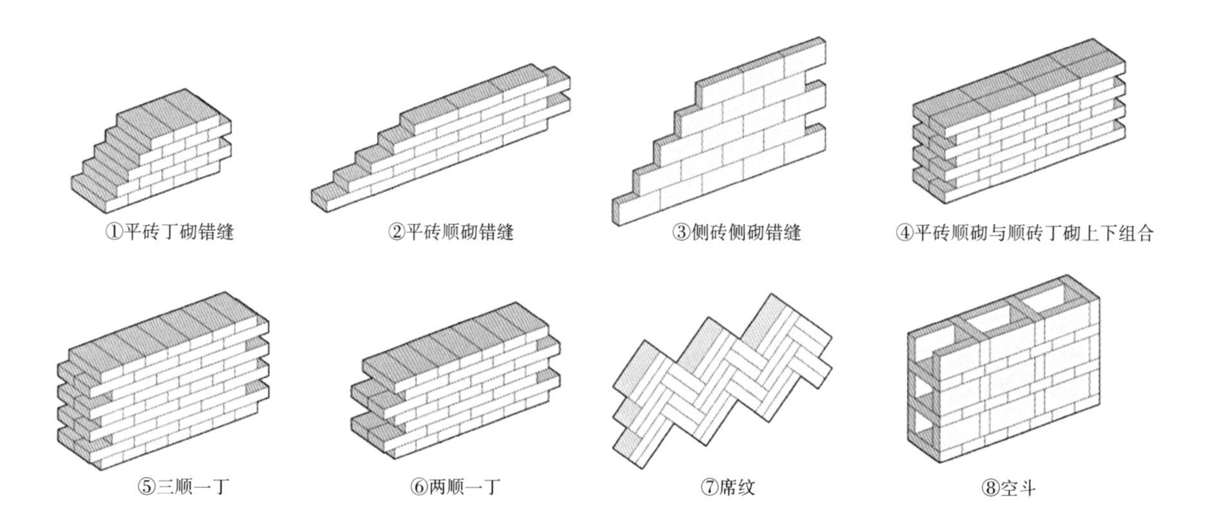

图3-90
民居中常见的砖墙砌法

图3-91
南京高淳武家嘴村民居中的砖墙砌法组合

块石强度高、自重大、抗腐性好，但开采和施工难度较大，多用于砌筑建筑下部墙体。规则形状的条石、块石，其砌筑方式与实砌砖类似，需要注意错缝砌筑；不规则形状块石之间的空隙一般用小型碎石或者其他材料填充、粘结。

片石易加工，适应性较广，在传统民居建筑中使用非常广泛。例如羌族碉楼，现存实物高度有达30米，墙体以石片和黄泥土砌筑。又如浙江宁海许家山村，当地盛产一种被称为“铜板石”的片状玄武岩，村内民居建筑的墙壁几乎完全用“铜板石”砌筑，不加任何砂浆（图3-92）。[2]

卵石多为圆形，表面光滑粘结性差，砌筑墙体需要采取特别的工艺措施，或与其他石材组合使用，甚至采用特定的粘结材料。大理白族民居中常有用卵石砌墙的做法，卵石大小搭配，还多掺入大块或长条状石；垒砌卵石上下错缝；小头对外、大头向内，形成拉头；墙角部分多用方整块石砌筑，以提高稳定性。

1 潘谷西. 中国建筑史（第六版）[M]. 北京：中国建筑工业出版社，2009：282.
2 金峻存. 浙江宁海许家山石墙木构民居建筑研究[D]. 南京：南京工业大学，2013：73-75.

（四）木墙

传统民居中对木质墙体的运用因地域的不同而存在差异。

南方气候温暖地区，木板墙多用于民居室内隔墙以及外围护墙，如川西云贵等地的吊脚楼，四壁多用杉木板开槽密镶（图3-93）。类似做法也广泛见于福建闽北等地。而在寒冷的东北林区，原木垒成井干式民居，墙体兼具结构承重和围护保温功能。

滇西北的少数民族民居中有一种较为特殊的做法：主体结构用木梁柱框架承重，再用井干式叠木形成非承重的外围护墙，是木材资源丰富地区的简易做法。[1]

图3-92
浙江宁海许家山村民居石墙

图3-93
云南傈僳族民居

（五）其他特殊材料与做法

1. 竹墙

多见于南方炎热的山地区域，用竹片编成外墙，造价低廉，通风透气，但保温性能很差。另外，乡村中一些简易的棚屋有时也用竹编墙体（图3-94）。

2. 编条夹泥墙

编条夹泥墙以竹条、树枝等编成墙体，两面涂泥，再施以粉刷，多用于南方气候温暖地区。《营造法式》中称此夹壁墙为“隔截编道”，做法是木柱之间先用立枋和穿枋分档，再用竹片竖立织成壁体，然后在壁体内外抹灰泥，待灰泥稍干后用石灰抹面。[2]编条夹泥墙取材容易、做法简单、造价较低。此外，透气性也较好，但保温性较差，适合南方炎热多雨地区。

3. 贝壳饰面墙

“蚵壳厝”，即用蚵壳建造墙体的房屋，是闽南泉州地区的一种传统特色建筑，目前在泉州的浔埔村、法石村及沿海一带仍有分布（图3-95）。蚵壳墙十分坚固，具有不积雨水、冬暖夏凉、隔声效果好的特点，适合海边咸湿气候环境，素有“千年砖、万年蚵”的美誉。砌蚵壳需要精湛的手艺，砌墙时，凹的一面向下，第一个砌好，后一个要叠在前一个的一半，如此前后逐个相叠；内、外壁要同步砌起，并需内外交叉，以使蚵壳咬合粘连牢固。[3]

图3-94
云南民居竹编外墙

1 王祎婷，翟辉．滇西北傈僳族传统井干式民居［J］．华中建筑，2015，33（03）：195-199.
2 谢佳艺．川西林盘地区传统民居墙体营造研究［D］．西南交通大学，2016：45-46.
3 参见百度百科词条：蚵壳厝。

4. 毡墙

草原牧区常见的毡房，一般高度3米左右，其毡子围墙是整体的一圈围毡，有的下方加上底边围子。

（六）墙体的材料组合

常见的墙体材料组合做法有：土与砖石混合、土木混合、砖石混合等。

1. 土与砖石混合

土墙防潮防水性能差，特别是水浸入后墙体的强度大大降低，所以各地常常将土与砖石等材料混合使用，以提高墙体的防水防潮性能。有在土墙下部采用砖石墙根，或在土墙中部每隔一定高度以砖石砌筑1～2皮，提高墙体强度（图3-96）。

图3-95
泉州浔埔村蚵壳厝外墙

图3-96
土与砖石混合墙体：南京溧水（左）；武夷山下梅镇（右）

2. 土木混合

土墙材质易受自然侵蚀而影响稳定性，民间常在土墙内每隔一定距离以木柱加固墙身。多碱地区还常在墙内距地面一定高度处平铺木板以隔碱、加固。

3. 砖石混合

块石不易加工，采用一般工艺又往往难以保证墙体的整体性。民居中常常将大、小块石与砖混合使用，如在块石墙体内每隔一定高度砌1～2皮砖以加强整体性。闽南民居的“出砖入石”更有三种做法：简陋的是在砖墙中不规则散布块石；讲究些的以砖砌框架，之间填充块石；比较精致的则以条石为框架，之间砌砖（图3-97）。

图3-97
闽南民居“出砖入石”的三种类型

传统民居营造与户主的经济利益直接相关，由此带来的特点之一是物尽其用、优势互补，在降低造价、简化施工的同时达到较为满意的性能和观感效果。如浙东一带的“瓦爿墙”，以各种石块、砖块、瓦块混合砌筑，砖块横档，瓦爿堆叠，均匀整齐而具韵律，拼砌图案灵活多变（图3-98）。此种做法来源于沿海地区多台风，倒塌房屋破碎砖瓦的再利用，形成了独有的建筑工艺和鲜明的地方特色。又如在广东潮汕地区，利用沿海贸易区常见的破碎瓷片为主材建造墙体的檐部装饰，瓷片具有传统泥塑、砖雕、彩绘等装饰工艺不具备的抗潮抗腐功能，辅以高超的镶嵌工艺，形成造型独特、颜色华美的嵌瓷墙（图3-99）。

图3-98
宁波瓦爿墙

图3-99
潮汕嵌瓷墙

第四节

传统民居屋顶的主要分类与做法

一、屋顶形式分类

屋顶形式是中国传统建筑外部形象最为明显的特征之一。除了围合、阻挡雨雪、保温隔热等物理功能，中国传统建筑的屋顶形式还体现着等级和文化的内涵，历朝历代的舆服制度都对不同形式的屋顶明确了各种等级和具体应用规则。

特定的屋顶形式必然关联特定的结构构造做法。在此基础上，不同地区、民族和文化的传统民居又往往有着各具特色的屋顶形态和装饰。

（一）平顶

平顶常见于华北、西北、西藏等干旱少雨地区的民居，构造简单，建造方便，如需要亦可晾晒、放置物品（图3-100）。

平屋顶的常见做法是在椽上铺板，板上再铺土坯或灰土，再拍实表面。也有板上先铺草、草上覆稀泥、再放细土捶实的做法。[1]

东北地区传统民居中有一种较为特殊的“囤顶”，屋顶拱起成弧形缓坡，一般不铺瓦，可看作是平屋顶的变体。这种造型方便清除屋顶积雪、有效防御风沙（图3-101）。

图3-100
河西走廊典型平顶民居

1 潘谷西. 中国建筑史（第六版）[M]. 北京：中国建筑工业出版社，2009：284.

（二）单坡顶

单坡屋顶常见于北方雨水相对较少区域的传统民居，或用于民居中较为简单的辅助性建筑、杂屋等，多附于围墙或建筑的侧面。北方民居需要更多日照，房屋进深较浅，单坡屋顶比较适合。如山西祁县乔家大院中的单坡顶建筑屋面内倾，最高处屋脊下即是围院高墙（图3-102）。山西一带气候干旱，春季常有大风、沙尘暴，外墙高大可防风沙；屋面内倾，雨水内流，附会“肥水不流外人田”之意。

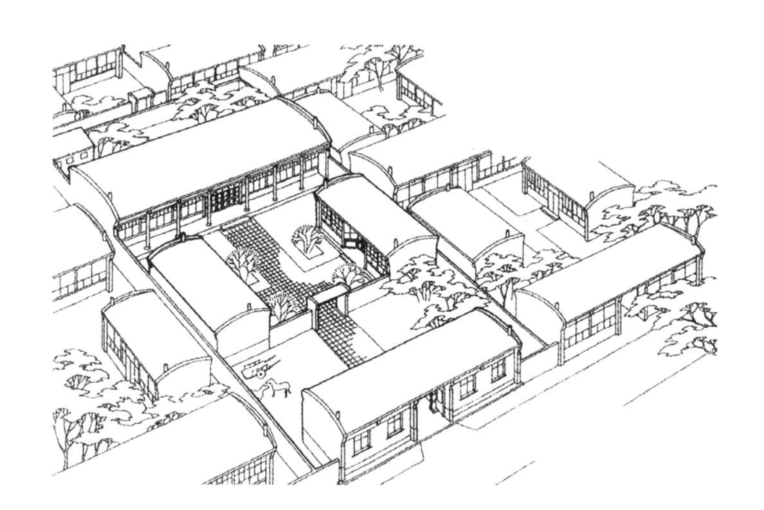

图3-101
东北囤顶民居村落

图3-102
山西乔家大院单坡顶民居

（三）双坡顶

中国传统民居中双坡屋顶最为常见，一方面是缘于其适应性最强，与传统民居单体平面形制相匹配，另一方面也是由于礼制所限。根据屋顶在山面的处理方式不同，双坡顶又可分为悬山顶和硬山顶两种形式，此外还有一些由双坡演变而成的其他屋顶形式。

悬山顶是指坡屋顶在山面悬挑出建筑外墙的做法，其主要目的是为保护山墙面的木结构梁架和土质墙面免受雨水侵蚀。明代以前，悬山顶是民居建筑双坡屋顶的主要形式，后来逐渐为硬山顶所取代。目前所见的悬山双坡顶民居多位于南方的多雨山区，如浙江、福建、四川、云贵等地（图3-103）。

明代以后砖墙广泛应用，山墙具备了更强的承重能力和更好的耐久性，边帖梁架用料改小并包在了墙内侧（通常以木柱的最粗径线与山墙内表面平齐），由此硬山顶便逐渐取代了悬山顶，成为传统民居中最为常见的屋顶形式。

（四）歇山顶与庑殿顶

歇山在宋代又称“九脊殿”，明清两代都规定官民住宅不得使用歇山顶。

图3--103
武夷山桐木村悬山屋顶民居

图3-104
宁波奉化姜山镇走马塘民居

图3-105
延边市智新乡长财村李宅

庑殿顶是“四出水”的五脊四坡式，因屋面由四个下凹斜坡组成，又称“四阿顶”；有一条正脊和四条斜脊连接压顶，故又称“五脊顶”。庑殿顶是中国传统建筑最高等级的屋顶类型，明清两代只有皇宫、太庙、孔庙可用，遗存实物显示唐代时期佛教庙宇大殿也可用庑殿顶。

总体来看，汉族传统居住建筑中没有歇山与庑殿顶。宁波奉化姜山镇走马塘民居山墙面采用类似歇山的处理手法，当地人称“南花（划）戗”[1]，但从结构形制角度评判只是在山墙面上加了一个发戗的披檐，并将它与双坡顶做成一体而已，并非是真正的歇山顶（图3-104）。

一些少数民族传统民居中有四坡顶和类似“歇山式”屋顶的做法。如东北地区朝鲜族民居中常用类似庑殿的四坡屋顶形式（图3-105）。

1 蔡丽，戴磊. 宁波平原地区传统民居的特征与分析——以走马塘古村落民居为例［J］. 宁波大学学报（理工版），2009，22（03）：432.
2 参见百度百科词条：“卷棚”。

云贵地区少数民族竹木结构民居中多有歇山式的四坡顶，也与木构歇山顶有较大差异。如傣族竹楼的屋顶高大而陡峭，顶部为一条较短的正脊，因此山部很小而坡面很大，形成了傣族竹楼特有的屋顶造型。其山花部分一般是开放的，便于屋顶内的热气流向外部，以降低室内温度（图3-106）。

（五）其他

1. 卷棚

卷棚也叫元宝脊，是双坡顶的一种变体。不做正脊，屋顶的前后相接处用柔和的弧线形曲面相连，屋面比较平缓轻巧；屋顶构架用两根脊瓜柱各自承托脊檩，两根脊檩间使用向上的弯椽。卷棚顶利于抗风、抗冻，在北方传统民居中较为常见（图3-107）；造型轻盈，南方住宅中的园林建筑也多有应用。多用于歇山式、硬山式屋顶，组成卷棚歇山顶、卷棚硬山顶等屋顶形式。[2]

图3-106
傣族竹楼民居屋顶

图3-107
宁夏吴忠市董府民居

2. 盝顶

盝顶可看作平顶与外檐的结合。其顶部一般有四条正脊围成平顶，四周加上一圈外檐。外檐造型即是短斜面，一般坡长不超过1米，斜坡角度45° 左右。盝顶式外檐也可沿建筑外廓因单面、双面、三面等不同状态随机应用。民居中盝顶不常见，多见于四合院中某些小型的耳房，也多用于围墙顶。

3. 攒尖顶

攒尖顶，宋代称为撮尖。屋面多呈陡峻锥形，数条斜脊交合于顶部，上结宝顶。常用于圆形、方形、六角形、八角形等平面的建筑物上，形成圆攒尖和多边形攒尖，具有较强的艺术装饰效果。攒尖以单檐为多，也有重檐和三重檐。民居中多见于较大规模住宅的园林中的亭、阁等（图3-108）。

4. 重檐

重檐是在基本型屋顶之下，按结构层（一个大空间，两层或三层结构）出檐而形成，主要解决大空间的竖向结构刚性、通风采光需要和庄重、美观、尺度协调等问题，较其基本型屋顶等级高。需要注意区别的是按空间层出檐的建筑外形也有两层甚至更多的屋檐，但那只是层数、是楼房，不是同一个大空间的重复用檐，因此不是重檐，而只是多层屋檐。

在注重礼制等级的汉族传统建筑中，民居的居住建筑没有重檐做法。重檐屋顶只用于宫殿、庙宇和等级较高的祭祀等建筑，故宫太和殿的重檐庑殿顶是中国传统建筑最高等级的屋顶形制。

一些少数民族传统民居中，重檐屋顶常有出现。如在上述傣族竹楼的屋顶中就有重檐类歇山式，两层檐间开窗以提高通风采光能力。

图3-108
苏州袁学澜故居“双塔影园”中的攒尖顶亭

（六）屋顶的组合形式

传统民居建筑与群组往往由大小、等级、形制都不同的多个屋顶组合成变化丰富、特色鲜明、韵律感强烈的群体形象。理解了中国传统居住文化，在住户没有结构性改变的情况下，往往能从住宅群的屋顶组合形象探知其下的交通结构、社会脉络、功能关系。

屋顶组合有三种基本方式：连接交汇、交叉交汇、廊衔接。

1. 连接交汇

连接交汇方式包括两种形式。一是屋顶沿面宽方向左右连接，两者之间以墙体分隔，例如北京四合院中间正房与两侧耳房的屋顶交汇方式。出于礼制的考虑，正房屋顶高于耳房屋顶。

另一种是屋顶沿进深方向前后连接（在连接处做天沟向两边排水），称为“勾连搭”。常见的如“一殿一卷式勾连搭”，即由一个硬山或悬山顶和另一个卷棚顶连接而成，两者面宽、高低都相同；也有“勾连搭”的两个屋顶是一大一小、有主有次、高低不同、前后有别。[1]其目的都是在建筑高度的制约下扩大室内空间（图3-109）。

图3-109
北京四合院中的屋顶组合

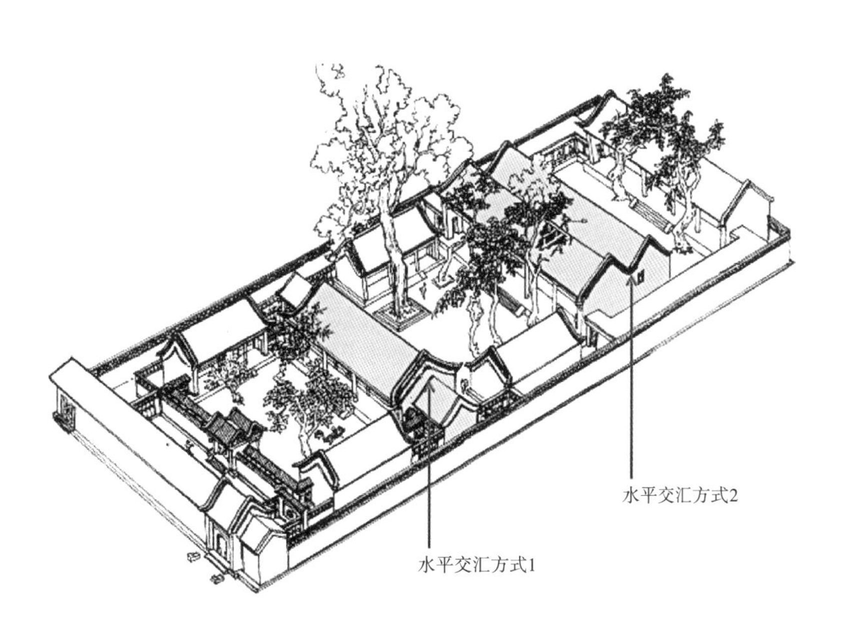

1 参见百度百科词条：“勾连搭”。

2. 交叉交汇

交叉交汇方式，最常见的是正房与厢房的屋顶组合。正房正脊一般都高于厢房正脊，以显“正”“厢”之别；也可以与正脊等高形成十字脊顶。《清明上河图》中就有很多民居是十字脊顶。檐口亦正房高于厢房、正房和厢房等高皆可（图3-110）。

此外，抱厦亦属于屋顶交叉交汇的一种。抱厦也称“龟头屋”，是指建筑中部向外局部凸出的部分。一般凸出一间或三间，屋顶丁字相交于大屋坡面。一间抱厦多用于建筑前后入口，以助入口防风避雨；三间抱厦在民居中多置于正屋后面，以增加室内辅助空间。

3. 廊衔接

院落式民居中，廊在房屋的功能关系和空间关系的衔接上起很大作用。衔接方式多样，例如：结构关系的一侧屋面连接、廊顶与建筑外墙连接；连接方式的插接、拼接、隔空接；轴线位置的中线接、边线接、对门接，等等不一而足，皆视具体情况而求理想效果。廊顶尺寸较之房屋要小很多，可用位置也很机动灵活，对形成大小不同、曲折多变、疏密有致的屋顶群体形象作用很大。

除了这三种基本形式之外，各地民居因地制宜，灵活多变，发展出了丰富多彩的屋顶组合形式，成为中国传统民居极富特色的群体形象特征。

图3-110
昆明民居屋顶组合

二、屋面材料与做法分类

中国传统民居的屋面材料，很长时期主要是各种适宜的茅草，历史上“草庐”“茅庐”的记载屡见不鲜；近代一般民居建筑多用草缮顶，现代仍有简陋住房和特殊建筑使用草顶。龙山文化遗址中即有四千年前的筒瓦、板瓦、槽形瓦等系列瓦件，西周初期则有改变“茅茨土阶”建筑形制的记载，战国时期“虽有忮心，不怨飘瓦”的理性应可佐证当时瓦屋面已不鲜见。因此，草和瓦是中国传统民居屋面的主要用材，近代后主要是瓦；特定资源丰富地区也用石、竹、木等材料。

（一）瓦屋面

1. 瓦的材质分类

传统民居中瓦的用材十分丰富，包括黏土瓦、竹瓦、明瓦、金属瓦、琉璃瓦等（图3-111）。

（1）黏土瓦：用黏土制坯烧制而成，是瓦的主要类型。使用最普遍的是青黑色系，俗称小青瓦、蝴蝶瓦，闽南等地则常见红色陶瓦，偶有其他色系。

图3-111
不同材料的瓦

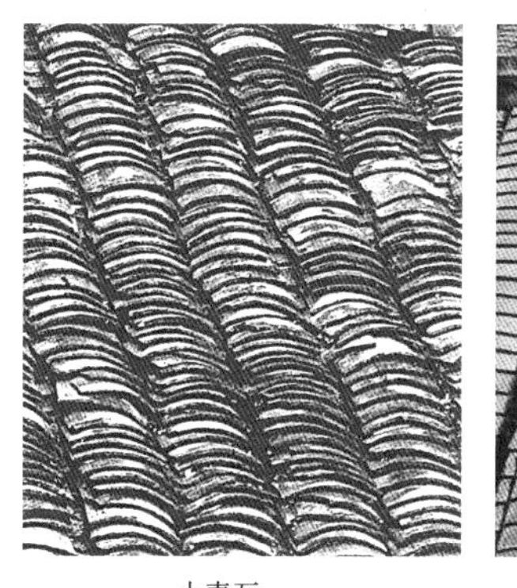
小青瓦

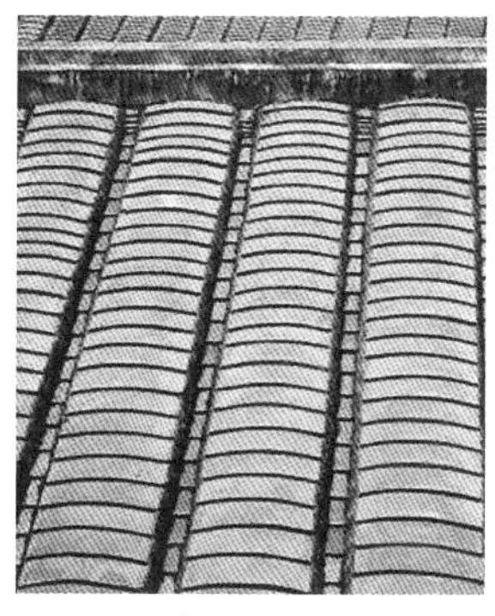
闽台地区的红瓦

竹瓦

明瓦

（2）竹瓦：一般选直径十余厘米的大竹，经过挑选、下筒、剖竹、去性等工序制成，多用于傣族、佤族、景颇族、彝族等传统民居。

（3）明瓦：一种特殊的瓦，是用蛎、蚌之类的壳磨制成的薄片，通透明亮，传统民居中多嵌在天窗和门窗上，利于采光。

（4）金属瓦：有铜瓦、铁瓦、银瓦、鎏金瓦等，多见于宗教建筑，也偶见于少数民族传统民居。

（5）琉璃瓦：又称缥瓦，用优质矿料，制坯上釉、高温烧制而成。舆服制规定限用于皇亲国戚之家和宗教建筑，并按颜色再细分等级。常用的有黄色、绿色、黑色等。普通民居不得使用。

2. 瓦的形式分类

主要有筒瓦和板瓦两大类（图3-112）。

筒瓦：半圆筒形，有罗锅筒瓦、花脊筒瓦等形式。筒瓦只能用于宫殿、庙宇和其他上等官房，普通民房一般不准使用筒瓦，除非是朝廷特别允许才能使用。

板瓦：《营造法式》称“瓯瓦”。板瓦的瓦面弯曲程度较小，一头稍宽近似梯形，这种特点能够使干垒瓦不下滑。

3. 屋面瓦构件系列

屋面瓦构件主要包括底瓦、盖瓦、勾头（瓦当）、滴水等部件（图3-113）。

底瓦凹面向上，盖瓦凹面向下，两者相互搭配使用。民居中底瓦和盖瓦都用同一规格的板瓦。

勾头，俗称瓦头，建筑檐口盖瓦的前端部，起保护飞椽和美化屋面轮廓的作用。板瓦系列的勾头，形状多为圆环的一段，也有扇形的；筒瓦系列的称为瓦当，多为圆形，也有近圆形等其他形状。勾头（瓦当）上图案优美、极富变化，常见的有云头纹、几何形纹、饕餮纹、动物纹等，吉祥文字纹如福、寿、喜等，也有用各种神纹如“朱雀”“青龙”“八仙”等，不胜枚举。一般都在地域传统习俗的影响下，形成当地的偏好特色。

滴水，建筑檐口底瓦的前端部，主要有如意形和圆环段形两种，呈下垂状以引导屋面雨水的流向。滴水上也制有图案，与勾头（瓦当）的纹饰和精美程度、风格特点相得益彰。

4. 瓦屋顶的构造

传统民居建筑的瓦屋顶构造层一般包括基层、垫层、面层（图3-114）。

（1）基层

椽子上铺相应材料即形成基层。传统民居中最常用的基层材料是望砖，还有望板、苇编、竹编以及其他材料的做法，其中苇编、竹编是简易的做法。要求高的建筑还采用椽上铺望板、望板上再铺砖的双层构造基层，如苏州东山部分民居屋面就采用这种做法，主要考虑安全，也对屋面隔热防寒有利。

图3-112
板瓦与筒瓦

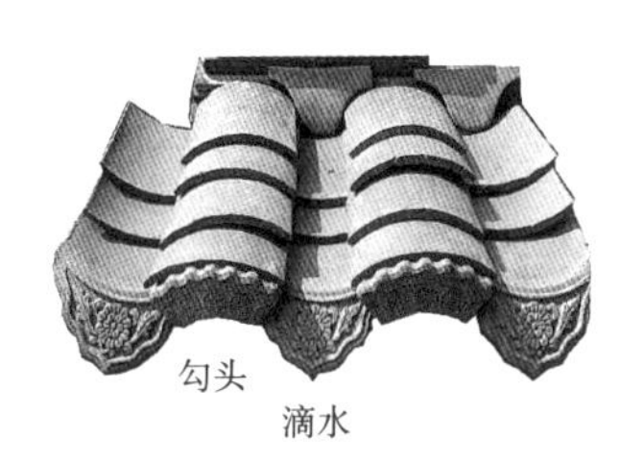

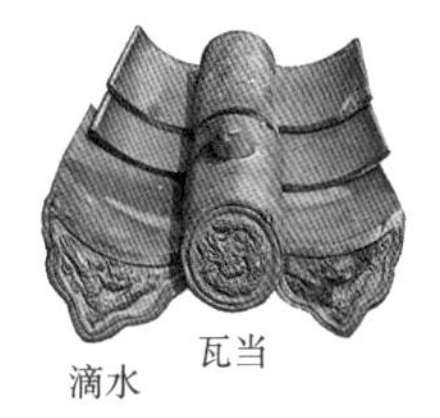

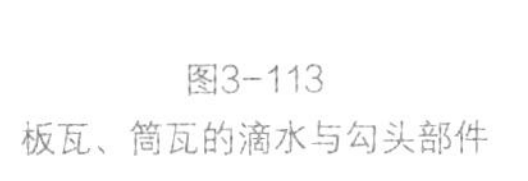
图3-113
板瓦、筒瓦的滴水与勾头部件

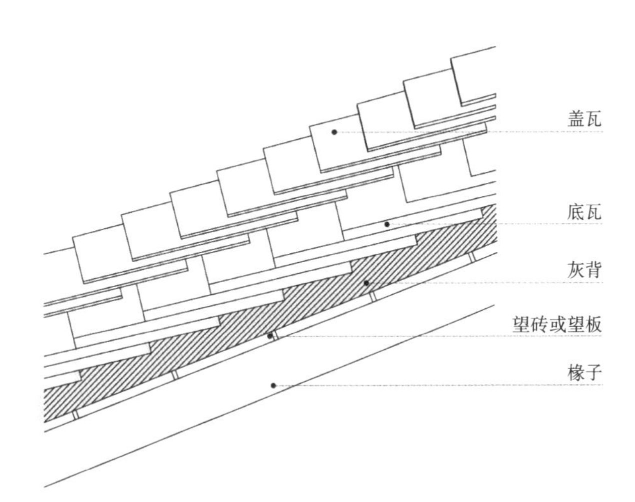

图3-114
苏州民居屋顶构造做法

望砖是主要用于屋面基层和筑脊的一种薄砖。按照望砖处理工艺的差异，可分为细清水望砖、清水望砖、反刷望砖、糙望砖等。根据不同工艺要求，在铺设望砖前，需要对望砖进行劈剖、选型、清理、刷色、批线等一系列相应处理流程。铺完望砖后，需在顶部空隙处订木条以作巩固。望砖的铺设，亦有满铺望砖、屋内铺望砖+檐口铺望板混用等不同做法。

望板铺在椽子上，以钉固定，分为横铺望板和纵铺望板。横铺望板长边方向与檩条平行，纵铺望板长边方向与椽子平行。一般厚约3厘米，宽十几厘米，长度随檩条或椽子之间的距离，以使望板之间在檩、椽上搭接，室内不见接缝。

（2）垫层

垫层常用土、石灰、茅草等材料敷于基层之上，也有用纸筋灰或麦秸泥的，起保温隔热和粘结的双重作用。垫层一般厚度约2厘米，并垫平木构架形成的举折，使折线过渡为垫层表面的弧线，以备承瓦。

（3）面层

亦即瓦片层。铺设瓦屋面时，底瓦与盖瓦成列相间，一正一反（一阴一阳）。这种仰合相间、中线靠直铺设的形式，称为“仰合瓦”，广泛应用于南北方的传统民居建筑中。铺设底瓦是大头朝上、小头朝下，滴水瓦身多铺压一块板瓦以防滴水坠落；铺设盖瓦正好相反，是小头朝上、大头朝下。宋代板瓦屋面用的是压四露六方法，即上面的一块瓦压住下面的4/10。后来逐步改变为压六露四、压七露三，有效控制了瓦缝的反向渗漏，大大改善了屋面的防水性能。屋面瓦的铺设忌敞缝，缝隙中易生瓦松等杂草。

过去北方雨量小的地区，很多民居将盖瓦省去，做成仰瓦屋面，或者只用灰梗抹缝，这也是较早期、经济能力不足的一种简化做法。而南方保温要求不高，但必须防雨水，因此简化做法是不做基层和垫层，直接在椽上布仰瓦和盖瓦，俗称“冷摊瓦”，但仅用于储、厕、过道等不住人的设施建筑。

闽粤沿海地区有架空双层瓦做法，屋面铺好后在相邻的瓦垄上再铺一层板瓦，瓦垄上做瓦垄，中间形成一道空气层。或者铺两层底瓦，其上再铺盖瓦，利于隔热防水。有些地方为了防台风，在屋面瓦上布砖石块压住瓦片（图3-115）。

（二）石屋面

此类屋面多分布于出产片岩及板状页岩的地区。软硬适中的水成石灰岩，岩层裸露、分隔清晰、厚度均匀，易于开采加工，制作成大小相似厚薄适度的石板，层层压叠而成石屋面（图3-116）。如汉水流域的礼县、康县，白龙江流域的武都区和文县等地的民居多有这种做法。片岩屋顶经久耐用，但防雨保温性能不佳，美观和设计适应性也明显不如瓦屋面。

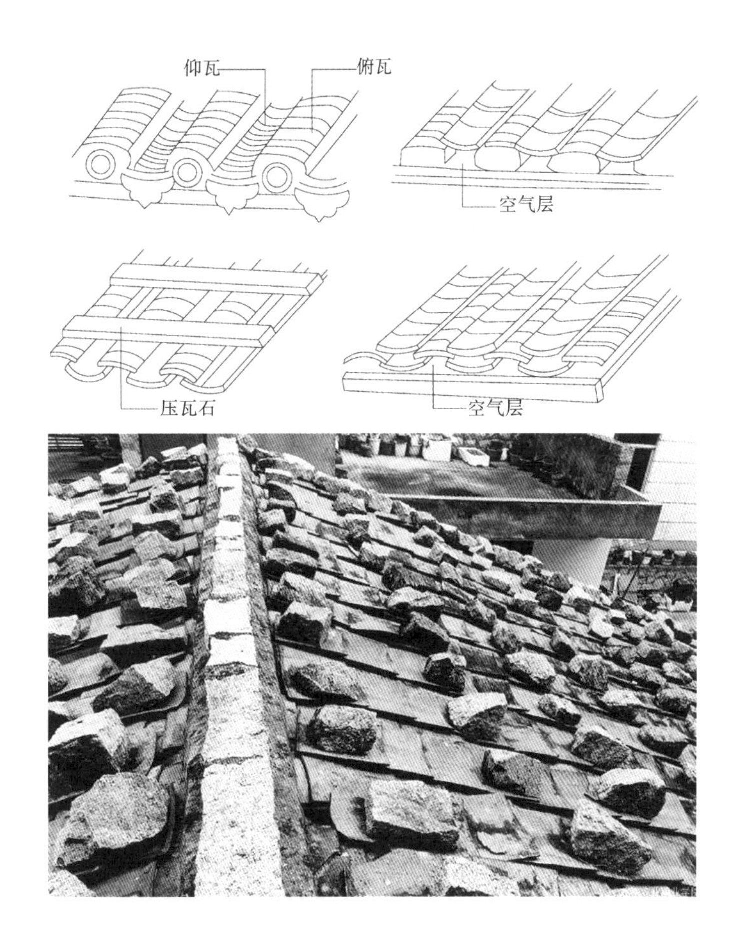

图3-115
闽台屋面架空双层瓦做法（上）；福建平潭石厝屋面瓦（下）

图3-116
石板瓦民居

（三）草木屋面

草木屋面是最原始、最早期、应用时期也最持久的形式，直至近现代在低造价、简陋、临时性的传统民居建筑中，也有用茅草、树枝树叶等自然材料覆盖屋顶的做法。草质屋面的材料各地区有所不同，但施工工艺大同小异，均要选择相对饱满和结实的草叶等，在适当的条件下使其自然风干，并进行处理以降低其易燃性。铺设后要进行二次固定及泼洒生石灰等进行防火防霉处理。

草屋面中有一种特殊的“海草房”，主要分布在胶东半岛沿海的威海、烟台、青岛等地，特别是荣成地区更为集中（图3-117）。这类民居屋顶所用的“海草”是生长在浅海的大叶海苔等野生藻类，非常柔韧，含有大量的卤和胶质。用它苫成厚厚的房顶，可防虫蛀、霉烂，不易燃烧，还有冬暖夏凉、百年不毁等优点，深得当地居民的喜爱。

（四）织物屋面

游牧民族特殊的民居形式——毡包，以织物、皮毛为屋顶覆盖材料，很好地适应了轻便、可折叠和移动的需求。毛毡编制技术不断发展，毡化材料既能吸湿，也能隔水，且不易延燃，只是加工复杂，材料不易获取，现代已较少使用。

三、屋脊

在中国传统民居建筑中，屋脊极为重要，它不仅是一个建筑部位和部品，具有丰富的形态变化，在传统文化和制度中还被赋予了特定的重要意义。

图3-117
荣成海草房

（一）屋脊位置分类

按屋脊在屋顶部位的不同，可将其分为正脊、垂脊、斜脊、戗脊、博脊（围脊）等。后三类在民居中极少应用（图3-118）。

1. 正脊

正脊位于坡顶建筑脊桁之上，沿着前后屋顶坡面相交和转折线，一般由脊座、脊身、两端的屋脊头和中间的脊饰组成。除了卷棚、攒尖等屋顶，一般坡顶建筑都有正脊。

通常情况下，它是一座建筑最高的屋脊，也是最重要的屋脊，最能反映建筑的等级，同时也往往是形态最为丰富、装饰最为华丽的屋脊。

2. 垂脊

垂脊是指在正脊端部（一般在山面外侧）、与正脊水平垂直相接、随屋面下延的屋脊，一般由脊座、脊身、花篮座、座饰等组成。

歇山、悬山、硬山屋顶均可使用垂脊。

3. 斜脊

斜脊专指庑殿顶上始于正脊端部、与正脊成平面45° 斜交相接、沿正侧两坡屋面交接处下延至屋角的脊，一般由脊座、脊身、花篮座、吞头、戗头和脊兽等组成。

由于国家舆服制度对屋顶形制利用的规定，汉族传统民居中不用斜脊。

4. 戗脊

戗脊指歇山屋顶中与垂脊下端平面45° 斜交相接、沿正面两坡屋面交接处下延至屋角的屋脊，因其结构沿屋面坡度下延、构造反向上昂起之造型而称“戗脊”。一般由脊座、脊身、花篮座、座饰、脊兽等组成。

图3-118
中国传统建筑屋脊的类型

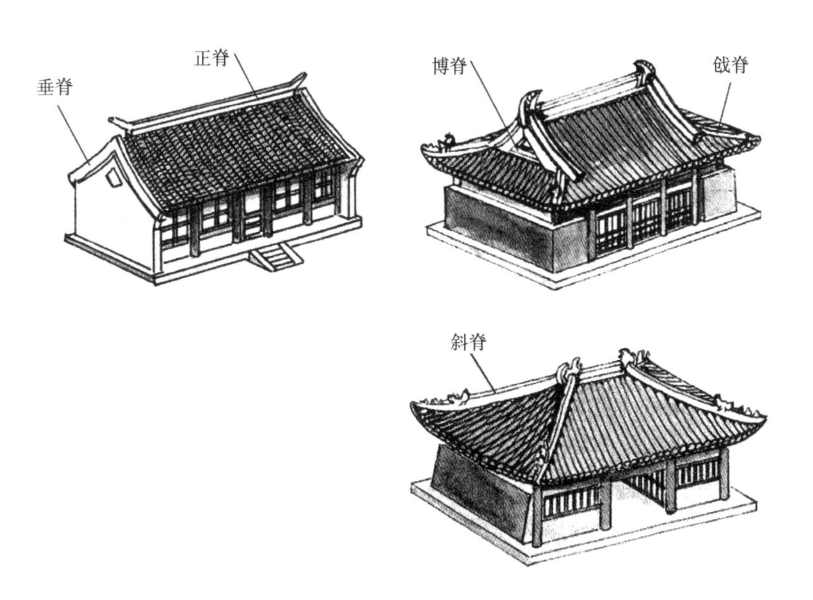

除了用于歇山屋顶，民居中的亭、阁类建筑也普遍运用。

5. 博脊

博脊是指与戗脊上端水平45° 相交的平屋脊，亦即歇山屋顶山面与侧面屋顶相交之处。重檐建筑或楼房的下层屋檐与建筑墙体相交的部位亦可运用博脊，围绕建筑一圈环通，故也叫“围脊”“环脊”。博脊一般由脊座、脊身、脊头等组成。

此外，走廊、围墙等小品类建筑的脊，一般统称“游脊”，以示其机动灵活的非规制特点。

（二）正脊断面分类

正脊的构造做法代表了正脊、也就是建筑的品级。同理，主要厅堂的正脊可以反映出全户的建筑品级。以苏州传统民居为例，正脊的断面大致有以下几种。

1. 花筒脊，因使用筒瓦和拼花而得名，苏州传统建筑中，花筒脊等级最高，其又分亮花筒和暗花筒。民居不用亮花筒，暗花筒用于民居中等级最高的厅堂（图3-119）。

2. 筑脊，脊身以小青瓦竖立砌筑于脊座之上，故而得名，用瓦条压顶，侧面露白。用于普通民居的正脊，应用最为普遍（图3-120）。

图3-119
苏州民居中的暗花筒脊

图3-120
苏州民居中的筑脊

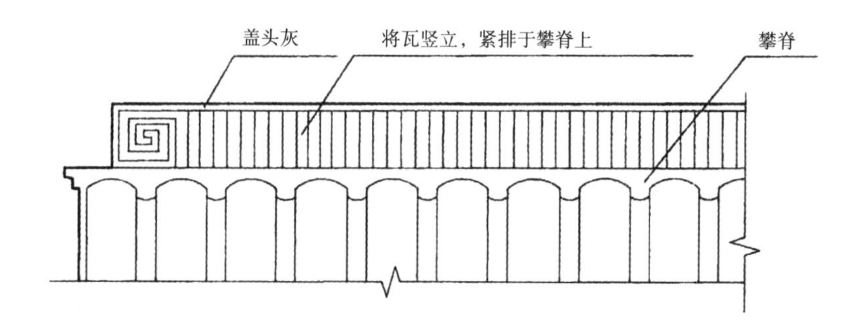

3. 黄瓜环脊，用特殊的环瓦连接两个坡面，其瓦外形双曲类似黄瓜，故而得名。没有连续直线状的屋脊，外形生动优美，主要用于宅园类建筑（图3-121）。

4. 游脊，用小青瓦直接斜置铺设在脊座上。游脊等级最低，造价也最减省，一般用于较简陋的民居和围墙（图3-122）。

其他地区传统民居建筑的正脊也各有多样做法，例如北方地区常见的有元宝脊、清水脊、鞍子脊等。其中元宝脊等级最高，多用于筒瓦屋面，民居中较为少见；鞍子脊等级最低，只用于板瓦屋面；清水脊等级居中，应用最广，主要用于板瓦屋面，也可以用于筒瓦屋面。

（三）正脊脊头做法分类

对于传统民居中最为重要的正脊而言，其脊头做法又是最能体现等级差异的部位。同时，因为脊头所处位置的突出、可视性，必然得到户主和匠人的重视，乃至社会的关注，因此各地传统民居建筑脊头形式多种多样，往往还具有鲜明、浓厚的地方性特征。

例如，苏州传统民居中较为常见的脊头有以下几类（图3-123）：

1. 纹头，常用于大户人家的厅堂屋脊，具体式样很多，有回纹式、立纹式、洋叶式、留空软景式、砖细式等。[1]

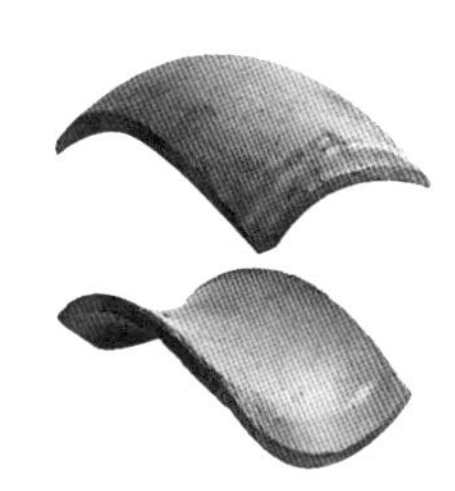

图3-121
苏州民居黄瓜环脊

图3-122
苏州民居游脊

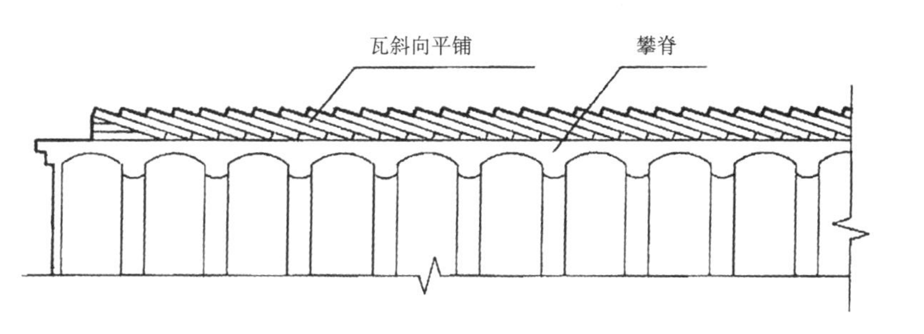

1 郭鑫. 江浙地区民居建筑设计与营造技术研究［D］. 重庆大学，2006：92.

2. 哺鸡，在较大民居的厅堂中比较常见，有雕塑、烧制、堆塑等做法。

3. 雌毛，俗称“翘头脊”，普通传统民居应用最多。

4. 植物类，包括甘蔗、灵芝、水果等，主要用于小型民居，或是高等级民居中的辅助建筑。图3-123中是甘蔗脊，脊头作简单方形回纹。

又如，闽南传统民居建筑正脊，弧线优美，脊头高高翘起，仿佛暗示着一种精神或向往，形成闽南民居最具特色的形象（图3-124）。

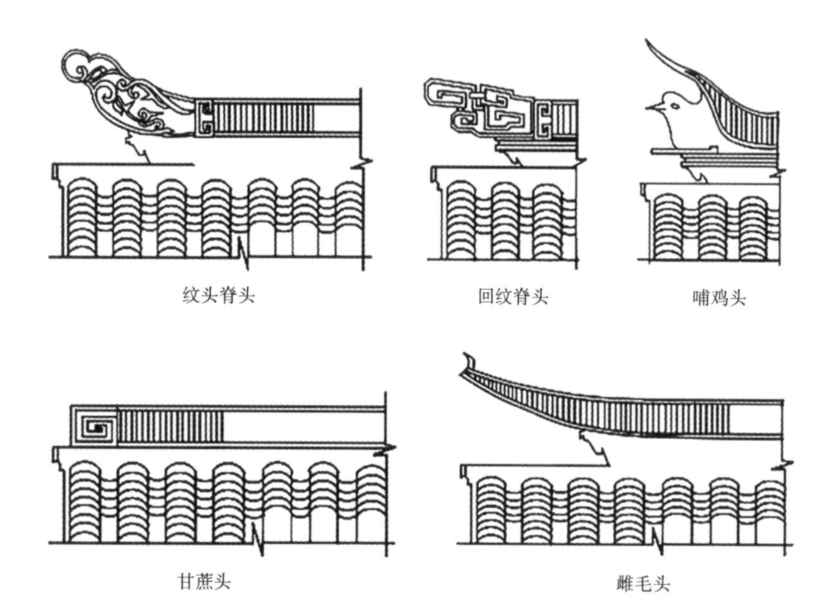

图3-123
苏州民居正脊头做法

图3-124
潮州民居建筑正脊

（四）垂脊做法分类

北方地区常见的垂脊形式有铃铛排山脊、披水排山脊和筒瓦梢垄。其等级是铃铛排山脊最高；披水排山脊次之，但应用最为广泛；筒瓦梢垄最为简单，只与清水脊和鞍子脊配套使用（图3-125）。

南方地区的垂脊也有铃铛排山脊和披水排山脊的构造，但在民居建筑中简化应用。一般的民居垂脊与北方的筒瓦梢垄相似，只是用方砖取代筒瓦收边，或是用泥灰塑抹成与正脊相宜的造型。

（五）建筑群组中屋脊的等级分布

传统民居中不同等级的屋脊在群组中的分布，多与具体建筑单体在群组中的等级地位相一致，普遍突出中心主体建筑或主要院落，但群组屋脊整体风貌协调。等级区分包括样式、花纹、脊身高度、工艺等。

四、坡面与坡降

（一）坡面平凹的特点

中国传统建筑屋面曲线的变化体现了不同时代的营造技艺、建筑风格和审美偏好。不同形制、不同时期建筑屋面曲线的表现形式、凹曲程度与具体算法都不尽相同，其中国家规范制度使之总体风貌全国一统，形成所谓“大屋顶”的中国古建筑特色。地域自然气候环境、行帮营造技艺习俗和主要建材的变化等因素，对屋面曲度的变化和美学风格特点都有重要的影响。

图3-125
垂脊做法

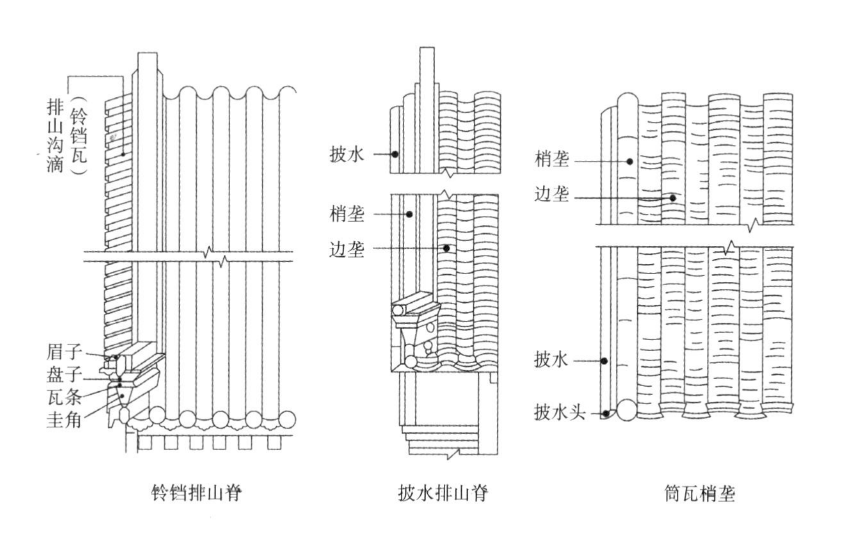

封建社会初期，传统建筑的几种基本屋面形式均已出现，屋面以直坡为主，或有折无曲。但隋以前的建筑已无实物可考，只能从绘画、雕塑和明器中窥探风貌。屋顶建造技术在唐代已经成熟，屋面造型历代变化相对明显。唐朝的屋顶因保护土墙需要而出檐深远、比例雄浑宏大，亦可彰显大唐盛世风范。宋朝的屋顶相对细巧而多装饰性。明清屋顶因用砖墙而出檐深度显著减小，形体简练、细节增加。

建筑屋顶的地域特性是不同地区气候环境和生活方式的反映，也是不同地域营造水平、风格和品位的体现，屋面的曲线变化一定程度上反映了不同地域的环境、文化特色，呈现出不同的美感。地域因素主要有雨雪量、温度、风力、生活方式和地域性材料。总体风格上，北方建筑的屋顶庄重沉稳，南方则轻灵优雅。闽南地区的陶瓦质地优良、不易渗水，所以建筑屋顶的坡度平缓。

中国古代民居的屋面基本都是凹曲面的形式，有利于在雨季将屋面的雨水排到离建筑外墙更远处。随着墙体防水性能的改善，近代以来，屋面的曲线越来越趋于平直。

（二）坡降的几种基本标准

屋顶的坡降取决于木构架中各檩的不同高度。各檩高度的计算规则，宋《营造法式》中名为“举折”，清《工部工程做法则例》中称为“举架”，在近代记述江南建筑做法的《营造法原》中则谓之“提栈”。《营造法式》和《工部工程做法则例》都是当时建筑营造的国家标准，但《营造法式》初刊于北宋后期，南宋初年在苏州重刊，因而多用苏州香山帮技法，明清皆有抄本，因两宋特别是南宋影响范围而主要流行于江南地区。《工部工程做法则例》多用北方做法，主要影响北方建筑风貌以及南方的官式建筑。《营造法原》是香山帮掌门人姚承祖所著，多属行帮做法、地方习俗，但因香山帮的传播而有相当的影响范围。计算方法的区别产生了不同的屋面曲线，由此可以作为重要参考依据来判别建筑时代或地区的不同（图3-126）。

图3-126
传统民居屋顶起坡的不同算法

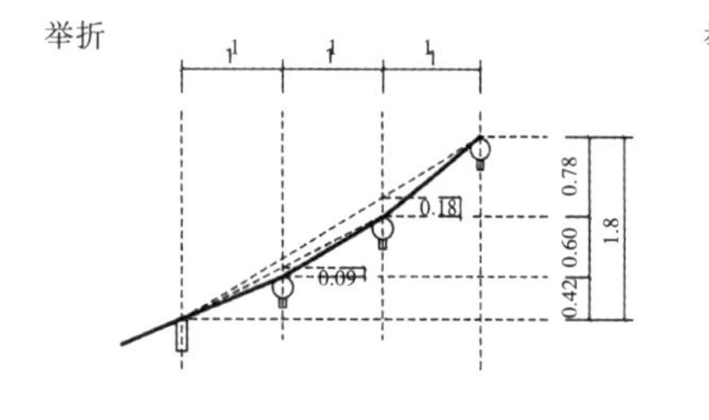

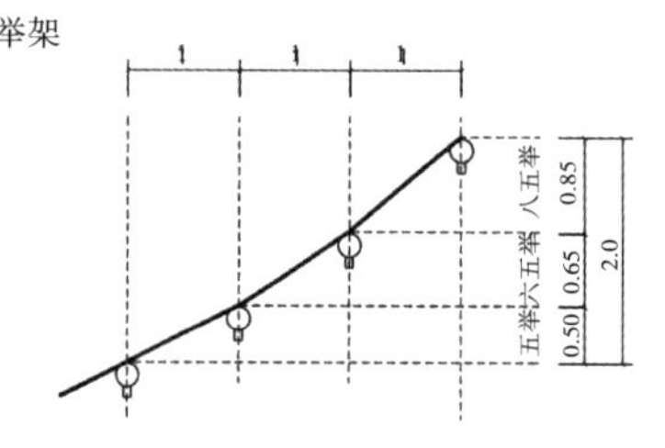

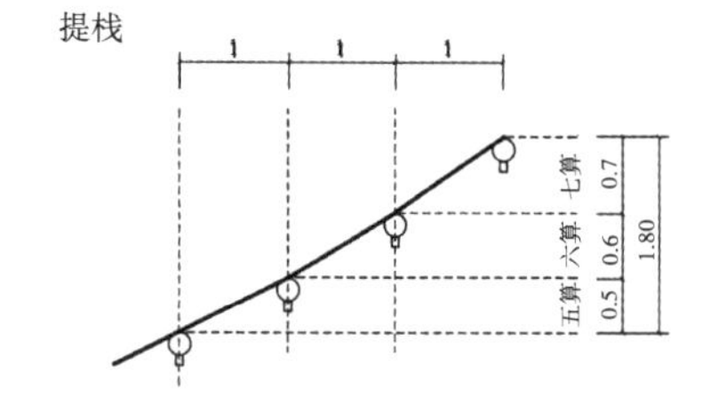

（三）发戗

发戗是指传统建筑坡顶屋角的起翘处理构造（“戗”字本意为逆向）。北方建筑一般没有明显的发戗，其原因可能是便于冬季屋顶积雪滑落。南方的发戗分为水戗和嫩戗两种（图3-127）。这两种发戗的构造方法和艺术处理，可以说是远承唐宋，遍及苏浙，并流传甚广。

水戗发戗：构造较为简单，檐角比较平直；仔角梁基本不起翘，起翘的是瓦作（香山帮传统称“砖瓦作”为“水作”，故称“水戗”）形成的戗脊。戗脊在屋角处脱离屋面，受瓦作的限制，其起翘的尺寸和程度一般不大。

嫩戗发戗：嫩戗（即仔角梁）斜插在老角梁上将屋角翘起，可使屋角翘起较高，造型更为灵动。为了使构造牢固，在嫩戗与老戗之间连以菱角木、箴木、扁担木、千斤销之类构件，并将角梁上缘做成戗脊曲线以安置脊瓦。[1]

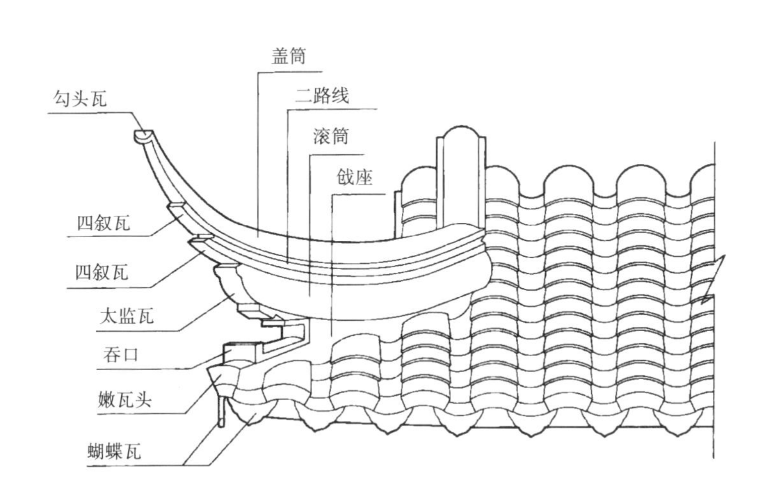

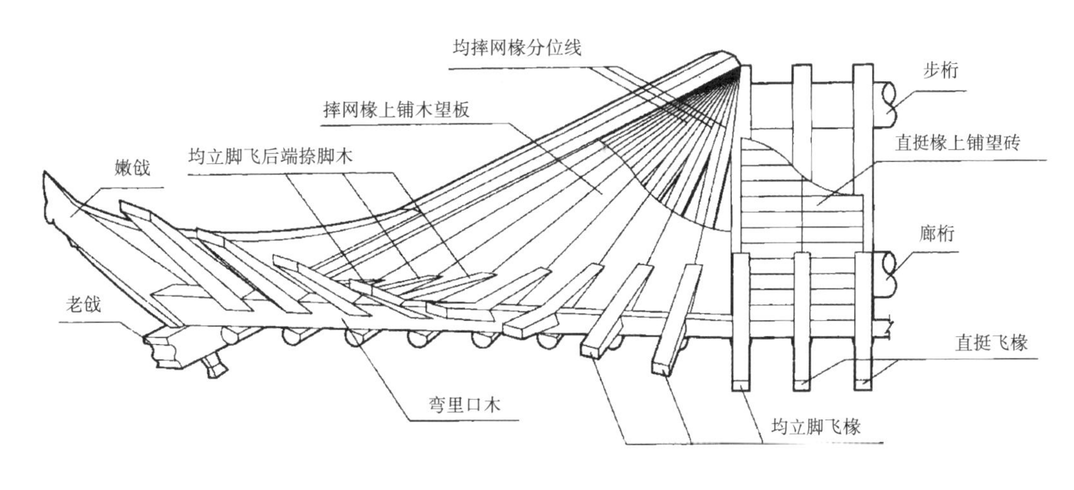

图3-127
屋角发戗做法：水戗发戗（上）；嫩戗发戗（下）

1 潘谷西．中国建筑史（第六版）[M]．北京：中国建筑工业出版社，2009：305.

第三章

色彩与装饰

色彩与装饰是传统民居不可或缺的组成部分，也是传统建筑文化的重要组成部分和外在表征，集成了雕塑、绘画、书法、文学、戏曲等多种艺术形式。

第一节

色彩

一、外部色相

各地传统民居建筑外部的色彩主要来自于不同地区建筑材料的地域性特色，同时也受到地方文化、风俗的影响，总体上可以分为五大色系（图3-128）。

（一）青砖灰瓦

青砖灰瓦的建筑形象广泛见于东北、华北乃至江淮、宁镇扬等地区的传统民居。不同于江南住宅多在墙外涂刷白粉的做法，这些地区传统民居建筑的青砖墙身一般直接外露，形象质朴素雅。黄淮地区由于偏碱性土质及其烧制工艺，屋瓦呈各种青灰色。朝廷规定民间建筑屋顶只能使用普通土瓦，明清以降，灰瓦在中原大部分地区传统民居中使用十分普遍，形成了青灰色的建筑主色调。

（二）粉墙黛瓦

粉墙黛瓦的传统民居多在江南地区（宁镇扬等地区多用清水墙）。粉墙即白石灰墙面，由于江南气候潮湿多雨，石灰粉于墙外可防潮保护墙体且方便出新。黛瓦即青黑色的小青瓦，与青砖工艺类似而呈现青黑色，这种色彩特征的形成与当地的黏土和砖瓦烧制技术有关。

图3-128
传统民居外部色调

北京

安徽黟县宏村

福建泉州

河北涉县北岗村

温州永嘉林坑村

四川甘孜色达

（三）红砖红瓦

多见于闽粤地区传统民居中，也是顺应当地自然条件和经济条件选择的结果。闽南地区的红壤和黄壤烧制砖瓦经自然冷却，呈现红色，且富含氧化铁，坚固耐蚀。常用红砖有20多种尺寸规格，每种都有单独的名称和具体运用之处，结合多样的方式砌筑成精致的墙面。红砖红瓦形成了独特的地域特色。

（四）艳丽纯色

西藏、青海、新疆等地的藏、维吾尔等民族的传统民居建筑常使用纯净艳丽的色彩。这些地区的民族生活在宏阔的自然环境背景之下，蓝天白云，广原群山，尺度巨大，用居所的艳丽色彩点缀纯洁的自然环境，以色相强烈对比的方式使生活环境更加丰富多彩，反映了居民对美好生活向往的一种追求形式。[1]

（五）土木本色

土木本色的传统民居广泛分布于各地，尤其是在地处偏僻、交通不便、经济较为落后的地区，砖瓦难得，不得不依袭这种历史悠久、材料易得、造价较低的建造方式。华北、西北、闽西、闽北、粤东、粤北、赣南等地，夯土民居与村落十分普遍。而在南方山区，木构木外墙的民居村落也比比皆是。

二、室内色彩

总体来说，汉族传统民居室内色彩较为淡雅质朴。传统民居建筑受到礼法制度的限制，室内少施色彩。木构件通常施以棕色或赭色（多称“栗壳色”）浑水漆，具体色相各地小有差别；部分地区尤其是山区也常用木构件材料本色，表面涂刷清水油漆。室内墙体为利于亮度而多用石灰粉刷成白色，室内地坪一般用青灰色方砖铺地，楼层则多为木楼板施以棕褐色浑水漆。相对而言，北方一些较为质朴的民居室内的色调更加明快热烈一些。

少数民族传统民居室内色彩类似民居外部色彩的风格，热情奔放。如维吾尔族民居中常见的颜色有红、黑、白、绿、蓝、黄。红色给人以活泼之感，也体现主人热情好客的性格特征；黑色给人以端庄神秘之感，白色代表着纯洁，是伊斯兰的传统色彩崇尚；蓝色寓意吉祥和蓝天，黄色寓意大漠，而绿色代表的绿洲更是生命的象征。藏族民居中对色彩的运用也有类似的寓意，最初来自于自然物象，后来随着本地原始宗教苯教的起源和佛教的兴盛，建筑的色彩又带有了更深层的宗教意义（图3-129）。[2]

1 丁昶. 藏族建筑色彩体系研究［D］. 西安建筑科技大学，2009.

2 楼庆西. 中国传统建筑装饰［M］. 北京：中国建筑工业出版社，1999.

江南民居室内色调

北方乡土民居室内色调

喀什民居室内色调

藏族民居室内色调

图3-129
各地民居室内色调

第二节

图案纹饰

图案纹饰是传统民居建筑重要的装饰元素，除了利用题材本身的美观特征以外，人们还进一步从中寻求精神寄托，赋予其各种人格化的美好品质和寓意，表现于建筑装饰中。因此传统民居装饰的图案纹饰不仅仅具有美观的形式，而且更本质的是其极为丰富的思想和文化内涵，通过具有象征意义的形象，表现出住户的意识理念和向往追求，或是表达某种道德教化、情感崇拜。

一、图案纹饰的表意方法

传统民居建筑以图案纹饰表达特定的文化意义和内涵，主要有以下两种方法。

1. 象征方法：在中国文化中，很多事物都有从其自身特质而衍生出的象征意义。如以鹤、松树象征长寿，以梧桐象征高雅洁净（传说中凤凰非梧桐不栖），以梅花、兰草、竹子、菊花等（均为耐寒植物）象征品行高洁……这些事物和图像常常在民居装饰中应用。如传统民居中常见的“松鹤图”，读书人家普遍使用的“岁寒三友”“梅兰竹菊”等组合装饰。

2. 谐音方法：选择名称与意愿的发音相同或近似的物体，表达意愿。例如蝙蝠通“福”，鹿通“禄”，盒取“和合”意，瓶取“平安”意。它们常与植物纹样搭配，例如瓶中插牡丹表“富贵平安”之意，瓶中插月季表“四季平安”，瓶中插麦穗象征“岁岁平安”。又如山西平遥乔家大院琢启第门前的砖雕“耄耋图”，“猫”与“耄”谐音，“蝶”与“耋”谐音，祈盼长寿安康。

二、图案纹饰的题材来源

传统民居建筑中的装饰图案纹饰，其来源十分丰富，主要包括以下几类。

1. 自然环境：自然环境中的物象极为丰富，动物、植物、风景（山川草木等）、自然现象（风云雷电等）……都是传统民居装饰图案和纹样取之不竭的基础源泉（图3-130）。

2. 历史、传说、神话、文学与故事：中国传统文化中的历史、传说、神话、诗歌、故事、文字，所描写和记述的角色、场景、神兽、事件等等，都是建筑装饰图案纹饰的重要来源，现存实物中极为丰富（图3-131）。

3. 日常生活：日常生活中的人物、器物、场景等，也是装饰图案纹饰的一个重要来源（图3-132）。

4. 宗教影响：传统民居建筑装饰中，一些来源于宗教的题材也逐渐演化为人们喜闻乐见的图案纹饰。如一些民居装饰选用传统文化中道教意义的阴阳太极图、八卦图案等；常见的各式莲的形象、万字纹、各式八宝图案等都来源于佛教、道教；一些地区传统民居建筑中也用伊斯兰教特征的图案纹饰对建筑进行装饰，并且呈现本土化的现象（图3-133）。

图3-130
民居中反映自然物的装饰

图3-131
民居中来自传说与故事的装饰

图3-132
民居中反映日常生活场景的装饰

图3-133
民居中来自宗教题材的装饰：道教阴阳八卦图案（左）；佛教“八宝”图案（右）

三、图案纹饰的内容与对象

（一）人物

人物是传统民居建筑装饰图案的重要内容，广泛出现在建筑构件上附着的雕刻、绘画之中。人物形象多来自历史传说、神话故事、戏剧情节、名臣雅士，也有来自日常生活故事中的人物。成组的人物图案往往具有内涵丰富的叙事性（图3-134）。

（二）动物

传统民居建筑装饰图案中用动物形象的相当多，常见的有马、虎、鹿、龙、狮子、麒麟、龟、凤凰、鹤、蝙蝠，特定的鱼和鸟，等等，基本都是象征祥瑞。

龙：由于正规的龙形装饰在民居中禁止使用，于是出现了一些龙的变体。例如在门窗的木雕上出现的草龙（图3-135）、拐子龙，两种纹样都有简化的龙头，前者后接卷草叶，后者后接拐子纹。有时拐子纹又像古铜器上的夔纹，所以又称夔龙。[1]

狮子：在传统民居的建筑装饰中，狮子也十分常见。与官式建筑不同，民居装饰中的狮子往往较为顽皮活泼、亲切动人。

蝙蝠："蝠"与"福"同音。真实的蝙蝠形象经过简化和美化后，被广泛地运用在传统建筑多个构件的装饰中，例如勾头、滴水、窗格、门板、梁架彩画等等。图案中的蝙蝠往往口衔如意、铜钱，象征福财双吉。

鱼：鱼在传统民居装饰中具有三方面的意义。其一，常以"鲤鱼跃龙门"图案象征一步登仙、功成名就；其二，鱼能大量产籽，寓意多子多孙；其三，鱼与"余"谐音，寓意生活富足，年年有余（鱼）。因为鲤鱼符合升官、发财、多子多孙的诸多美好含义，且体形富态喜气，所以传统民居装饰多用鲤鱼（图3-136）。

（三）植物

传统民居建筑装饰中，植物题材的图案和纹样十分丰富，运用非常普遍。常见的植物图案和纹样如牡丹、荷花、梅、兰、竹、菊、卷草纹、莲花纹、莲叶（如意）纹、忍冬纹、茱萸纹等（图3-137）。

图3-134
民居装饰中的人物形象

图3-135
民居装饰中的草龙纹形象

图3-136
民居装饰中的狮子、蝙蝠和鱼龙变形象

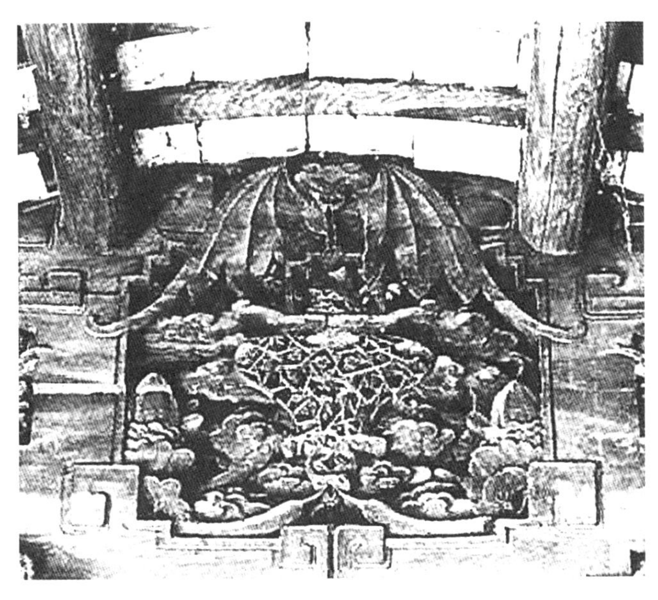

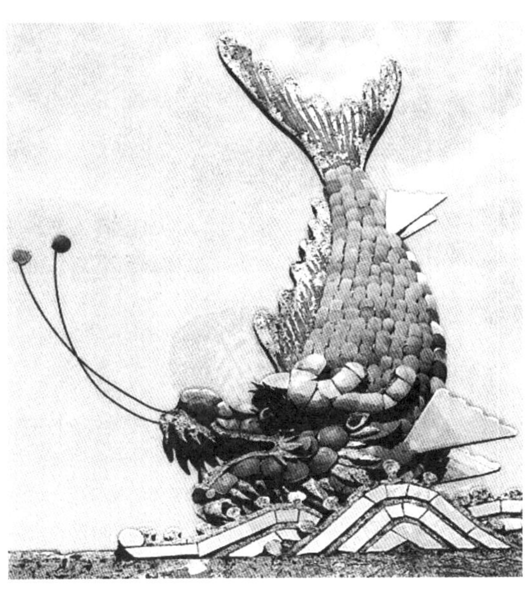

1 楼庆西. 户牖之美［M］. 三联书店，2004：215.

（四）景物

传统民居建筑中描摹自然景物题材的图案装饰也十分常见。例如在徽州木雕门窗的题材中，就常有“黄山松涛”“黄山云涌”等刻画黄山风光的木雕；还有以其他地区风景为主题的“西湖十景”“太白湖光”，等等（图3-138）。

（五）器物

器物纹样多以花瓶、盒子、罐子、鼎等博古器物为题材。有以器物代表民间传说的八仙题材，称为“暗八仙”；还有元宝、古钱、文房四宝等。这些纹饰常出现在门窗、隔栅、屏风、挂落等构件上，也是民居中十分常见的装饰题材（图3-139）。

（六）几何图案

几何纹样多来自于对自然和器物的抽象概括，民居装饰常用的纹样众多，有如意纹、回文、祥云纹、龟背纹、鱼鳞纹、万字纹、拐子纹等。各自蕴含了不同的寓意，例如万字纹象征无限的天地轮回，如意纹象征吉祥如意等（图3-140）。[1]

图3-137
民居装饰中的植物形象

1 楼庆西. 户牖之美［M］. 三联书店，2004: 215.

图3-138
民居装饰中的自然景物形象

图3-139
民居装饰中的器物形象

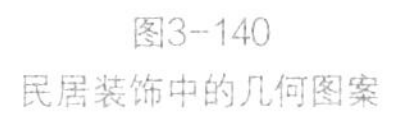

图3-140
民居装饰中的几何图案

（七）文字图案

汉字是由象形文字发展而来，因而汉字本身就具有较强的图案性和装饰性潜质。结合其自身包含的意义，使得某些具有吉祥祈福意义的文字逐渐发展成为一种成熟的装饰符号（图3-141）。最典型的当属“福”“禄”“寿”“喜”四个字，它们组成的吉祥图案是中国传统图案中的一个重要分支，并进一步衍生出不同字体的“百福”“百禄”“百寿”“百喜”等图案。

在少数民族民居中，用文字作为装饰图案的做法也较常见。例如在藏族民居和伊斯兰教信徒家中，常以经文、真言的内容作为装饰图案。

图3-141
民居装饰中的文字图案

四、图案纹饰的主要艺术手段与载体

（一）木雕

中国传统民居建筑中木材使用极为广泛。相应的，用作装饰的木雕工艺也十分发达：阳刻、阴刻、线刻、深浮雕、浅浮雕、圆雕、透雕……几乎囊括了所有的雕刻手法，其艺术效果也千姿百态。雕品风格或精细，或粗犷，或细密，或简约，或严谨，或活泼，形成了传统民居建筑的鲜明特色（图3-142）。

从民居建筑中木雕应用的部位来看，大致有以下几类。

1. 大木构件雕刻

大木指起主要承重结构作用的各类柱、梁、枋、檩等构件。传统民居室内多不做吊顶天花，所以在梁架上进行雕刻装饰就十分普遍。

（1）梁枋柱雕饰

柱子立在日常活动的高度之中，极易碰触，且如有雕刻则不易保洁，所以传统民居建筑一般不在柱子上做雕刻装饰。梁枋的木雕装饰则较为常见，特别是抬梁式结构中的大梁多做雕饰。有的梁整体做成中间部分微高，上边成拱背形、下边两端内弯的形式，称作“月梁”。而苏浙一带传统民居中月梁的习惯做法，是梁体整体平直，仅在上边的两端做成下弯状，三进以上规模民居中的厅堂普遍采用，如同规制。为了尽量不影响截面性能，大梁两侧表面用较浅的阴刻线型纹饰（图3-143）。

图3-142
传统民居中木雕的艺术手法

（2）构件结合部雕饰

雀替、三幅云。梁、柱和枋等构件交接处，多用斗栱、三幅云等构件加强连接的牢固性，其中雕刻最华丽的是三幅云（图3-144），而使用最普遍的是雀替。雀替在柱梁、柱枋之间加强承托，因其视觉位置突出所以常作精美雕饰，常用雕饰题材是各类花草、动物、云纹，也有人物故事等（图3-145）。

撑栱与牛腿。明清以来的传统民居建筑因粗大木料不易获取，为加强屋檐的稳定性，常以专用构件支撑檐枋，通常做法是用斜出的撑栱。撑栱的雕饰有简有繁，简单的只是将木料略微加工，使它具有曲线的外形；繁华的雕有力量性、腾飞性好的特定瑞兽祥禽和人物花草，有的还施以彩绘。撑拱后来又发展成体积更大的牛腿，进一步加强了雕刻的装饰作用（图3-146）。

撑栱、牛腿与雀替都位于建筑正面檐部，内外进出都看得到，是民居

图3-143
皖南宏村汪氏宗祠月梁

图3-144
苏州东山民居中的三幅云木雕：苏州东山怀荫堂（左）；苏州东山晋锡堂（右）

图3-145
民居雀替木雕装饰

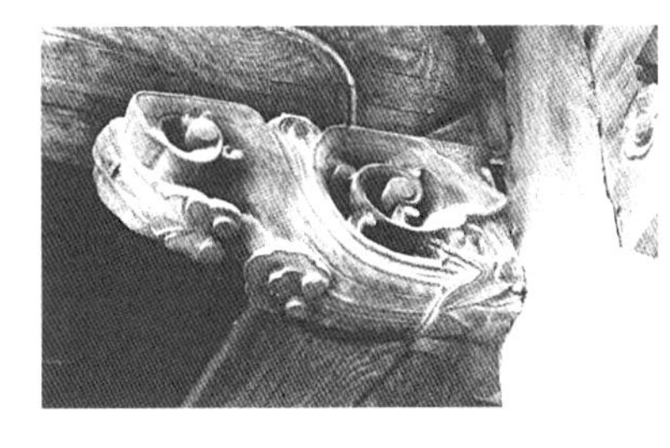

图3-146
民居撑栱与牛腿木雕装饰

建筑木雕装饰最为重要、最为显眼的构件之一，其饰纹多互有关联，形成统一的整体（图3-147）。

合楂。瓜柱（亦有称“蜀柱”“矮柱”“梭柱”，皆从其形）两边的合楂，往往雕有植物花卉或云纹。福建、广东地区的一些民居中，多有合楂雕作狮子卧伏在矮柱下，象征着对它的护卫，当地称作“狮座”。

驼峰。梁枋之间的垫木，因外形曲线形同双峰骆驼背，所以称驼峰，各地现存实物中，动物、植物和几何图案的形体都有（图3-148）。

猫梁。柱与梁或柱与柱间的斜撑木，栱背甚高，有的还在栱眼中刻龙头。

2. 小木构件雕刻

小木构件包括大木以外的所有其他木构件，主要有门、窗、栏杆、挂落、木隔墙、天花等。因其不需承重、直接近人、便于观赏，所以是木雕装饰的重点。

（1）门窗

门窗是传统民居建筑中木雕应用最集中的部品之一。绦环板、窗栏板、裙板上一般用深浮雕或浅浮雕刻画花鸟、人物、风景、场景等；格心栏杆多用透雕（图3-149）。

（2）栏杆

栏杆本为安全措施，因其位置近人、尺度亲切，所以也多做装饰。民居中常见的有平坐栏杆、靠背（座椅式）栏杆，这两种栏杆在宋代就有出现，多用于园林建筑中。靠背栏杆常见于亭榭建筑，平坐栏杆则多用在小型的曲桥和廊的两侧。栏杆中的纹案种类丰富，有万川纹、一根藤纹、整纹、乱纹、回纹、笔管纹等，其中万川纹最为常见。[1]如果栏杆作为窗下墙部分，则栏杆的花纹会与窗的花纹风格统一，整体视觉效果协调（图3-150）。

图3-147
徽州民居中檐部的雀替与牛腿木雕装饰

1 楼庆西. 中国传统建筑装饰［M］. 北京：中国建筑工业出版社，1999：91.

图3-148
驼峰

图3-149
民居木雕门窗

图3-150
南浔懿德堂木雕栏杆

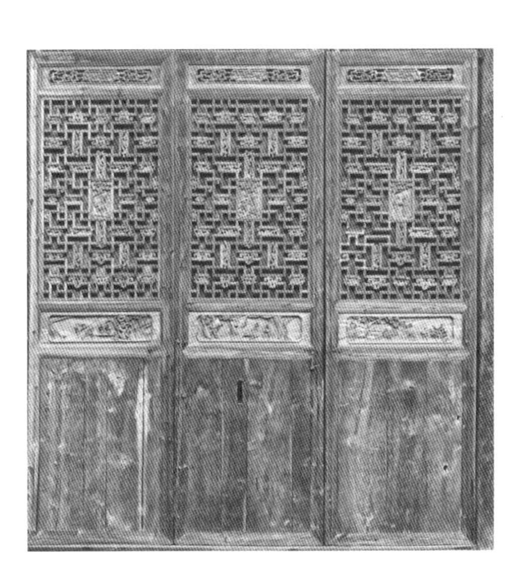

（3）楣子

根据其位置不同分为倒挂楣子和坐凳楣子。倒挂楣子又称“挂落”，安装于檐枋之下。坐凳楣子安装在檐下柱间地面上，除有丰富立面的功能外，还可供人坐下休息。楣子形式简单者主要采用棂条组成各种不同的花格图案，考究者则采用木雕透雕工艺，十分华美（图3-151、图3-152）。

图3-151
倒挂楣子

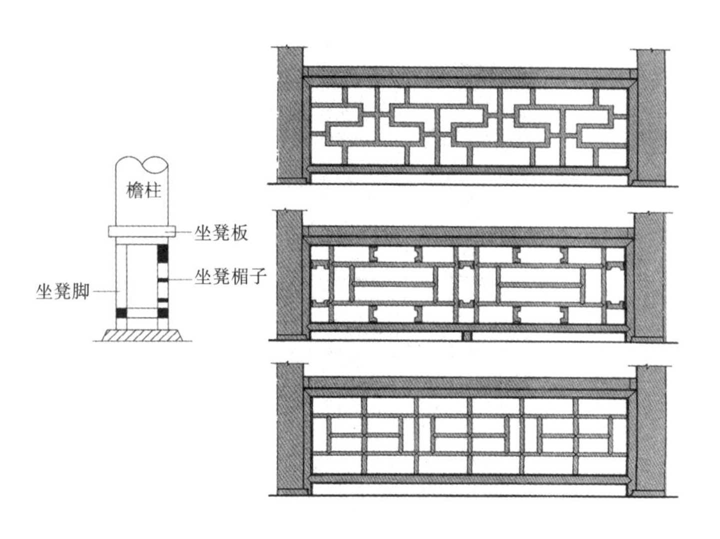

图3-152
坐凳楣子

（4）花罩与碧纱橱

花罩、碧纱橱都是传统民居建筑室内装修的重要组成部分，主要用来分隔室内空间，并有很强的装饰功能，做工十分讲究，雕饰华美。

花罩与挂落非常相似，主要区别在于挂落安装在室外，而花罩主要安装在室内梁柱间需要分隔空间处，因而其形式更为丰富和华美，从结构和位置角度有几腿罩、栏杆罩、飞罩、落地罩、落地花罩、炕罩等多种类型。其中落地罩又有许多不同的形式，常见者有圆光罩、八角罩等，装饰尤为繁复（图3-153、图3-154）。

几腿罩

栏杆罩

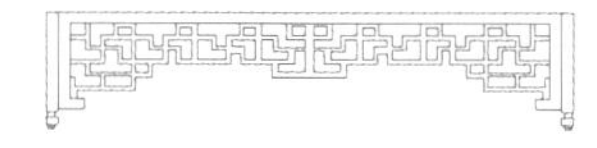

飞罩

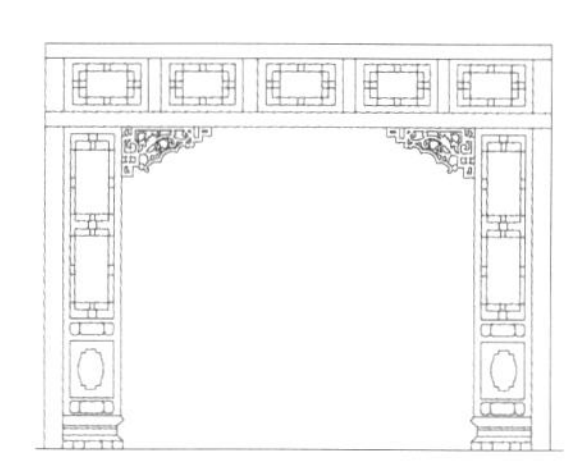

落地罩

图3-153
花罩的几种类型

图3-154
拙政园留听阁室内飞罩木雕装饰

碧纱橱是安装于室内的隔扇，通常用于进深方向的柱间，构成与门扇相似，起分隔空间的作用。碧纱橱隔扇的裙板、绦环上做各种精细的雕刻，装饰性极强（图3-155）。

（5）天花

建筑室内天花，宋代按构造做法分为平綦和平闇，明、清则分为井口天花、海墁天花，江南地区俗称井口天花为棋盘格顶。民居建筑的天花一般比较简单，少数高等级的民居建筑室内天花会做精美的雕刻，但不允许做藻井（图3-156）。

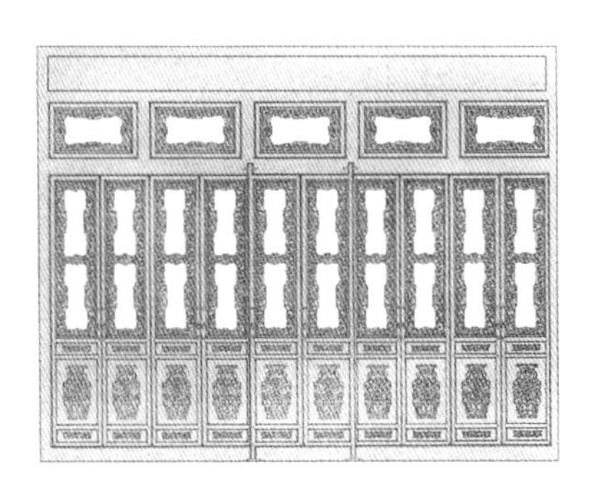

图3-155
碧纱橱

图3-156
东阳巍山镇史家庄花厅天花

（二）石雕

因石材风雪不惧、造型耐久，建筑外部和室内需要防潮耐腐的部位都常常使用石构件，因而石雕也是传统民居中常见的装饰手段。

传统建筑中石雕的常用工艺，主要包括剔地起突（高浮雕）、压地隐起（沿花纹四周斜着凿去一圈，花纹与表面平）、减地平钑（把花纹以外的地子均匀凿低一层）、素平（在平表面下刻阴线花纹）四种，偶尔也用圆雕如垂莲柱等（图3-157）。

石雕在传统民居建筑中的应用部位主要包括以下几类。

1. 柱础

从文字记载和目前发现的明器等实物来看，南北朝之前，柱础就是用来承柱的功能构件，装饰功能不显，形式比较简单素净。大约从北朝后期开始，柱础形制便趋向上圆下方的定式，上部呈覆钵形，石雕装饰也逐渐开始华丽。最常用的装饰母题是倒覆的莲瓣，似应受佛教文化传入的影响；其他植物纹样（如葡萄、牡丹等）亦有使用。宋代柱础的石雕装饰更为华丽多样，包含各种动植物、龙纹、神兽等题材。《营造法式》中记载柱础的做法有：素平（平面方石）、覆盆（方石上雕凸起如覆盆）、铺地莲花（雕莲瓣向下的覆盆）、仰覆莲花（铺地莲花上再加一层仰莲）；实际现存的宋代实物远远超过这四种式样，可谓五花八门、繁华精致。沿至明清，官式建筑的柱础一洗繁复之风而变得简洁，但在传统民居中，柱础的式样和雕刻装饰则更加百花齐放，题材自由（图3-158）。

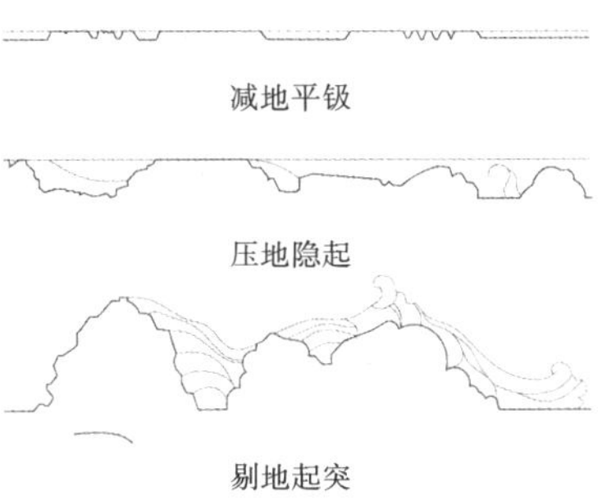

图3-157
传统石雕工艺

柱础的雕刻也有一定的应用区分。一般来说，建筑群组中轴线上主要厅堂的柱础比两侧厢房的柱础更为华丽考究；同一座厅堂内，金柱比檐柱的柱础更为考究；某些厅堂内部供奉祖先牌位，则供案前的柱础比其他柱础考究。

2. 门枕石

门枕石是建筑大门的一种构件，位置在门洞两侧垂直边框的下方，内侧承托门扇的转轴使之方便开关，外侧多做装饰，俗称“门墩”，宋代称“门砧”。[1]因位于一户的主要出入口，其形象得到户主重视，形式多样，不少实物雕饰繁华，各地自有习俗偏好。外侧装饰主要有以下类型（图3-159）。

石座形：这是最简单的一种门枕石形式，石座有高有低，也有做成两层相叠者，石座表面多以线刻或浅浮雕饰。

圆形石鼓：又称“抱鼓石”或“门鼓石”，由石鼓、鼓架和鼓座组成。石鼓本身就是一件圆雕，鼓面用线刻、浅雕、浮雕、高浮雕的都有，应用普遍。

狮子把门：因有守护神象征，狮子形象十分常见。富户多用，常用圆雕。

两种或多种形式的组合方式也常见，如在石鼓和石座上加狮子，狮子有的全身蹲伏座、鼓之上，有的只在座或鼓面上雕出狮子头。

3. 石栏杆

民居中的石栏杆较为少见，在高等级民居中或有使用。例如山西祁县渠家大院有一排石栏杆，立柱头上雕各式狮子，柱身满布深雕、透雕的植物花果、器物、回纹等；栏板用竹节形细棂分割，中心有透空雕刻的花卉华板（图3-160）。[2]

（三）砖雕

砖雕远比木雕耐久性好，比石雕则更易于加工，因而成为建筑装饰中最重要的形式之一，在民居建筑很多部位都广泛应用，常见于门楼、照壁、墙头、门头、栏杆、台座、屋脊等处。

砖雕的工艺手法十分丰富，有平雕、沉雕、高浮雕、圆雕、透雕等。早期是制坯塑型然后烧制成花砖（雕泥），水磨金砖技艺成熟后，广泛运用在砖料上雕刻加工的工艺（雕砖）。两种工艺在传统民居中应用都很普遍。

1 楼庆西. 砖雕石刻［M］. 三联书店，2004: 144.

2 楼庆西. 砖雕石刻［M］. 三联书店，2004: 179.

图3-158
民居柱础石雕装饰

图3-159
民居门枕石类型，自左至右分别为石座形、圆形石鼓、狮子把门、组合型

图3-160
山西祁县渠家大院石栏杆

1. 屋脊

民居屋面上的砖雕装饰多集中在屋脊、滴水、勾头等处。屋脊的装饰部位包括脊头、脊身、龙腰（正脊中间的装饰物）、戗兽，几乎全脊可饰。如用镂空砖雕做成镂空脊，而清水脊则是正脊两端部用花草或雉尾砖雕作装饰。

闽南地区的红砖民居中，脊头多有很夸张的起翘，并在翼角做植物或动物如鹅头、悬鱼等装饰，形成独特的传统民居地域特色。岭南广府民居中一些重要的厅堂建筑，正脊往往用极为繁复华丽的砖雕进行装饰。

2. 门楼

苏南、徽州等地的传统民居多用砖雕门楼（屋顶高出两侧塞口墙）或墙门（屋顶嵌于墙中，亦称为门罩），其中门头是砖雕装饰重点部位，尤其是从檐下到门洞上方的过渡部位，更是装饰华美，竞相斗妍。

以苏州民居为例，门楼或墙门的屋顶有人字坡、一面坡等不同的样式，其构造一般包括脊条、桁条、椽头、三飞砖（角线、托混、晓色）、靴头砖、定盘枋、将板砖、牌科（即斗栱）等构件，均为砖制仿木。檐口以下到门洞以上，有上枋、中枋、下枋、束腰、字牌、兜肚（位于字牌两侧）、垂柱、插穿（附在荷花柱旁边的装饰物）、挂落等部件。根据民居等级和主人财力不同，门头构件和装饰有简繁之别，但都尽可能饰以精美的砖雕（图3-161）。

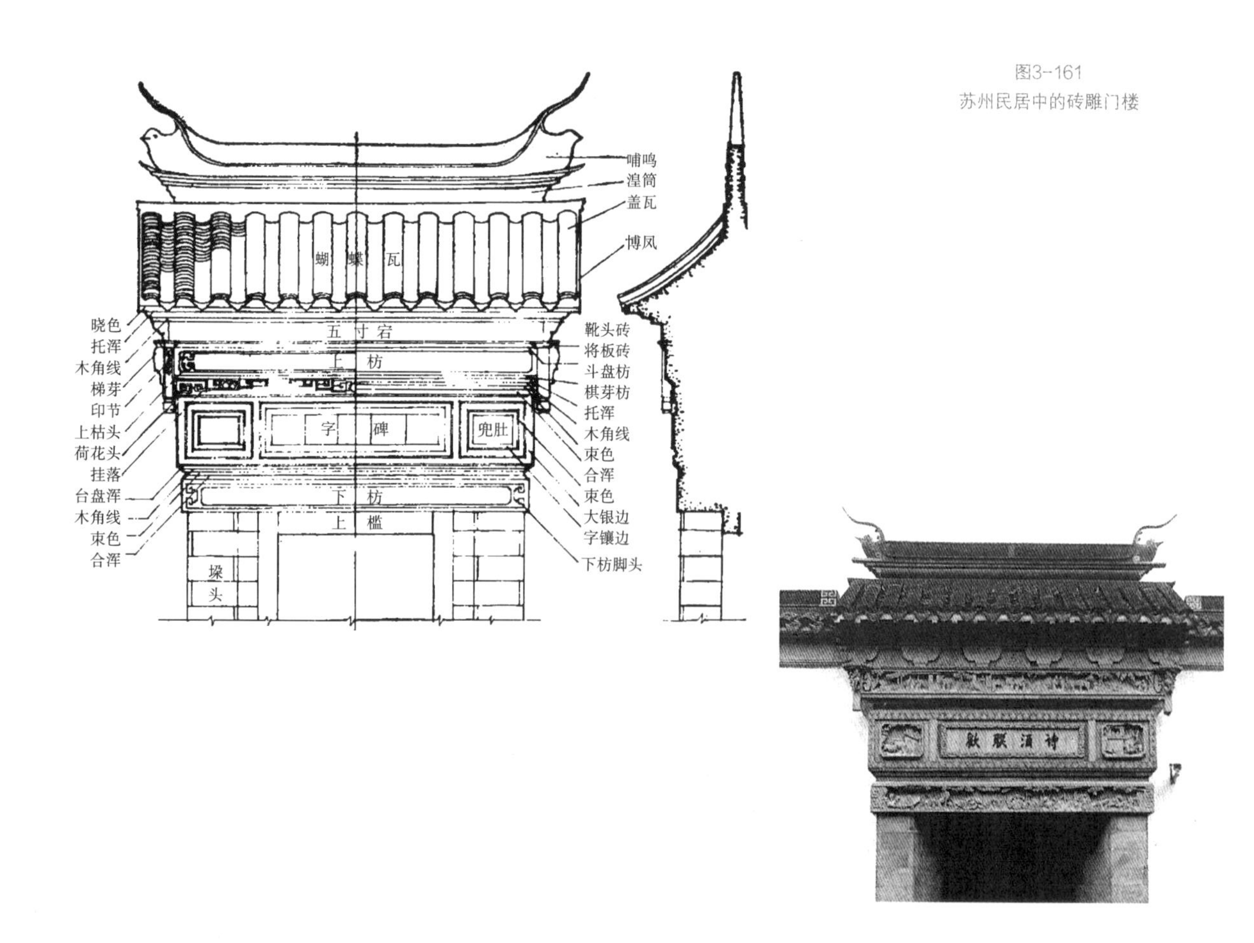

图3-161
苏州民居中的砖雕门楼

3. 墙身

墙身上的砖雕装饰大致有以下几个位置。

（1）槛墙

槛墙多用砖砌。较为讲究的北京民居中槛墙多在表面做海棠池子，更精致的是在枋内划分出若干矩形或各式小池子，在池内雕刻以花草为主要内容的图案；墙心部分，在中心和四角做砖雕，题材与外圈小池子雕刻题材相一致。也有仅在池内做雕刻，周围只做素面枋子（图3-162）。

（2）檐墙

北方民居背面（北面）的檐墙为防风考虑，往往封闭厚实，大片的砖墙面比较单调而沉闷。为了装饰这些墙面，常在砖墙上边沿着檐口加一排挑出墙面的砖雕倒挂楣子，下面为长条方砖拼成的梁枋，并用垂柱分隔，砖雕纹饰多为植物花叶和回纹，并有蝙蝠、文字等点缀其间。除挑出的倒挂楣子之外，其余梁枋、垂柱、雕花等都是用砖嵌砌在墙上，形成浮雕式效果（图3-163）。

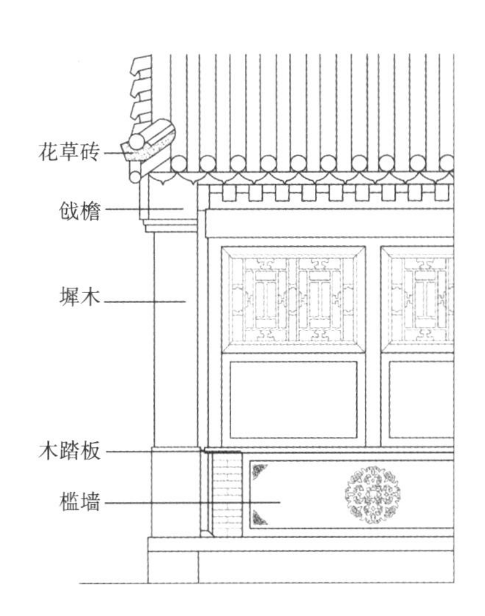

图3-162
北京四合院民居中的槛墙装饰

图3-163
山西民居砖雕檐墙装饰

山西等地的民居由于冬季保温要求，多在南面檐墙上开窗，窗间墙上做精美的砖雕装饰（图3-164）。

（3）山墙

山墙一般可分为下碱、上身、山尖三个部分。砖雕装饰大多集中在山尖部位（图3-165）。

（4）墀（chí）头

硬山屋顶的房屋，两侧山墙凸出檐柱以外的端头部分称墀头（又名腿子、马头）。[1]墀头是山墙的延伸部分，其下部同样称为“下碱”，中部为上身，上为盘头。墀头的装饰主要在两个部分，其一是在下碱正面顶角石，角石上多有雕刻；另一个集中在盘头部分，分为戗檐板（呈弧形，起挑檐作用）、炉口和炉腿（也叫兀凳腿或花墩）。戗檐板上多雕植物花卉，或成幅的人物、动物与器物的画面；炉口是装饰的主体，形制和图案有多种式样，往往雕刻极为华美；炉腿似须弥座，座分上下枋和中间的束腰，雕饰集中在束腰上（图3-166）。

（5）廊心墙

位于山墙里侧檐柱与金柱之间的墙体，也就是墀头里侧的延伸部分。廊心墙从下而上为下碱、廊心、象眼，廊心雕刻在四边砖套上做海棠池，内里雕花。民居中在廊心墙的位置用绘画装饰也很常见（图3-167）。

图3-164
山西常家庄园窗间墙砖雕装饰

图3-165
山墙山尖砖雕装饰

1 楼庆西. 砖雕石刻［M］. 三联书店，2004：66.

图3-166
民居墀头砖雕装饰

图3-167
廊心墙砖雕装饰

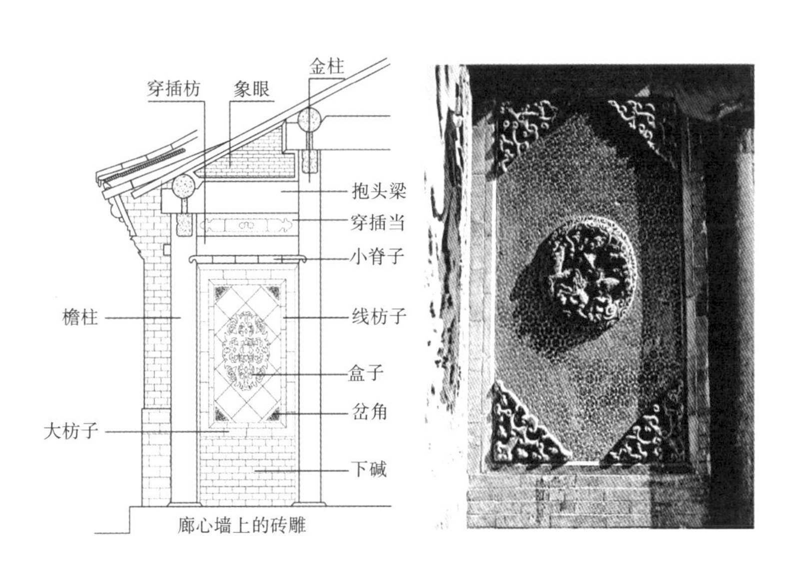

（6）影壁/照壁

从位置和作用区分，位于大门内起遮掩户内作用的称“影壁”，位于大门外并与大门正对、照应本户气派的称“照壁”，两者都是具有很强装饰性的独立墙体，照壁因位于户外而装饰尤多华美。通常由壁座、壁身、壁顶三部分组成，壁座一般用须弥座形式，也有简单的不做底座而直接拔地而起。墙身的中心区域称为壁心，简单做法不做装饰，通常由45°斜放的方砖贴砌而成，但也必须磨砖对缝非常整齐；豪华做法则装饰有很多吉祥图案（图3-168）。

（四）画饰

1. 彩画

建筑彩画是传统民居装饰的一个重要手段。彩画最初源于对传统木结构材料的保护性做法，后来逐渐由早期的单一防潮、防蛀功能发展出与绘画艺术的结合，形成建筑彩画。

历代舆服制度中，对彩画也有不同的等级规定。明代龙凤纹样只许皇家专用，皇室至平民的居住建筑彩画装饰至少划分了五等，民居中多为彩锦包袱布纹。到清代已有明显放宽，《大清会典》里记载：“公侯以下官民房屋梁栋许画五彩杂花”。太平天国管辖地区当时更加自由，彩画中多有人物、风景、故事等。

彩画在传统民居中的施用部位主要包括梁（含配件）、檩（桁）、椽等柱头以上的木构件，柱头以下的一般不施彩画。施画位置选择秩序视其公共性、重要性、中心性而定。例如一户住宅中，最重要的是正厅的正间

图3-168
北京民居砖雕影壁

正贴（正间两侧梁架），尤其是大梁（月梁）、正檩（桁），如施彩画，最简配置即是这三处位置，增施、满施时则是全屋彩画的主题、核心。梁檩一般用包袱彩画，三幅云等配件风格随梁檩，椽子用松纹彩画；一座建筑的彩画往往采用一种风格，形成图案和色彩都良好协调的一套画面（图3-169、图3-170）。

2. 壁画

传统民居建筑中壁画也十分常见，各地各民族民居中都广泛使用壁画进行装饰。其题材与民居中的雕刻相近，不外乎神话、历史、人物、故事、风景、花鸟、祈福寓意的图案，等等。

例如在徽州传统民居中，壁画多在建筑的屋檐下和门楼、窗檐上下，室内天花和板壁、门窗上亦较为多见。广东潮汕地区的民居在门楼、山墙、门楣、槛墙、厅堂屏风等处广泛用壁画，多用大红、黄、绿、蓝等较鲜艳的颜色，绚丽、明快、鲜亮而富有喜庆气氛。云南地区的白族民居亦喜好在外墙上施以壁画（图3-171）。

中国北方传统民居中常见一种壁画俗称“炕围子”，是为防止炕周围

图3-169
北京四合院民居彩画

图3-170
苏州民居彩画：明代（左）；清代（右上）；
太平天国时期（右下）

墙面脱落蹭脏衣服被褥而在炕周墙面涂高于炕面约二尺的“围子”。炕围画起于唐末，兴于宋代，民国时期达到鼎盛，融壁画、年画、建筑彩绘为一体，兼具实用和审美功能（图3-172）。

图3-171
潮汕民居壁画（左）；白族民居壁画（右）

图3-172
炕围子

第三节

匾额、对联

以文字为建筑装饰要素，在世界各地不同文化、民族的居住建筑中普遍存在，如欧洲文艺复兴时期府邸中的宗教经文、铭文，阿拉伯传统住宅中的《古兰经》经文等。而匾额、对联则是中国传统民居中独有的装饰部件和要素，鲜明地体现了中国传统文化的特色。

匾额最初的作用是标明所在房间或空间的名称。经过长期的发展演化，匾额又逐渐被赋予了表意、祈福、励志、装饰等多种功能，集文学、书法、雕刻、绘画等多种艺术手段于一匾，反映出户主追求、观念信仰、社会风尚等多方面的信息，具有十分丰富深厚的内涵，成为中国传统建筑的一种独特装饰构件。

对联的内容和风格基本从属于匾额，多对匾额内涵进行诠释或进一步发挥，其出现可能晚于匾额。从现存的一些古画来看，元代画家笔下的住家中堂只有匾额和中堂画，明朝唐伯虎、文徵明等苏州四才子时期的画面上则在中堂画两侧多有对联，此后基本成为江南地区乃至更广大区域的住家中堂布置的标配。

一、匾额、对联的安置位置

（一）正屋 / 正厅

正屋、正厅、堂屋是安置匾额、对联的首要场所。匾额对联安置在中堂部位——后排两根金柱之间，也有在前排的两根金柱或檐柱、廊柱的柱身上安置对联、在廊枋处安置匾额的做法，但不会取代中堂处匾额对联的首要地位。中堂的匾额多表达堂名或精神支柱、原则类内容，基本不换，对联有时可更新（图3-173）。

图3-173
宏村承志堂匾额与楹联

（二）户门

户门每家都有，早先门上多贴门神画，以祈驱邪保平安；大户人家有匾额，多示府邸名。宋代即户门上出现对联，至元末明初，春节在户门上贴对联已成为江南一带民众的普遍习俗；小户人家没有正规匾额，多以纸质横批配对联。

（三）书房

书房是读书学习、从事书画等活动的空间，与文学、艺术关系最为密切，因而也是悬挂匾额、对联的常见位置。理所当然，此处匾额对联的内容多为励志读书进取、抒发豪雅情怀、勾勒周边意境，以进一步烘托出场所精神。

（四）园林

中国传统民居中的私家园林是休憩游赏的专用性空间。能够拥有私家园林的家庭往往具有较强的经济实力、政治地位，其主人一般也具有较高内涵修养或较多文艺诉求。而且私家园林都是人工模仿自然的艺术作品，精心设计的环境和人工天然的美景本身就饱含了诗情画意，高水平的匾额、楹联可进一步强化园林的风景意境和文化内涵，起到画龙点睛的作用。因而在传统私家园林中，匾额和楹联十分普遍、多不可缺，内中不乏神来之笔。

二、匾额与对联的内容及其来源

传统民居中的匾额、对联的内容与其所在的位置、房屋性质有密切的关系。

（一）正堂匾额与楹联

悬挂在正厅、正屋、堂屋的匾额对联，一般不外乎以下几种内容。

1. 表明家族根源

中国古代社会是宗族社会，以姓氏组织、传承和凝聚家族是十分重要的做法。因而家族往往都具有特定的堂号。堂号匾是用来表明宗支、传承祖风的匾额，其内容多选用与自家姓氏相关的成语或典故，往往约定俗成，各家不会混用，有强烈的标志性。例如周敦颐的后代用“爱莲”为堂号匾额，以标示家族之源、彰显先贤风范、传承高洁之志。

2. 表达主人的持家理念或是安身立命的世界观

正厅的匾额楹联内容基本都代表了户主的价值取向、情怀和向往，家族的持家理念、传承精神也常在匾额楹联中标出，以时刻警醒后辈。例如，江南传统民居中常见“耕读持家”的匾额，突出体现了传统农业社会的持家理念；河南康百万庄园的“留余”堂匾，取留耕道人的名言告诫后代凡事留有余地；“在中堂”匾为平遥乔家堂号，三个字点出了信奉中庸、不偏不倚的处世哲学；西递民居履福堂厅柱楹联为“几百年人家无非积善，第一等好事只是读书”，中堂楹联为“孝悌乃传家根本，勤俭是经世文章”。此类楹联都有着重要的教化作用。

3. 彰显家族历史地位或褒扬主人功绩

常见的匾额内容如“世德流馨”“藻耀高翔”等，都是夸赞家族历史悠久、家风高洁、人才辈出、文采卓著之意。例如安徽瞻淇村汪廷栋故居大厅上悬挂“泽洽河湟”匾，赞颂光绪年间汪氏在陕西省水利总局提调任上时，在治水方面的建树（图3-174）。

4. 祈福或表达愿景期望

传统民居正厅的匾额，除了三字匾多为堂名外，二字匾如“凝瑞”“挺秀”“元吉”等，四字匾常用的如“萱堂春永”“福寿山海”“松操鹤算”“雁字鹤龄”“观国之光”“懿行延龄”“慈竹荫长”“寿齐松鹤”，等等，均表祈寿、祈福之意。[1]

（二）其他房间的匾额与楹联

民居中其他房间的匾额、楹联的内容更加广泛，风格更加灵活，一般多与所在房间的性质功能相匹配。如安徽宏村某宅内有匾额“排山阁”和“吞云轩”，前者实为麻将室，后者则是吸烟所，构思巧妙，表式斯文。

书房一般是民居中匾额、楹联最集中的场所，因为它本身就是一个文化功能突出的空间，主人必然希望通过匾额或楹联彰显自己个性化的情怀、理想、喜好和追求，故而书房的匾额楹联内容最为丰富。

（三）私家园林中的匾额与楹联

这类匾额楹联多是凝练、彰显建筑和周边风景特色，点出和提升环境特点和居者意境，主要有以下三类内容。

1. 概括建筑与环境的特色

如苏州留园中的“闻木樨香”点明了建筑周边遍植桂花的特点，“古木交柯”则取自庭院中相互交错纠结的一对古柏和山茶（图3-175）。

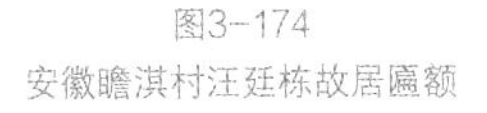
图3-174
安徽瞻淇村汪廷栋故居匾额

1 罗冠林. 匾额文化与传统民居环境［D］. 湖南大学，2008.

2. 丰富建筑与环境的内涵

如拙政园中的“与谁同坐轩”，筑于小岛的东南角，背衬葱翠小山，前临碧波清池。其提名来自苏轼名句“与谁同坐，明月清风我”，既点出了建筑周边的环境特色，又抒发了主人卓尔不群、寄情山水的浪漫情怀，大大丰富了建筑与环境的内涵（图3-176）。

图3-175
留园“闻木樨香”

3. 扩展时空意境

此类手法是在高度概括周边景观特色的基础上，进一步联想铺陈，使文字意境从现状有限的空间得以极大扩展，创造出辽阔深远的艺术境界。如留园有楹联：“迤逦出金阊，看青萝补屋，乔木干云，好楼台旧地重新，尽堪子敬清游，元之醉领；经营参画稿，邻郭外枫江，城中花坞，倚琴樽古怀高寄，想见寒山诗客，吴会才人。”拙政园倚玉轩楹联为“从北道来游，花月留题，寄闲情在二千里外；占东吴名胜，亭台依旧，话往事于三百年前”。

图3-176
拙政园“与谁同坐轩”

（2）中国传统民居是在『营造』的理念引导下形成的，并非明确区分先规划、再设计、后施工等现代建设程序；传统匠师也不等同于现代的规划师、建筑师、工程师、建造师。两种方式区别的根本原因在于小农经济和工业化的生产模式不同，而优劣则各有长短、各有适宜。与现代方式体系相比，传统的营造过程和执行主体有较强的综合性和融合性，是传统民居特点形成的重要影响因素。

（3）使用『营造』理念意在提示、承接前三篇的内容，强调中国传统民居有自己的营造语言系统和表达方式，应当在现代的相关规划设计活动中注意识别、利用和衔接，使之得到正确传承，并择优、择宜予以弘扬。

（4）传统民居的特征既基于主动『营造』，又源自客观条件而形成。因此，传统民居体现出明显的地方规则、文化习俗和价值倾向，其强烈的在地性又滋生出丰富的多样性、特殊性，形成完整而协调的系统。然而，营造技艺多师徒相授、口手相传，以现代术语和标准去评价也就产生了无法避免的模糊性。当今进行理论探讨和付诸实践，只能择要、择重、择优，在实际运用中应该重点关注：现代系统与传统系统的对接，主观意识与客观效果的对接。

从现代专业术语角度，本篇探讨的理念方法主要属于规划、设计部分。

第四篇

中国传统民居营造理念与方法分析

古代中国，『营造』一词可指建筑工程及器械等各种制作事宜。就《周礼·考工记》"匠人营国"所载内容而言，营造的对象主要是城市与建筑；刊行于北宋年间的《营造法式》中『营造』已成为具有全国性规则的重要行业，包括建筑、村镇乃至都市的各项建造工作，对应现代，可涵盖建筑、规划、景观等专业，以及规划、设计、施工等全部过程。

本篇内容是探讨中国传统民居的规划设计理念与方法，但篇名取"中国传统民居营造理念与方法"，以『营造』代指"规划设计"，原因出于以下几点考虑。

（1）研究传统首先要尊重传统。中国古代称『营造』，实际上融合了现代专业术语中的规划、设计和施工等内容。本篇用传统用语『营造』，试图更准确地阐述传统理念、表达传统习惯。

第一章

基本理念和特色

中国幅员辽阔，气候、地形差异大，不同地区、不同民族的民居源于对不同环境的应对，因此各地民居最初差异较大。就其营造理念总体而言，中国传统民居的特点，来源于对自然的理解交融，适地性的独特表达与处理，建筑单体的结构、构造特征；并在此基础上，与社会制度、社会关系、文化习俗和工艺技术相互渗透融合，形成了中国民居的基本理念与特色。其中，顺应自然、因地制宜、保护生态、利用环境、就地取材、节能减排和虚实、光影、借景、空间处理等的现代规划设计理念和手法，都可以从中国传统民居营造中溯续到饱含中国传统文化特色的源头。

第一节

人—天关系

古人眼中的“天”，是可感可闻的风雨雷电，是可望而不可即的日月星辰。除了风雨温度等客观因素外，人—天关系，是人类自然观中最基本也是充满无限想象、最神秘的部分，因此也是中国传统民居营造理念中朴素甚至玄奥的部分。

一、“天人合一”思想

中国传统民居营造的根本理念可概括为“天人合一”四字，这也是中国传统文化的终极理想。《老子》云：“人法地，地法天，天法道，道法自然”。“道”强调人与自然的协调，在道的基础上达到天人合一,一方面表现为顺应自然、亲近自然，另一方面则表现为合理利用自然、借鉴自然、融入自然，即所谓“顺天应人”。

中国传统民居建筑中，灵活地运用窗扉、户牖、廊道、墙体等，进行室内外空间的渗透、联系，巧妙地因借自然和环境美景，内外相生、相互渗透、步移景异，使人方便地感受到与“天”的联系、与自然的联系。

就建筑布局而言，堂前屋后多有庭院，如北方的四合院、南方的天井、云南的“一颗印”、新疆的“阿以旺”等，都是院落式民居的代表。北方庭院便于普受阳光，南方庭院兼顾遮阴理水，都是人们在面对不同自然条件时采取的不同适应方法。因应自然、天人合一是中国传统民居形式多样化的重要源由。

二、阴阳平衡思想

在中国传统民居中，人与自然的关系也被体现为“虚实”关系，建筑为“实”，庭院为“虚”。不求单体之巨、而重院宇之合，虚实结合、阴阳交互，最终形成了合院式为主体的中国传统民居形态。而将建筑之“实”与庭院之“虚”并重的思想，来源于“周易”的阴阳平衡观念。

周易即《易经》，被誉为“百经之始”“大道之源”，融和了阴阳、五行、八卦等中国古代主要的哲学观念，是中华先民朴素的自然观和宇宙观的集成，发展成一种独特的自然哲学与人文实践理论，涉及社会生活的方方面面，也对中国传统民居的营造起到了广泛深远的影响。

“实”为“阳”，“虚”为“阴”，虚实一体，“周易”以卦象和爻辞解释天地万物。中国古代民居建筑的朝向、开间数量、门窗排布等营造也往往离不开阴阳五行观念的指导或影响。有的民居、村落甚至以五行八卦作为基本结构，更从形态上直接将“五行”“八卦”用于村落民居的布局。这既反映了民居营造者对“周易”思想的崇拜，又是原本源于自然的“周易”思想在民间逐渐观念神化、应用世俗的现象。

第二节

人一地关系

不同于神秘莫测的“天”，“地”是伸手可及的环境，是可耕作、可利用的自然。在中国传统自然观中，人—地关系更多地体现生存与发展，更加实际与理性。

一、“因地制宜、顺应自然、趋利避害”

古代建筑营造的首要问题是选址，传统民居营造中的堪舆、相地是最基本的人—地关系，即所谓“因地制宜”。

《道德经》云：“万物负阴而抱阳，冲气以为和”。对民居营造而言，意即需要在自然的阴阳中选择平衡阴阳的适当位置，具体而言则是“负阴抱阳、坐北朝南、背山面水、左水右阜”等原则。

传统民居营造有“阳宅十不居”的说法，即“凡宅不居当冲口处，不居寺庙，不居近祠社、窑冶、官衙处，不居草木不生处，不居故军营战地，不居正当流水处，不居山脊冲处，不居大城门口处，不居对狱门处，不居百川口处”。这些口诀式的原则，大多是常年生活居住体验的营造经验总结，是对地形、地貌、气候等自然条件和环境条件的主动顺应。而现代居住规划设计的相关选址基本原则所遵循的科学、心理等理念，多与传统民居营造的选址准则内核恰相符合。

一般情况下，中国传统民居营造会因地制宜利用现状地形地貌，避开不利地形地貌，也有对自然环境进行适当改造，例如抬高基址、修建河渠、增加植被等。

二、适应自然的结构与形制

梁思成先生提出：“建筑之始，产生于实际需要，受制于自然物理，非着意于创新形式，更无所谓派别。其结构之系统及形制之派别，乃其材料环境所形成。”传统哲学思想理念虽然对住宅建筑产生影响，但本质上还是气候、环境地质、建筑材料等因素对地区的住宅形制和特点起着决定性作用。

我国幅员广阔，地域之间的相关条件差异很大，传统民居空间的形成既受到“天人合一”“阴阳和谐”等观念的影响，同时也包含了不同地域的先民们“因地制宜”、利用和适应当地自然环境条件的智慧。

如苏州传统民居冬季背风朝阳，夏季迎风纳凉，适应河网地形，枕河而居、掘池引水，且发展出艺术高超的园林布局；徽州民居适应丘陵多雨，高墙深院、以天井集水拔风（图4-1）；川贵山地民居则多穿斗木构，结合坡地平面自由、朝向不定，建筑随坡层层拔高，为防山风斜雨而出檐尤大，屋面前坡短后坡长。

三、风水堪舆观念

传统住宅的人—地关系，是古人经验的累积，在这个漫长的过程中，既总结出“阳宅十不居”这样显而易见的常识，也形成了厚重晦涩的“风水堪舆”观念。

司马迁和班固认为“风水堪舆”乃由汉以前占卜之术传承分化而来，东汉王充《论衡·讥日篇》则评论：“《堪舆历》，历上诸神非一，圣人不言，诸子不传，殆无其实”，认为其多属无稽迷信。

堪舆之术从汉代起即在民间广为传播，晋代郭璞对风水进行了比较详细的记载。总体而言，风水可分为形法（形势）与理气两大派系。形法派推重地形环境，以觅龙、察砂、观水、点穴、取向等方法辨方正位，对自然环境的认知和利用不乏科学因素，多用于城邑、住宅选址。理气派则重八卦推演，依托阴阳、五行、八卦等学说，用风水罗盘推算五行八卦九宫等，多用于“宅内形”（住宅的形体与结构布局）。如《黄帝宅经》（约成书于宋代）开篇即言：“夫宅者，乃是阴阳之枢纽……非夫博物明贤未能悟斯道也。”

中国古代民居营造中，源于周易的堪舆风水习俗，基本可以分为两大部分内容：较为客观的“方位”和偏于主观的“其他”。方位又可以分为“方”和“位”，其中“方”是方向、是轴线，主要依据自然地理、气候等客观条件的经验积累；“位”是位置、是节点，更重要、更本质的是相关关系，主要反映本体与周边和相关建筑物的礼仪等级关系，也包括与周边和相关自然地形地貌的关系。而“其他”部分则多是主观的心理表述，或是在很多不同条件、场合下随机应变的诠释。

由此可见，风水堪舆既含有对自然中物质宜居条件的观察与适应，也有当时美学价值观的影响，因此，风水堪舆是朴素唯物主义、社会礼仪道德与神秘主义的结合（图4-2）。然而，由于缺乏系统的科学理念和方法，同时也出于风水师的经营需要，其朴素唯物主义的核心往往被神秘主义的迷信传说所掩盖和稀释。

图4-1
徽州呈坎民居天井

图4-2
宏村村址与周边山水环境的和谐关系

第三节

人一人关系

人一人关系是社会关系在民居营造中的直接体现，它对住宅建筑的排布和尺度的规制秩序、对独特的中国传统民居布局和营造形制起着非常重要的作用。

一、礼制和宗法

礼制等级和宗法伦理思想，深深影响着中国传统民居的建筑布局和营造规格。

《周礼·考工记》“匠人”载：“匠人营国，方九里，旁三门，国中九经九纬，经涂九轨。左祖右社，面朝后市，市朝一夫。”并对公、侯、伯等各级封国城市的规模、道路的宽度等，按照七、五、三等阳数（奇数）做了相应的规定。可以看出西周时期已对城市的形式、规制、方位都有了明确的制度，而在居住建筑中同样也遵循标准化的礼仪和等级制度。礼仪制度对应在建筑上体现的是秩序和规范性，建筑作为“人伦”的物质载体，也承载了教化的意义。在传统文化的影响下，传统民居呈现出以“人伦”为重要依据的空间逻辑，这一点与现代建筑设计强调的功能性有明显不同。

二、和谐思想

“和谐”是儒家的重要思想观念。中国传统民居中重视礼制秩序，同时也重视总体、群体的和谐。

中国传统民居的等级差异是在一个相对和谐统一的系统中完成，主次的对比相对并不强烈。同一处民居中的建筑，其营造方法与材料大多统一，等级差异一般通过开间数量和宽窄的不同、檐口的高低、装饰质量和饰纹等差别来体现。而次要建筑与主要建筑的联系相对紧密，也是民居布局中不可缺少的元素之一。

传统民居中由礼制、宗法规定的等级差异，与民居建筑的构造、材料、色彩、布局的相对统一，正是中国传统文化中“和而不同”理想的直接表现。

第四节

基本特征

中国传统民居的基本特征，可以概要归纳为五个字：中、层、曲、度、制。

一、“中”

（一）中心——全户统领

中国古代社会具有单极化特征，帝王是社会的中心，首都是国家中心，宫城是城市中心，宫殿又是宫城中心。古代社会家国一理，传统民居也是中心性结构，类同帝王宫殿，民居也大多有单一的礼仪性、公共性中心，这个中心是户内议事、礼仪、祭祀、交往等重要活动的场所，如合院的大厅、围龙屋的“龙堂”、排屋的“祖祠”、侗族民居的“火塘”等。

“中心”是民居礼仪或崇拜仪式的中心，是民居的全户统领。在简单布局结构中，其位置往往也是民居建筑群体的几何中心（图4-3）。

（二）中轴——核心架构

中轴其实就是中心礼仪活动所必经和汇聚的线路。礼仪秩序贯穿中国封建社会的始终，使得中国传统建筑群多具有强调中轴线、强调整体等级秩序的特点。“以多座建筑合组而成之宫殿、官署、庙宇、乃至于住宅通常均取左右均齐之绝对整齐对称之布局。庭院四周，绕以建筑物，庭院数目不定。其所最注重者，乃主要中线之成立。一切组织均根据中线以发展，其部署秩序均为左右分立，适于礼仪之庄严场合；公者如朝会大典，私者如婚丧喜庆之属”[1]。

这种秩序贯穿于中国大多数（汉族为主）传统民居的营造，在院落、庭院组合中形成纵深的中轴，以中轴为基准，左右延伸，一系列轴线将建筑空间组织得井然有序且变化丰富。

当受地形或其他因素制约、建筑群组合不能一轴到底时，往往采取折线或一轴分为两段平行的布局。在这类情况下，保持每段中轴的中心性，而以各段的功能相关性表现出中轴的连续性和整体性（图4-4）。

（三）对称——阴阳和谐

中轴将场地分为两半，这两个部分，形状相似而又相反，恰合“阴阳”。与阴阳和谐的原则相合，如“晨钟暮鼓”，就是对称而不同的两个空间节点；传统民居的中轴两侧，也往往是相似而不相同。相地原则中“左青龙、右白虎，上玄武、下朱雀”的表述，即说明中轴两侧具有不同的特征才符合自然。

这种“和而不同”的对称性，基于中心与中轴的礼制化、规则化，但也考虑自然环境的多样性与复杂性，在“中正”与“和谐”间灵活创造出中国独特的自然观与传统文化。这种“和而不同”的对称性，在民居庭院中就更加灵活宽泛：庭院营造中往往改“直”为“弯”，以“曲”与“直”的变换组织来创造更加方便生活、符合自然的对称与和谐。

1 梁思成.《梁思成文集》第三卷. 北京：中国建筑工业出版社，1985：10.

二、“层”

中国传统民居的“层”，是民居从“中”而外，径向、横向拓展的过程，具体的空间拓展形式有——间、屋、院。

在中国传统建筑单体中，面宽以“间”的数量计，反映了建筑的气派，因此“间”是传统建筑中最基本的等级要素。

“间”是建筑的基本单元，组合形成单体建筑——屋；房屋围合分布就形成了“院”；院落根据环境和需求组成群体院落。规模大的传统民居还可能横向拓展“路”，形成新的次要轴线。

历代《舆服志》对单体建筑的间数、架数和尺度多有明确的规定，在间的大小、屋的高低都被明确限定的情况下，中国民居建筑的规模与功能的扩展，是通过相同要素的组合，形成“间—屋—院”的层级生长来完成的。

图4-3
鼓楼是肇兴侗寨的中心

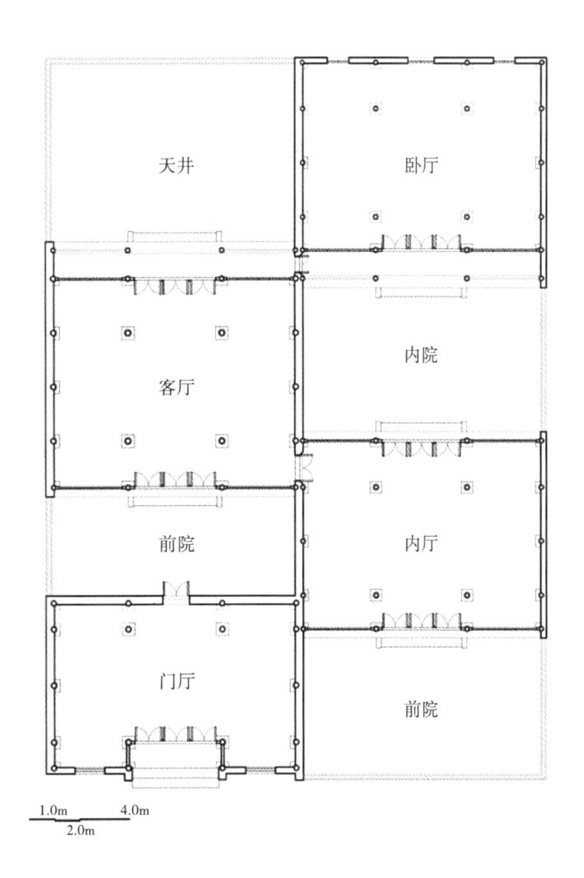

图4-4
一轴两路一层平面示意图

这样的层级扩展，可以是轴向的和径向的。轴向即沿中轴线排列或在中轴线两侧的“屋—院—屋—院—屋”的序列，这也是大型民居最常见的组合形式，最终形成若干平行轴线的院落组合。而径向扩展的层则较为独特，多以若干同心轴线的叠加，通过回廊、院墙或围屋，形成由内而外、由小至大的层级“屋—院”，这样的径向扩展以围屋、土楼为典型代表。

三、“曲”

中国传统民居中，除了“中”和“层”体现出的轴向、线性的秩序性，还有非秩序的“曲”的特点。《道德经》有言：“无平不陂”，这是对自然规律的朴素而充满智慧的认识，所有的秩序都由非秩序组合而成、所有的直线也是由无数的弯曲组合而成——这样的自然真谛是现代离散数学才能够科学阐释的。

中国传统民居的“曲”最突出的体现显然是私家园林，这是传统民居对自然规律认知的最高妙展现。“天人合一”在园林中，通过有意识地改变普通民居基本日常生活居住部分的中、直而展现。这种“曲”，建立在古代文人对自然的细心观察和抽象体会之上，表现为空间布局、轴线、边线的流线化、生长性。

而另一些“曲”则源于对自然雨雪、气候、材料特性的提取或利用，表现在民居某些局部构建形状——部品和构件的“曲线化”，如凹曲屋顶、圆形毡房、云墙、蝴蝶瓦件、窗格等。

还有一些“曲”则源于对视觉美学效果的追求，表现在民居建筑的细部做法、技法方面，如檐口和屋脊的升起、柱子的侧脚、墙体的收分等（图4-5）。

四、“度”

中国传统民居的成熟特征还表现在度量方法的统一与专用。

传统民居“度”的主要代表是由匠人归纳整理的一系列标准，这些标准一般都是由提炼主要建筑材料的关键特性而形成的，其原则是材料作用的代表性和普遍适应性，以便于作为行业通用标准。例如木构建筑的“材”尺度：《营造法式》规定“凡构屋之制，皆以材为祖。材有八等，度屋之大小，因而用之”。即将系列构件按其截面的高、宽各分为八等，根据跨度的大小选用。这种“材”的尺度一定是由可以大量、稳定生产的材料来源所决定的。清《工部工程做法则例》也循其原理，只是将“材”改为更加简洁的“斗口”（图4-6）。

而主要建筑材料不同的其他民居类型也有其相应的尺度标准。例如窑洞民居的房间尺度是由土质地貌的力学特性所决定，先民们经过长期的尝试后，明确了较为稳固的各类窑洞空间，从而形成一套匠人口手相传的窑洞尺度。

“度”是传统营造对地形、气候、材料等自然要素的主动适应，是传统民居营造专业化的必然产物，也会随着材料来源、工艺的改变和时代的发展而演化。

五、“制”

传统民居的“度”是专业化营造活动的需要，是匠人以实用为原则直接制定的。相比而言，中国传统民居的“制”则是以礼仪文化或政治目的为原则，由管理者硬性规定或使用者约定俗成，创造出的一系列规则。

舆服制度就是一种由国家权力机构规定的“制”，其时间自西周至明清止，其限制对象从衣饰到车马、建筑不一而足。“制”最为严厉的明初，甚至严禁庶民厅房面宽逾三间，到明中叶，三间的限制才逐渐松弛。这些制度初始依靠国家权威执行，某些部分后来也逐渐演变为传统居住习俗。而另外一些民间流传的“制”，如住宅朝向、户门位置，阳宅用奇数、阴宅用偶数，绿植的品种选择、搭配和方位，等等，则是传统文化长期潜移默化而形成的传统居住文化习俗。

这些制往往是传统民居营造中具有决定性意义的规则，共同形成了中国传统民居独特的形态与规模。

图4-5
壶镇九进厅月梁

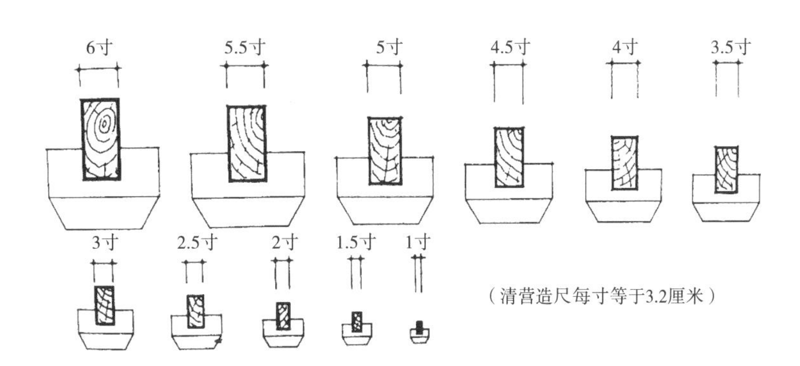

图4-6
清代斗口

第二章

规划原则

民居聚落的发展过程往往遵循着适应环境、因地制宜的朴素自然观。“境”“地”千差万别，中国传统民居聚落在形态、规模、界面等方面由此而随之多样化。本章择要分析影响聚落形成的基本要素、规划结构、轴线和聚落形态。

第一节

基本要素

中国传统民居具有鲜明的多样化特征，无论是合院式、干阑式、“阿以旺”、“一颗印”，还是土楼、毡帐、碉楼、地坑院等，都是不同地区、不同时代民居的具体形式。总体而言，传统民居营造的规划基本要素大致有以下四个方面。

一、相地理水

相地理水，是传统民居营造中最基本的规划原则，是民居处理人与自然关系过程的首先环节。传统民居以“天人合一、阴阳和谐”的总体原则为指导，通过对自然的细微观察和经验积累，发展出因地制宜、堪舆风水等科学依据与美学观念、生活习俗相结合的规划选址方法，既反映了精神层面对自然的敬畏，也从实用的角度解决了生活、生产、交通等实际问题（图4-7）。

二、使用需求

民居的发展基于其使用需求的变化。

以血亲为主的传统社会中，家族宗族聚居、生产自给自足，民居聚落的基本规划结构大多是以宗祠为核心的布局，既便于组织农业生产又有一定的对外防御性。由于封建时代社会动荡的频繁，这是最初也最常见的民居规划形式。

而在社会稳定时期，手工业与商品交换成为社会发展的更高动力，民居聚落的规划随之改变，出现沿路、沿河及其他形态丰富多变的布局；居住建筑也出现前店后坊、下店上宅等多种新的空间组织形式。

传统民居营造的规划形式演变主要来源于这样几个因素：经济形式、社会结构的基本和直接的推动；文化传播、美学观念的影响；而主要建造材料的选取、堪舆风水的个体解读，也会对传统民居的规划产生千变万化的作用。这些因素的共同作用，产生了中国传统民居中体现地方性与时代性的多样化特点。

三、礼仪规则

中国在汉代之后的大部分时期保持了相对完整的大一统，也维持了相对稳定的民族认同与文化认同，这使得中国传统民居在丰富的变化中保持着统一性与制度性的特征。

这种统一的制度性特征，体现在传统民居的规划理念、生活习俗、社会风尚、行帮技艺等营造手段的统一。其重要前提显然是中国延续两千年的大一统国家政权与稳固的土地私有制度。尽管在一些商业经济发达的集镇，也出现部分径向、开放性的传统民居布局，但土地私有、住户自建、以宗族礼法为核心的基层社会结构是绝对主流，“中心”“中轴”是传统民居营造中最基本的规划原则。

相对稳定的民族与国家推动工匠的职业化，也推动材料、工艺的标准化，这是“度”的统一；而舆服制度则给统一的“制”以有力的推动力，使得传统民居在多样化的表征之下，更有内在统一的“制度”性。

四、材料与营造

中国幅员辽阔，传统民居建造材料来源广泛，不同民族在不同地区分别有夯土建筑、竹材建筑、石材建筑、毡材建筑等独特的民居营造方式，而大部分中原和沿海地区民居则以砖木为材料，并使砖木最终成为中国民居营造的基本材料。

中国传统民居还具有相对固定的营造方式，一般选定建宅场地后，即根据礼仪规则，确定轴线、中心，进行民居建筑的排布；对应于具体环境特征，有时甚至包括姓氏利弊、家族信仰等要素，采用相应的堪舆风水方法作调整完善。这样的程序化、标准化的营造过程，也是中国各地传统民居虽距离遥远却总体特征相对一致的重要原因。

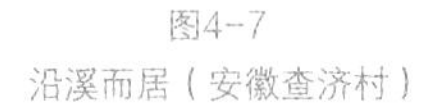

图4-7
沿溪而居（安徽查济村）

第二节

规划结构

一、单元功能组织

从居住建筑角度，传统民居的最小单元是“户”而不一定是“家”。

“户”与“家”的社会结构区别在于：户内是一家人——“不是一家人，不进一家门”。一个核心家庭可以是“户”，此时“户”就是“家”，“家”就是“户”，即所谓“独立门户”。“户”也可以包含若干个小家庭——核心家庭共同组成，通常又称为“大户人家”，此时的“家”就不是“户”。

在传统民居建筑中，“户”对外是围合的，无论规模大小，一户一套礼仪系统及其建筑空间布局，最主要、最鲜明的就是一条主轴、一个中心。当然，系统的简繁朴华可随户的规模和能力而定。这是中国传统民居特别是主体传统民居的最基本规则与空间特点标识。

除了等级制度、礼仪习俗外，民居单元的组织主要受两个因素影响：生活需求和住宅用地条件。

生活需求在传统民居营造中体现为人口规模、经济状况以及住户偏好等方面。住宅单元规模一般对应于人口规模的需求，经济状况制约着住宅单元的材料、质量乃至规模等，住户习惯和户主个人的文化修养、审美偏好等，也会对民居单元的组织产生重要影响。

住宅用地一旦选定，用地的规模、形状和区位的交通、环境条件等，即影响甚至制约着民居单元的组织。因为传统社会中的土地制度影响，加上经济能力的大小、用地位置和规模的选择自由度、优先权等区别，居民住宅用地条件的差异相当大，由此也给传统民居的多样化、个性化提供了发育的土壤。

二、聚落结构组织

聚落的形成受地形地貌、产业类别、文化习俗、风水观念等多种因素的影响，呈现多样化的组织方式。古代因交通运输的主要方式是水运，生活生产的主要水源是河流，所以聚落多“城濒大河，镇依支流，村傍小溪”，对水源、水网的依赖一直贯穿聚落的整个发展过程，也体现在聚落结构的组织上。因此河流、湖泊等水源对于聚落的形成和发展产生了初始的影响。

总体而言，聚落组织可从地形利用和布局结构这两种角度进行分类。

从地形利用角度分析，聚落主要分为平原、水网和山地等三大类地貌状态，每类地貌状态都创生了丰富多彩的聚落结构形式。

平原地貌筑路方便，民居聚落多为以点及面的平行扩张；水网地区民居聚落则以水陆交通为发展轴，形成沿水陆交通线路交错的网状布局；山地聚落同样与交通路线关系密切，在丘陵地带形成网络点阵聚落结构，山坡地带形成沿等高线带状聚落结构，山脚则多为沿溪流放射状聚落结构。

从布局结构角度分析，聚落结构具体类型纷繁复杂不胜枚举，归类划分则有集中、组团、条带、放射和象征五种典型形态。

其中，集中型是指以一个或一组核心建筑或空间为中心，紧凑集聚布局的内向性空间；组团型是指受地形、道路、河流等自然条件影响或土地权属限制而形成空间相互独立、道路连成一体的多组团布局结构；条带型是指随地形地貌或流水方向顺势延绕而成的线形布局结构；放射型是指以一个或一组核心建筑（多为宗祠或庙宇等）或公共活动场所（多为广场、池塘）为中心，顺应地形变化呈放射状外向延伸布局；还有一些象征型聚落则模拟某种自然物体或意形，而形成具有隐喻意义的布局结构，典型的如各种五行、八卦布局结构的村落（图4-8～图4-11）。

图4-8
肇庆八卦村呈八卦状象征型布局

图4-9
新疆特克斯县八卦城布局

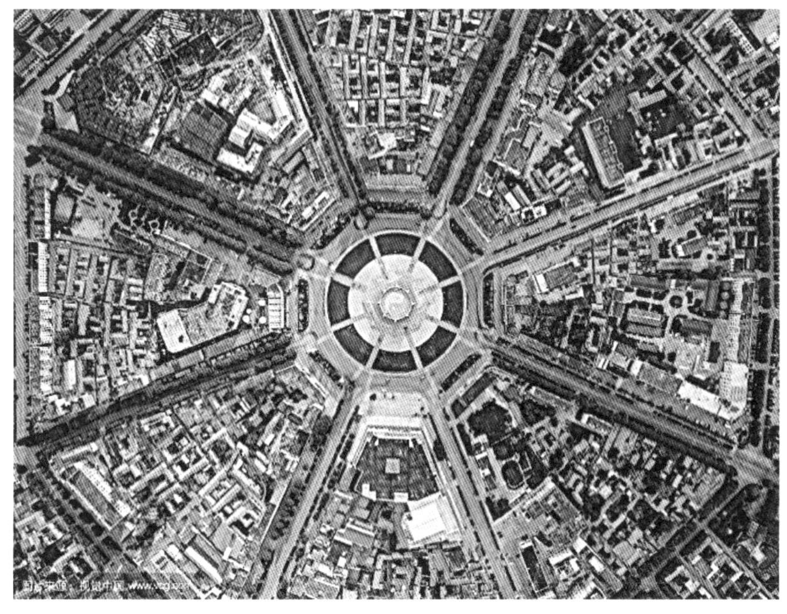

三、建筑空间组织

中国的传统建筑以群体组合见长，建筑单体的变化不算丰富，但群体院落与组团却表现出丰富的韵律和纷繁的形态。除了与现代相通和相同的空间设计原理、手法，如前文阐述，还遵循着特定的制度、原则和秩序。这些制度、原则和秩序是中国传统民居营造的基本特点，是与现代规划设计理论的根本区别。

国家层面的舆服“制”、礼“制”，社会层面的习俗“制”，营造行业的“度”，是中国传统民居建筑空间营造的最基本原则。在这些制和度的制约与影响下，如前所述的中心、中轴与对称等，建筑群体中的特定单体的方位、大小、高低、等级等，都有属于当时时代的空间组织原则。

图4-10
依青弋江而建的章渡镇呈带状布局

图4-11
福建培田村组团布局

第三节

轴线

中国传统民居规划一般都以轴线展开，根据影响因素的不同大致有两类。一类是从礼仪性、宗族性或宗教性中心延伸出的礼仪性轴线，一般是穿越中心建筑的直线，规则性强；另一类是因循地形地貌的地形性轴线，这类轴线形态各异，自然属性强。以前者为主展开的民居规划结构多呈中心式或辐射式布局，表现出明显的中心感；后者则多沿山地等高线或河流发展，聚落结构多呈条带式布局。

一、轴线的形成

两类轴线在聚落中往往融合并存，这与聚落的整体发展脉络是分不开的。一般来说，聚落营造初期，聚集规模小、营造需求多、选址余地大，为了经济方便、早收成效，所处地理环境对轴线的影响作用较强。其轴线多顺应河流、道路、山体等高线，并鲜明地表现在其形态格局上。

供奉祖先的宗祠在中国古代社会中具有独特的地位和作用，在聚落营造中多安排在中心地带或显要之处，常建造在村内的关键位置，与主路共同构成村落的骨干轴线，并往往与池塘、广场等场所共同组成村落公共活动中心。

其中村落主要道路往往依循地形地貌或河流湖泊的边界而形成自然形曲线，而祠堂庙宇的礼仪性轴线则以直线为主。因此在山区或水网密集的地区，轴线系统大都是曲线与直线相交的不规则网络。

在村落的发展过程中，地形主导的轴线与宗庙构成的轴线是不断发展转化的。转化的一般规律主要受到两个因素的影响：礼仪性轴线受到日常生活的空间可视性影响，距离越远越自由；且多只满足礼仪性活动的实际需求而不存在现代所谓“鸟瞰”效果的考虑。地形性轴线仍然受到交通便利性影响，方便日常通行和筑路成本经济始终是较为刚性的规则。当复杂或特殊的地理环境限制了民居的连续扩张，则会脱离现有村落发展新的组团，地形性轴线的作用更加明显。

二、轴线的等级与秩序

如上所述，传统聚落轴线不是单一的，在具有一定复杂度的民居聚落中，轴线形成相互交错的网络，这其中就存在了轴线之间的等级与秩序。不同于《周礼·考工记》中对王城和封国都城“经涂几轨”和现代规划中的“几车道”标准，古代社会尤其是传统村落中多没有较大的交通运输问题，而敬祖尊长的礼仪习俗则无所不在，因此轴线的等级多以宗族礼仪作用进行区分，轴线的秩序则由日常生活（礼仪渗透于其中）作用形成。

在水网或山地等自然地形多变地区，弯曲的地形轴线往往是主要交通流线，而直线化的礼仪性轴线则通常是在特定时间举行礼仪、民俗或宗教活动的路线。前者的使用功能更强，但显然后者的等级更高。宗庙中的祖先牌位、崇拜偶像是宗族凝聚力的象征，曾为官入仕、贡献突出的家族显赫成员大都占据其中主要位置，宗祠正是宗族与朝廷政权的权力连接，使得中国传统民居大都遵循与国家制度一以贯之的等级与秩序。礼仪轴线的中心性、对称性就是这种等级与秩序的主要体现。

平原地区地形地貌的限制不多，聚落边界和道路线型大多以直线网格为主，而礼仪性轴线的直线与道路、边界共同形成稳固的对称中轴系统，其等级化、秩序性更易实现。而且平原地区的礼仪性轴线常与道路系统重合，这样具备礼仪与交通双重功能的轴线，显然等级更高（图4-12、图4-13）。

图4-12
广东陆丰石寨村依山而建，以之字形路串联各户成为地形轴线

图4-13
广东陆丰新寨（和安里）则较为平坦，以祠堂中轴为礼仪轴线

第四节

聚落形态

一、总体形态

传统民居聚落形态与地形地貌有很大的关系，平原地区、山区、水网地区的聚落形态相差较大。

如前所述，平原地区地形地貌对聚落轴线的控制较弱，因此总体形态也以礼仪文化的“制度”为依据，多呈纵横轴向、各向均衡拓展，大多是较为均匀规整的团块状形态。

而水网、山地聚落必须应对地形地貌的限制，因此总体结构大多因地制宜、随机多变，拓展方向与道路、地形走向的关系更加密切，聚落大多是灵活的径向延展形态。

无论是平原还是水网、山地，传统民居聚落的形态多取决于能够比较经济方便形成的道路或水路的网络结构。一旦水陆交通网络结构产生较大变化，原有聚落形态将难以维系。

二、规模

传统聚落的规模相差很大，且与现代村庄规模的形成依据有很多不同。不同点主要在于产业结构、生产能力、配套设施与城乡关系。

自给自足的小农经济方式以“户”为单位，从住宅到各类生产地的距离宜步行可便捷到达；且基本没有成规模存在“进城务工经商，回村居住”的现代打工现象。因此，农、林、牧、副、渔、商，各业的生产水平、生产用地需求和方便就业的距离，是传统村落规模形成的主要依据。

宗族聚居规模是传统村落规模形成的重要依据，社会稳定、地区祥和等情况也经常对一些村落的规模产生直接影响。

传统村落因其发展阶段的发展水平所限，其规模形成与现代乡村相比，没有公共设施、市政设施、环保设施配套的便利性、经济性问题，没有乡村工业、现代农业、休闲度假旅游业带来的问题，也没有快速城市化带来的乡村区划调整、空间重构等问题。而这些问题产生的影响，都是对传统村落进行活化保护所必须解决的。

三、界面

传统聚落的界面往往具有以下特征：

外部界面无界性。由于民居聚落的发展是持续的，其边界也是不断变化的，需要因地制宜、随弯就势，根据周边地形来满足不断的扩展需求。各家土地分布和形态各异，边界多有大树遮掩、农田（绿地）楔入，社会稳定状态下基本无需筑墙，可谓有边无界。

内部界面参差性。不但内部界面灵活变化，聚落内除了主要道路和轴线以外，户间边界也是不规则的参差不齐或不连续。形成这个特点的原因大致有三个：在宗族或村中的地位区别，土地权属范围，建造时间先后（礼义和施工影响）。

建筑界面异向性。因为充分利用自然和外部条件，不同方向的立面分别具有各自的特点。例如：住户正面敞亮，主要道路和轴线沿街建筑立面门窗多，且往往底层开发作商柜；而侧面与相邻建筑间或无通道，或即使有通道，也不开窗；主出入口的背面则多为自然边界，是生产性的田地，或院落、园林等（图4-14、图4-15）。

屋面一色多样性。屋面用材多出自一源，色、质一致。而由于等级制度、因地布局、体量差别等条件，屋顶的形态协调成系列、组合有韵律（图4-16）。

图4-14
浙江丽水平田村落外部界面有边无界

图4-15
参差不齐的民居构成村落边界（安徽唐模）

图4-16
一色多样的屋面（安徽宏村）

第三章

建筑设计要点

中国传统民居营造中，因为国家舆服制度的严苛限制和结构体系的成熟稳定，住宅单体建筑的标准化、规则化程度较高。除了私家园林建筑可以尽情展现设计意境外，属于现代建筑设计范畴的特征主要可以归纳为户内空间组织、间架与轴线以及装饰三个方面。

第一节

户内空间组织

传统民居大多是若干建筑单体的组合，每一“户”民居往往由不同功能的建筑组合而成。一些传统民居仍是一户人家共同居住在一个单体建筑中，厨房、厕所、堂屋、卧室之间没有良好或明显区分。这种“单体建筑”民居，是民居发展较早阶段的产物，大都由于严苛的自然环境、单薄的生产能力或贫困的经济条件所限，不是中国传统民居建筑发展的主流和成熟产物。即使是最简陋的住宅，基本的起居、就寝、厨卫、储藏等功能的空间配置和区分也是存在的。对于面积较为宽敞的大中型住宅而言，户内空间布局更是住宅设计的一项核心任务。

一、户内空间布局的基本原则

中国传统民居户内空间的布局，大抵遵循了以下几项基本原则。

（一）实用便利

功能性是住宅建筑最重要的特征。按照各自群体的生活习俗和住户个性需求，户内各功能区既分区明确，又多以廊相连，联系密切、方便使用。

（二）自然宜居

营造舒适宜居的生活空间是民居建筑的基本任务，通过历史的淘汰选择，传统民居不论是在哪个地理区域，皆能充分结合当地自然环境条件和场地特征。尽量利用自然条件采光通风、防寒保温，合理布局户内空间，主要措施是调整建筑的朝向和位置、门窗的面积和位置，使居住空间能够获得舒适的物理环境。

（三）礼制秩序

这是中国传统民居建筑最大的特色之一。民居户内空间的布局，正是传统社会长幼有序、内外有别、尊卑分明的礼制秩序等级明确的产物，反映了居住者、使用者的家庭地位、社会角色和社会结构的差异。除了功能性要素，传统民居建筑的布局组织原则就是中国古代家庭结构、社会结构文化的集中体现。

二、户内空间布局的基本特点

（一）内外之分

亦即“主客之分”。中国传统民居在条件允许的情况下，对于家庭内部成员和外来访客的活动区域多有明确划分，典型的如北京四合院中的垂花门、苏州进落式民居中位于客厅后的砖雕门楼，外客非经主人允许不得逾此进入内部区域，内眷一般也不去前庭，民间俗语“大门不出、二门不迈”。从皇家宫室的“前朝后寝”到大户宅院的“前堂后寝”，一脉相承。即使是条件简陋的单体建筑住户，其卧房也是外客不能随意进入的，故有“房门大于衙门”之说。

（二）等级之分

中国传统家庭结构组成和家庭关系讲究尊卑有序、长幼有分、男女有别。这种秩序也鲜明地反映在户内空间的分区和组织上。如上房、厢房、下屋等，仅从建筑的名称即可得知其等级地位的区别。

（三）动静之分

传统民居根据当时生活起居行为的不同特点，对相应的功能空间进行分区和组织。在条件较好的大中型民居中，一般有四大部分：活动性强的起居、会客等功能空间布置在大门入口中轴部分，开敞、易达、方便连通；私密性强的就寝、内眷活动等空间布置在后部便于隐蔽的部分，并以二门与前分隔；读书学习等需要安静的行为与游憩等清闲放松活动的空间也各分为一部分。

（四）礼娱之分

尽管中国传统社会受到礼制等级的强大影响和控制，但家庭生活毕竟有着闲适、放松的一面。因而在民居的空间格局中，往往也是循礼有序的生活区域和轻松悠闲的休闲区域同时存在，各居其位，互为补充。这在苏州四进以上的传统民居中尤为明显和普遍，一般是住宅前部为格局严整的多进厅堂和院落，用作起居、会客、议事、祭祀等活动；后部或侧旁则是私家园林，不论面积和规模大小，无不精心营构，在家中模仿和欣赏自然山水意趣。

（五）净污之分

出于卫生健康考虑，将居住空间中容易产生污染的部分（包括产生油烟的厨房、产生污水和气味的厕所、杂物间等）与其他需要保持洁净的生活空间（如起居、卧室、餐厅等）进行分区组织，并将易产生气味的部分安排在主导风下风向。

（六）居业之分

在一些民居中，尤其是生产经营规模不大的人家，居住多和生产、商贸等功能组织在一起。这种情况下，往往需要区分居住空间和手工业、商业空间，使之互不干扰。常见的如前店后宅、下店上宅等多种模式的混合。

三、户内空间布局的主要形式

（一）轴向递进布局

在强调纵向轴线、平层为主的中国建筑中，轴向前后布局是最简便易行的，也是中国传统民居中应用最为普遍的空间布局形式。如在传统的多进合院式民居轴线中，一般是靠近对外入口的前院为公共性较强的空间，后院为日常生活起居的私密性空间。也有前部院落主要生活起居，后部院落作为杂务、储藏、堆放等辅助空间，这类情况多因经济能力或用地条件制约。

（二）向心式布局

向心式布局是一种特殊的轴向布局形态，是多轴并存的布局方式。常见的有两种情况，一种是半向心式，即以一个或多个居住单元为中心主体，旁加从屋，围合成半圆形或矩形式的向心布局，如广东揭阳庵后围龙屋（图4-17）；另一种是向心式，即所有居住单元呈环状或矩形布置，围合在一个完整的建筑内，这种布局大多采用中轴对称的手法。

（三）侧向布局

传统民居中一般以居中正位为尊，等级更高，空间的公共性、开敞性更强。如户内最主要的正厅、正房或堂屋多布置在中轴线上。建筑面宽用奇数开间也为这种“以中为正”的做法提供了基础。中轴的两侧在整个空间体系中等级较低，一般布置次要房间，或是地位稍低的家庭成员（如子女）的居住空间。当大型宅院包含多路多进合院时，同样是中路的等级地位最高，一般是家主或宗子所居。而两侧的边路或为中路的辅助性功能空间，或为兄弟、家族同宗近支所居。

在建筑单体面宽上，一般把开门的明间用作公共性强、更为开放的功能空间，如客厅、堂屋等，采光通风条件更好，空间也更为流通开敞；而仅开窗或不开门窗的暗间私密性和隐蔽性较强，保温和防卫性能好，一般布置较为私密、安静的生活空间，如卧室、书房、储藏等。

（四）上下布局

因为建筑材料和结构体系因素，传统民居建筑多有二层，但极少三层。二层民居常以底层为起居、会客区域，二层为休憩区域。临街铺底层为生产经营区域、二层为生活起居区域。而在山地、湿地区域，以架空底层作为畜栏和储藏、上层用于生活起居的干阑式民居，严格说来，应是为了适应地貌和生态环境、建筑结构而分为上下层的一种特殊的平层住宅（图4-18）。

图4-17
广东揭阳庵后围龙屋

图4-18
贵州增盈民居底部架空饲养家禽

图4-19
贵州郎德上寨民居自由布局

（五）自由布局

许多传统民居建筑布局不拘一格，自由灵活，多是少数民族住宅，此外则常常是受到地形条件的影响，或是受到周围已建房屋的限制所致，通常属于小型、贫穷户住宅（图4-19）。

四、灰空间的作用

（一）灰空间的定义

在建筑空间中，实空间是指由四周的墙体和屋顶、地面围合的空间，通常即称“建筑空间”；虚空间是指仅有界面围合而无顶的开放空间，传统民居中的庭院即是虚空间；而灰空间是指有顶盖而无围合或仅有局部围挡的空间。

灰空间的类型有功能空间、交通空间、过渡空间等。中国传统民居中，如建筑前后廊——活动空间，连廊——交通空间，亭——景观空间，门廊、门楼等，都是灰空间。作为一种室内和室外的连接性空间，灰空间常常同时具有多种功能，包括：遮阳避雨、降温去湿、室外起居；空间流动、视线遮挡、丰富层次；公共交往、心理过渡、塑造场所等。因其功能多样、布置灵活、制约较少，所以灰空间是中国传统民居特别是院落类民居中非常重要的一种空间类型。

（二）灰空间的具体做法

传统民居中实、虚、灰空间的组织形式多变而协调统一。实空间作为人们日常起居的主体空间，通过虚空间串联组合，体现了人与自然的和谐共处。而灰空间作为两者的过渡空间使得两者相互渗透、延伸融合，具体做法有以下几类。

侧面的围与透——应用最为普遍的方法。侧界面的围合程度是限定灰空间最直接的方式。围合程度越高，对内部的限定也就越强。随着界面的逐步打开，空间的私密性逐渐减弱，内外空间渗透效果随之增强，从而使实空间向灰空间转化。传统民居中，建筑前后廊多为三面围合，廊道空间则多为一面或两面围合，通透而具导向性；墙、家具、挂落、漏窗、栏槛乃至植物等几乎所有物件均可用于侧面围挡。形式多样、质感不同的侧面使中国传统民居内的灰空间丰富多彩。

顶面的遮与露——功能需求的应对方法。作为限定灰空间的基本标志，顶盖使灰空间能够遮阳避雨。在传统民居的灰空间中，通过、游赏与停留等不同活动功能，遮阳、避雨等不同气候和地域特点需求，都需以高低和宽窄相宜的顶盖来支持，而顶盖的形式、质感和精致程度也要呼应所形成灰空间的功能特点。

底面的升与沉——强化灰空间的处理方法。人的活动离不开底面，底面高度的变化能够增强与其他空间相区分的感受效果。传统民居中的灰空间底面，一般低于实空间而高于虚空间，正适合虚实空间的衔接过渡，又可以丰富空间层次感，而升沉之间的尺度变化也可产生感受不同的效果。丘陵山区和滨水地带，大自然提供了变化多端的地面，这些地区传统民居灰空间的底面处理常有神来之笔（图4-20）。

图4-20
庆元进士村门廊灰空间成为村民逗留活动场所

第二节

间架与轴线

一、间架

“间”“架”是中国传统建筑等级的重要概念，也是重要的结构和形制要素。横向的相邻两柱（支撑梁的柱子）之间称“间”，纵向的相邻两檩（桁）之间称“架”。柱、梁、檩形成的三维空间组合结构，是“间”“架”概念形成的基础，面宽以“间”计，进深以“架”计。

“间”与“架”来源于独特的环境与材料传统，是形成中国传统建筑最基本的结构单元、空间单元与功能单元，也是传统建筑等级制度中的计算单元，“舆服制”即以“间”和“架”的数量作为对各类建筑等级的重要限定手段。

“间”和“架”在传统民居建筑营造中，从建筑设计角度有以下四个要点：一是间、架数量是等级规制，不可逾越；但每间、每架的具体尺寸有一定弹性幅度，木料大而质地好的就可以间稍宽、架稍深，在不逾制的前提下也可以获得更大体量的建筑。二是单体建筑（不包括廊和厢房）面宽的间数用单数，进深的架数常用单数但单双不限。三是无论“间”“架”，梁、檩等主要构件长度尺寸都不用整数丈、尺，基本都计到“寸”，很多计到“分”，以寓意“有余”“无穷”。四是同一建筑单体中，各间面宽不等，一般正间最宽，次间次之，梢间最窄或与次间等宽；无论架数多寡，各架应等深，以方便屋面坡度的计算。这些设计方法多与现代建筑的模数方法大异其趣。

二、轴线

传统民居单体建筑面宽间数为单数，一方面是因为中间便于通行和相关礼仪需要，同时也便于“户”的轴线一以贯之。由于中轴线观念的深厚普及，单体建筑、特别是中轴线上单体建筑的室内空间，大都是对称或基本对称布置；大中户型的厅堂正间，从室内家具到匾额对联、字画、装饰，中轴线两侧几乎完全对称。传统民居中的轴线及其相关设计手法形象地体现了传统社会观念对“中”的诠释。

第三节

装饰

传统民居的“户”特征来源于中国传统的封建农业经济基础；“间架、轴线”则起源于独特的木质材料、结构特征和传统等级制度；而传统民居建筑装饰特征的来源，则既有合理的结构构造功能，也有题材对象的文化表征功能。

中华民族文化多元、历史跨度大且地域辽阔，使得中国传统民居的装饰形式丰富多样、工艺精湛，具体而言大致有如下几个共性特征。

一、构饰一体化

中国传统建筑的装饰，最初往往是利用某种具有一定功能的建筑构件，也就是装饰与构件一体化。例如斗栱，既是承载屋面出檐的结构构件，又成为中国传统建筑的独特装饰。

木构建筑中几乎所有的结构构件如柱、梁、枋等，都是暴露在外的，在室内都能够看到，这些木构件大多是以原木的柱状体为基础，只有部分枋、板等需要堆叠密封的才加工成矩形或方形截面。而木材的柱状截面显然会有天然的粗细变化和弯曲等，很难在一定长度上维持截面的稳定不变，因此在一些质量简陋的民居中，常常直接使用弯曲甚至变形、表面有瑕疵的木构件，以节省建造成本。长期的营造实践使人们认识到结构力学和自然材料的特性，例如：柱采用中心稳定、对称的横截面，才利于结构稳定；而梁的横截面则可以两端细、中间粗，而不会影响结构承载能力，变细的端头正好适宜与坡屋面相衔接。匠师们利用这些特性创造了圆作、扁作等不同的木结构装饰形式。

传统民居装饰构件的发展还有一个重要影响力——对建筑单体规模的限制。由于等级制度的限制，建筑单体规模虽财力雄厚者也不能僭越，其富余财力和匠人的聪明才智转而得以对体量限定好的建筑进行精致加工，很多现存大户传统民居中可以看到，虽然建筑规模不大，但装饰雕刻遍布。

与构件一体装饰，在传统民居建筑中几乎无件不饰，包括各类木、砖、石构件，门窗等近人构件更是装饰的重点。

装饰在构件上的分布与方式，主要取决于构件的结构作用，如大梁中部负荷大，雕刻均较浅以保持截面完整；而枋的端部受力小，多做成凹凸强烈的霸王拳等；封椽板、棹木、砖雕门楼的檐下部分等只有构造作用的构件，则可以进行更加华丽的漏雕、高浮雕装饰。

二、题材系列化

中国传统民居的装饰在不同功能、不同类别的单体建筑中有不同的主题，由此而形成装饰题材的系列化。

传统民居建筑装饰的主题元素包括人物、鬼神、动植物、叙事等，每种主题都有系列化的创作。装饰题材的具体选择、具体应用则多取决于户主。

人物系列装饰在不同建筑和场合分别有不同的应用，如先秦诸子、历代先贤、名臣勇将等各时期的历史名人，有三国、西厢等故事人物系列，也有烈女、忠孝、贤吏等地方名人，甚至还有户主的先人等主题。

鬼神装饰也与住户的信仰不相违背，有鸱吻、螭吻等神灵题材，也有佛道、封神演义等神仙题材。由于中国传统民居文化的包容性，各路鬼神只要有一定的良好象征，都能在民居中并处一户甚至并处一屋而相安无事。

动植物的装饰系列，往往与民间的自然信仰或地方习俗有关，其中有谐音讨口彩的蝙蝠、佛手等，也有一定象征意义的梅兰竹菊等，还有多种珍禽异兽等。

而有一定故事情节的主题装饰则更加耗时费力，是民居装饰的集大成者，其主题往往是人物、鬼神装饰的延展，如先秦勇士故事、三国英雄故事、佛教故事、八仙故事、贤吏名人故事，等等，题材相当广泛，艺术价值与装饰性都较高（图4-21）。

三、纹饰地方化

如同传统民居建筑的地域性特点，装饰装修的题材内容因地域差异而有所不同，其外在表现形式也具有地域性特征。纹饰会受多种因素诸如地理气候、宗教信仰、人文风俗、建筑技术的影响而呈现风格和样式上的变化，有时甚至是行帮技艺习惯所致线条形状的不同，正可谓“于细微处见精神”。这些差异都是地方性语言的体现，代表了当地、当时的地域性文化与社会的生产方式和结构，是地方建筑特色的重要元素。一旦忽略，地方特色势必变形褪色甚至不复存在。

图4-21
“马上封侯”（缙云壶镇九进厅）

（一）乡土材料

中国地大物博，每个地方的地形地貌和气候条件都各不相同。不同地理气候地区的民居装饰材料大都具有鲜明的乡土特征，根据地域出产不同有木、石、竹、毡、陶、瓷等。营造时一般按照材料的物理适应性和装饰美观性而分别用在室内外及其相应部位，以使物尽其用，从而形成不同地域的材料和形式特征。

（二）文化习俗

传统民居装饰常将地区的人文风俗和祈愿信仰融于其中，大致可归纳为崇礼、崇教、崇效三类。

崇礼即为对国家礼制、民族规制的贯彻与宣扬，如常见的“孝”题材装饰。很多民居还将帝王或要人的题词、家训等作为重要装饰置于显要处，体现出民居主人和家庭尊礼守制的品行与传统。

崇教即为宗教性装饰的运用，汉族民居多有“儒释道”三家的主题纹饰，而少数民族民居装饰的民族、宗教特征尤为显著，如藏族民居外墙以白色绘制日月、山峰、云彩等图案的自然原始宗教题材装饰，维吾尔族民居室内的伊斯兰式的壁毯、地毯等题材装饰。

崇效则是更加直接外露、世俗实用的愿望表达，代表着户主的向往、祈盼，也有一定的原始宗教来源，如汉族民居常见的蝙蝠、元宝等祈福装饰。

（三）审美偏好

各地区、各民族在当地文化、本族文化的熏陶下所形成的审美偏好区别甚多，不少区别甚大，有些甚至相反；无论是题材内容还是技术工艺的不同，都对纹饰的类型及风格产生了直接的影响，由此加强了传统民居建筑特色的地方性、民族性。

例如，北方传统民居砖雕多以花卉、瑞兽为题材，风格朴实稳重，图案构成严谨饱满；南方传统民居则多文化人物，风格生动活泼，图案构成巧妙精美，华丽细致。又如，汉族传统民居装饰中，人文题材多、儒家题材多，色调素淡、雅致和谐；而藏、羌、维等少数民族传统民居装饰则多宗教题材、自然题材，喜色调纯净、对比强烈。

四、装饰的作用与内涵

民居中的建筑装饰主要有美化、祈福和教化的作用。

（一）美化

这是传统民居建筑中图案和纹样的最基本作用之一，赋予原本简单朴素的建筑部件以更为丰富优美的形式，满足审美需要。

（二）祈福

以特定的意义和内涵来表达祈福的心愿，是传统民居建筑装饰图案纹样的另一个重要目的与作用，这方面的实例与做法极为丰富，不仅有单一题材，还有将若干种动植物或吉祥器物进行组合，表达更为丰富系统的内涵，寄托人们美好的期盼。

祈求健康长寿。民居装饰中，象征长寿的装饰纹样十分普遍。例如影壁中央设置一块主要砖雕，四角配以辅助雕饰，雕刻的内容因建筑类型和主人意志而不同，常用莲荷、梅花、牡丹等植物，五只蝙蝠捧一个“寿”字，即“五福捧寿”，或者直接在壁身中央雕一个“福”字（图4-22）。

祈求平安吉祥。传统民居多见宝物器物、祥禽瑞兽和花卉果实的组合，根据组合的不同，取“平安如意”“岁岁平安”等意。如荷花与鹤组合寓意“和合美好”，双象与博古图案组合寓意“太平有象”“太平吉祥”等（图4-23）。

祈求多子多孙。人丁兴旺、儿孙满堂是家庭幸福传承的基本前提，贫富贵卑概莫能外。故而传统民居的庭院喜植银杏、石榴等多果多籽树种。

建筑装饰中也常以葡萄、葫芦、石榴、莲蓬等多籽果实代表对于多子多孙的美好愿望，如以葡萄藤纹和老鼠南瓜装饰寓意“子孙满堂，家族兴旺”，以“麒麟送子”为生贵子之佳兆等（图4-24）。

祈求合家幸福。采用家庭生活、家族活动场景类题材的纹样。如龙游清末龚氏民居梁枋上的“全家福”纹样，展示家族门庭显赫、幸福美满。在衢州地区的民居中类似的纹饰非常多，其形式构图和所处的位置大致类似（图4-25）。

祈求前途顺遂。常见的图案纹饰如“挂印封侯”“马上封侯”“连升三级”“鲤鱼跃龙门”等（图4-26）。

祈求富贵多财。如以貔貅图案寓意守财，以金鱼图案寓意“金玉满堂”，以牡丹海棠组合图案寓意“富贵满堂”等。中国传统文化历来重文轻商，因而此类图案往往表达更为含蓄（图4-27）。

（三）教化

中国传统文化很注重将道德、礼仪的教化贯彻到文化和物质空间的各个层面，故而传统民居的很多实体与空间要素都被或多或少地赋予了教化的功能和作用，装饰图案和纹样概莫能外。如以“伯夷叔齐”“文王访贤”“岳母刺字”“木兰从军”“四郎探母”“二十四孝”等题材褒扬忠孝仁信，以“鱼跃龙门”“琴棋书画”“李白磨针”“悬梁刺股”“映月读书”“梁灏夺魁”“闻鸡起舞”等题材劝学明志，以“岁寒三友”“梅兰竹菊”等题材来弘扬高洁品格，等等（图4-28）。凡此种种，不一而足。

图4-22
五福捧寿（晋中市王家大院）

图4-23
象征平安吉祥的木雕团鹤平綦
（缙云壶镇九进厅）

图4-24
山西葡萄百子砖雕

图4-25
全家福题材的装饰（金华市爱忠堂）

图4-26
侯禄“猴鹿”木雕（金华市爱忠堂）

图4-27
象征富贵的装饰木雕（缙云壶镇九进厅）

图4-28
文王访贤木雕

第四章

庭院设计要点

中国传统民居的庭院是生活空间与自然的融合，“天人合一”“阴阳和谐”，中国古代这种朴素自然观，在传统民居庭院中得到了典型的体现，反映着中国传统文化的特征。

第一节

文化特征

一、传统理念

“天人合一”“阴阳和谐”是中国传统民居营造的总体原则、关键所在，庭院设计是其典型的表达场所。

中国的本土文化传统基础是儒、道学说。儒家主张“中正”“仁和”、和谐统一、不偏不倚、包容万物的中庸之道，传统民居建筑的轴线、对称集中体现了“中正”的儒家思想，更多反映了中国大一统的社会文化。道家主张“道法自然”“自然和谐”“阴阳互补”“对立统一”，传统民居庭院的营造形象体现了“自然”“无为”“虚静”“不争”的道家思想，更多体现了自然性、想象性。

自然雅静的庭院与规整中正的传统建筑无间融合，以“道法自然”为总体原则，营造出“自然和谐”“阴阳互补”的庭院形态。可以说，中国传统民居就是庭院与建筑的虚与实、曲与直、自然与人工这两种空间的精美融合体。

二、庭院文化

中国传统民居的庭院文化内涵丰富、来源融和，既有讲究等级秩序的儒家思想，更多注重阴阳互补的道家理念，还有以自然物品沟通精神世界以求天人合一的营造技艺方法。庭院文化是丰富的系列整体，从其营造的设计方法角度，可以大致分为三个方面内容：承接传统建筑形制的等级秩序文化，讲求和谐、追求自由的景观布局文化，以物拟人、借物抒情的物品精神文化。

（一）等级秩序文化

传统民居庭院的等级秩序是民居建筑等级序列中的有机组成部分。位于建筑轴线上的前庭后院层层递进，多以步道延续形成明确的中线。庭院主题往往与户主的职业、宗族家风等相对应；同一户住宅中的不同庭院，各随其所属建筑也有着相应的等级层次（图4-29）。

庭院的不同等级秩序一般通过空间层次、空间尺度、材料、主题等区别进行表达。在多进庭院的布局中，庭院与建筑共同营造轴线上的递进关系，体现出与建筑相匹配的等级文化。最为典型、精致的如苏州的五厅式传统民居的庭院，从门厅前场地始，依次有轿厅院、客厅院、蟹眼天井、内厅院、卧厅院、后园，各院（园）等级风格鲜明、秩序确定、系列整体风貌和谐。

不在中轴线上的庭院则功能多样、以休闲为主，园林则形式千变万化。

（二）景观布局文化

传统民居庭院的重要作用之一是以庭院虚空间与建筑实空间对比互补，所以庭院文化的独特性体现在自然和谐、无为虚静的状态。虽然庭院的尺度、形状受到建筑形态的制约，中轴线有道路延续，但在内部空间组织上，已经基本摒弃中、正的轴线和层叠向心、对称规整的形制，转而主动模拟自然，创造曲折流转、以小见大、借景等独特的景观布局方法。

《园冶》将私家园林布局总结为"借景"二字："夫借景，林园之最要者也。如远借、邻借、仰借、俯借、应时而借。然物情所逗、目寄心期，似意在笔先，庶几描写之尽哉。"这也是现代建筑和园林设计遵循的重要设计方法之一。

中国传统民居庭院景观布局的视觉组织有借景、对景、夹景、框景、隔景、障景、透景等多种方法，在江南传统民居庭院营造中运用更加普遍。

借景是单向，主体借客体之景，手法纷繁如《园冶》所述。对景包括面对——朝向景观，正对——对中，相对——互为景观，我以你为景、我是你之景。

夹景、框景则都是为了优化理想景色，在视觉线路上设置条形、框形等遮挡以突出主题，可以在相对较小的庭院中增加视觉层次，营造小中见大的视觉效果。其中夹景常将左右两侧以树干、树丛、山石或建筑等作为屏障，形成左右遮挡的狭长画面；框景是利用门框、窗框、枝干、山洞等，选择获取最优美景观。

隔景、障景则多利用地形、建筑、墙、植物等将相邻的空间进行划分，遮挡人的视线，将庭院分隔为不同空间。隔景可以避免景物的互相干扰，增加构图变化，丰富庭院空间层次、小中见大。隔景的题材很多，如山冈、树丛、植篱、粉墙、漏墙、复廊等。障景则利用屏障抑制视线、引导空间，又称"抑景"，主要为营造"曲径通幽""庭院深深"的空间层次和氛围。

图4-29
棠樾民居二进院

透景相对于隔景、障景，是景观效果的发散、层次的融合，主要以设置花窗等格栅式物件或门洞等手法达到理想目的（图4-30）。

（三）物品精神文化

传统民居庭院往往通过以物拟人、借物抒情的手法，表达使用者对自然、生活、哲学、宗教方面的各种意趣与理解。这种直观的文化表达，来源于中国的自然崇拜传统，常常通过对庭院小品、植物或其他材料的使用与拼接，起到主题塑造、心理暗示和氛围烘托的作用。

比如庭院植物中：香桂以谐音“贵”，植竹以抒发对“高风亮节”的崇尚，种荷则寓意“出淤泥而不染”的品格，松柏祈长寿、牡丹望富贵等。一些装饰就更多世俗形象，世人万品不可尽述。

除了通行的象征寓意，也有较为独特的主题。如苏州狮子林，为纪念天如禅师得法于浙江天目山狮子岩，更取佛教中狮子座之意，用假山石模拟狮子的形象，独树一帜地创造庭院的文化主题。

物品精神还能够塑造庭院的时空四季变化，所谓“一隅中见四时”。一般民居在小小的庭院中种植四季花草，即可以不同月份的各色美景显示季节与时间的变化。富裕大户做法更多，典型如扬州个园利用石材的不同特征营造四季假山：选用石笋插于竹林中，代表雨后春笋；荷花池畔叠以湖石假山，进洞即分炎夏浓荫；坐东朝西的黄石假山、雪石堆叠的雪狮图，则都是以石材颜色拟秋叶冬雪。

大多数物品精神可以有多面的理解，“所见即所思”，而以逻辑自洽、共识者众为佳，对于传承地域文化和寄托文化理想，起到非常重要的作用。

图4-30
留园石林小屋运用隔景、障景、透景等

第二节

自然性

传统民居庭院的自然属性体现在庭院营造的整个过程：包括形态布局、铺地、绿化、水体等各个方面。

一、形态布局

相对于形态方正固定的建筑单体，庭院的形态与自然环境关系密切、灵活多变。

庭院是自然环境和室内环境间的融合和过渡区域，传统民居往往利用庭院布局解决地势高差。如江南水乡民居的后庭院多与周边田地、丘陵、水体等自然相连；而四川山区的重台敞院式民居庭院则多设于屋前，择坡度较缓处开辟台地。这些庭院的形状显然要与自然协调，不拘泥于轴线对称的矩形。

民居内部的庭院形态也与自然环境相关而有各种丰富的变化。如徽州山区地窄气湿，民居庭院较狭小，四围建筑多做二层，故名“天井”；内置生活与应急水池，成为有助消暑的天然“空调”。又如关中地区冬冷夏热、尤需防晒，故民居庭院南北向窄长，典型的两厢檐口距离小仅一米有余，虽影响冬季采光，但夏季庭院阴凉，也是利用庭院形态对自然环境的一种适应。

二、铺地

中国传统民居的铺地大多就地取材，庭院铺地相对室内更要考虑防滑、防眩光、防腐和利于排水等与自然环境的关系，因此材料选择偏重耐久、防滑的石、砖，以及便于施工拼缀图案的瓦、陶片等。

（一）石铺地

石铺地耐久性好，是传统民居庭院中常用的铺装材料。可采取原石形态削片使用，也可加工成几何形或任意形状相拼接。几何形石板铺地常做雕刻装饰，莲花、牡丹、蝙蝠、卷草等简明、可重复的吉祥纹样是常用题材。

根据石材的大小、厚度，又分为条石、石板、片石、毛石、砾石、卵石等不同种类。

条石和石板坚固耐用但加工费时造价高，一般用作主厅前院或观景露台等重要庭院空间。片石产自特定片岩，大多以自然形态拼成自然纹理的庭院地面。毛石则多与其他铺地材料结合使用，也常用作汀步。砾石、卵石多保留其表面原始色泽，尤其卵石的色彩种类丰富，多做小径、小块地面，或与瓦片混用，创作更加丰富复杂的铺地图案。

（二）砖瓦材铺地

砖瓦经济、耐久、易营造，在民居中普及后很快取代石板成为最常用的庭院铺地材料。砖铺地较为平坦、整齐洁净；且尺寸规范，便于施工与更换。

砖铺地有平、立、侧斜等多种铺设方法，瓦铺地则多为立铺。

（三）拼缀铺地

庭院中大片铺地往往采用多种材料进行拼缀，并组成图案，如用湖石、石板、卵石以及断砖、碎瓦、瓷片、陶片等废料相互配合，拼成色彩丰富的各种地纹。

还有用雕砖、细瓦和各色卵石来拼缀更加精细复杂的“石子画”，如三国、西厢等故事情节以及四季盆景、花、鸟、鱼、虫等寓意题材的图案。

（四）嵌草铺地

嵌草铺地就是在铺地石、砖块间留缝隙，以利小草生长，渲染生活气息。常见的有冰裂纹嵌草铺地、梅花形嵌草铺地等。

三、绿化

传统民居庭院中的绿化，旨在引入自然、师法自然、融入自然，将丰富多彩的植物美景力争既多又好地再现在自家小院。其植物的选择、布置方式等，无不体现着对自然的理解与向往，饱含着对营造美好生活环境的追求。

（一）植物种类选择

庭院中的植物选择，主要有四个方面的考虑：适生性、功能性、季节性与象征性。

适生性是植物种类选择的首要因素，应当选择适合庭院当地的气候、地形、土质乃至周边小环境的植物种类，保证植物能够在庭院中正常生长。

庭院植物还需要满足一定的功能性，包括调节庭院生活环境、营造庭院景观效果、分隔塑造户内空间的作用，如遮阳赏雨、观花品果、造型闻香等。

季节性则是选择在不同季节、不同月份开花结果的多种植物，以营造一年四季都生机盎然、繁花似锦的庭院环境景观，常用的典型植物如春兰、夏荷、秋菊、冬梅等。

植物自身的生物性特点在民居文化中还往往被赋予拟人化的象征性寓意。如傲雪梅花象征坚贞品格，白色玉兰体现高洁清雅，竹子空心有节比作节操品优的谦谦君子，菊花历经风霜、花繁叶茂寓意坚韧顽强、生命力旺盛，等等。

此外，具体植物种类和品种的选择，取决于户主的欣赏偏好和经济能力；庭院的基本条件、营造者的个人喜好等因素也对具体选择有不同程度的影响作用。

图4-31
艺圃中孤植对景

（二）布置方式

庭院植物的布置方式多样，可根据植物的色相、季节、高矮、寓意等进行搭配，一般有孤植、对植、丛植、群植等方式，基本没有现代社会中的行道树和单一树种的做法。

孤植主要显示树木的个体美，常作为园林空间的主景。孤植大多为姿态优美的乔木如松、银杏、香樟、枫树等；也有形态独特、色彩鲜明的小型乔木，如鸡爪槭、红枫、龙爪槐等；还有寓意良好或寿命长的小型植物，如红梅、蜡梅、罗汉松、黄杨等。珍贵的孤植名木旁，多留有适宜的观赏空间（图4-31）。

对植即对称地种植大致相等数量的树木，多应用于轴线化庭院的轴线两侧或园路、桥头等处。对植多是点状绿化，一般不做线状对植；并且不要求完全对称或对应，可在整体对称的基础上保持自然的变化和均衡。

丛植是园林中普遍应用的方式，一般采用三棵以上不同树种的组合，不同树种间需有错落变化，在表现植物的群体美的同时，也能衬托出不同树种的特色美。

群植则以相同或不同树种集中成片、成林。在庭院中多用作中景、远景，以衬托空间、塑造层次。

四、水体

儒家文化中有“仁者乐山、智者乐水”的说法；老子亦云：“上善若水，水善利万物而不争”。水的精神品格与传统文化中无为、不争的智慧观念相符。

“有山皆有园，无水不成景”，水景是中国传统民居庭院中的重要元素。庭院水体不仅造景，也有消防蓄水、改善环境、调节小气候的实用功能。常见有两类，小型水体多作规则形体的器皿如水池、水盆、水缸，内植小型荷萍类植物或养观赏鱼等；用地宽绰的庭院尤其在园林式庭院中多作模仿自然的河湖式水体，边无直线、端似无尽，水面形状丰富多变，间配山石、植物，亭、榭、舫依水而建，桥、廊、汀步跨水而过（图4-32）。

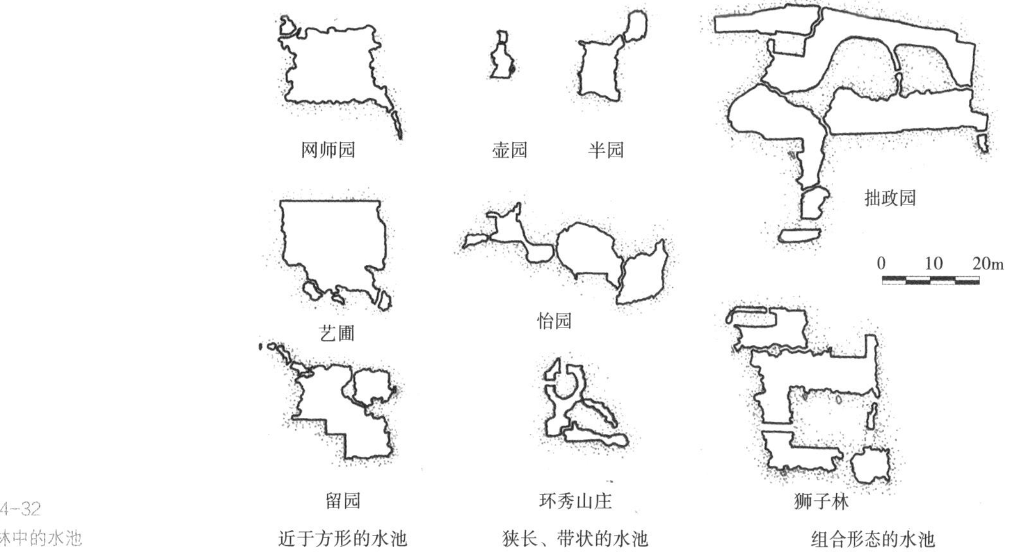

图4-32
苏州园林中的水池

第三节

生活性

一、交往属性

对比礼仪属性强的厅堂，庭院空间开放、自由、尺度宜人，能够提供轻松活泼的交往活动空间，气氛亲切而领域归属感明确，其功能也具有多样性、休闲性的特征。

普通民居规模不大，庭院不多或只有一个，主要庭院往往兼具生产、起居、用餐、休闲、储藏、晾晒等多项用途，与室内空间共同构成统一的生活使用空间。

在规模较大的尤其是进落式传统民居中，众多庭院随所属建筑而各有不同用途，会客、家聚、女眷活动、游赏休憩等不同交往活动都有各自的最佳场所。

二、水井

“卜居乃此地，共井为比邻”[1]，水井是传统民居中非常重要的生活设施。即使在出门即河的水网地区，民居中也多凿井以方便使用、急用，水井往往是庭院组织的重要因素。小型民居则多共用户外公井。

民居中的水井大多置于内庭后院，所在庭院规模一般不大，因饮用、盥洗、浇灌等需要，这些庭院与厨房、后园等空间联系尽量方便。井口多用石质井栏围护，以利安全、卫生；井栏周围用石或砖铺设井台，以利防滑和方便就近劳作。

三、晒场

种植业农户的传统民居，常在居住建筑外设置晒场。晒场空间与庭院往往是重合的，平时日常生活使用，需时晾晒收获制作成果。

山地农户晒场设置较为独特。如云南省元江县因远镇哈浦村有“彝族土掌房”，1000多间建筑依坡而建、逐层退上、逐层相连，下一层民居的屋顶便是其上一层民居的晒场与庭院。层层退叠的“土掌房”如大型的台阶，上下有木梯相通，户户有平台相连。这样的民居建筑关系也充分体现了住户之间牢靠的亲密关系（图4-34）。

辽阔多貌的国土范围，复杂迥异的自然条件，纷繁交融的文化源流，中国传统民居茫茫浩如烟海，远非一册一卷能够说清道白！作此纲要，敬期来者。

1 唐代李白诗《陈情赠友人》。

图4-33
网师园露华馆后院石井

图4-34
彝族土掌房（云南省元江县因远镇哈浦村）

图片来源

图号	图名	图片来源
图 1-1	早期穴居形态	刘敦桢．中国住宅概说［M］．天津：百花文艺出版社，2003：4，10.
图 1-2	具有集体防卫功能特征的福建土楼	黄华青 / 摄
图 1-3	集防御和生活于一体的四川宝箴塞	张泉 / 摄
图 1-4	广西龙脊壮寨民居的二层“挑廊”	黄华青 / 摄
图 1-5	苏州周庄老街的下店上宅式楼房	黄华青 / 摄
图 1-6	云南滇人青铜器上的干阑式建筑	黄华青摄于云南省博物馆
图 1-7	藏族民居纹饰	曲吉建才．中国民居建筑丛书：西藏民居［M］．北京：中国建筑工业出版社，2009：105-106.
图 1-8	徽州呈坎村罗东舒祠	黄华青 / 摄
图 1-9	哈尼族住宅中的中柱和火塘信仰	黄华青 / 摄
图 1-10	平遥古城民居布局	陶伟，何新，蒋伟．平遥古城传统民居形态特征的变迁及其类型：基于堪舆学的微观探察［J］．人文地理，2014.
图 1-11	堪舆学与民居对应的吉凶方位图	陶伟，何新，蒋伟．平遥古城传统民居形态特征的变迁及其类型：基于堪舆学的微观探察［J］．人文地理，2014.
图 1-12	楚文化铺首的精致工艺可推测古代高超的建筑工艺水平	https://m.sohu.com/a/249667151_656484
图 1-13	北京典型单进四合院住宅	李秋香，罗德胤，贾珺．北方民居［M］．北京：清华大学出版社，2010：165.
图 1-14	北京典型三进四合院住宅	刘敦桢．中国住宅概说［M］．天津：百花文艺出版社，2003：319.
图 1-15	陕西韩城党家村合院住宅	张泉 / 摄
图 1-16	山西灵石王家大院	黄华青 / 摄
图 1-17	福建南靖田螺坑土楼群	黄华青 / 摄
图 1-18	贵州肇兴侗寨的五座鼓楼代表同姓五大房族	王绍周．中国民族建筑（第一卷）［M］．南京：江苏科学技术出版社，1998：214，238-239.
图 1-19	广东珠海市唐家湾镇的“堡”式布局	袁昊．珠海市唐家湾镇历史建筑风貌研究［D］．广州：华南理工大学，2012.
图 1-20	上海朱家角水乡古镇	黄华青 / 摄
图 1-21	四川宜宾夕佳山民居的坡地四合院	张泉 / 摄
图 1-22	宏村水系的节点及脉络：南湖、月沼与水圳	黄华青 / 摄
图 1-23	武夷山下梅村茶行老街	黄华青 / 摄
图 1-24	河南社旗山陕会馆	王绍周．中国民族建筑（第五卷）［M］．南京：江苏科学技术出版社，1998：39-41.
图 1-25	中原一带出土的汉代明器的屋顶	http://www.pinlue.com/article/2018/11/0910/407494119622.html
图 1-26	闽南民居燕尾脊	http://baike.chinaso.com/wiki/pic-view-946086-292868.html
图 1-27	藏族民居的装饰图腾	曲吉建才．中国民居建筑丛书：西藏民居［M］．北京：中国建筑工业出版社，2009：110.
图 1-28	贵州水族传统民居	王绍周．中国民族建筑（第一卷）［M］．南京：江苏科学技术出版社，1998：197-198.
图 1-29	围寺而居的宁夏回族聚落	王军．中国民居建筑丛书：西北民居［M］．北京：中国建筑工业出版社，2009：148.
图 1-30	宁夏回族民居典型平面中可见与上房并列的沐浴间	根据李卫东．宁夏回族建筑研究［M］．北京：科学出版社，2012：77．重绘
图 1-31	云南白族民居	李凯 / 摄
图 1-32	苏州传统民居中的砖雕、木雕	黄华青 / 摄
图 1-33	土坯窑洞与砖石窑洞	王军．中国民居建筑丛书：西北民居［M］．北京：中国建筑工业出版社，2009：72.
图 1-34	香港围村与围屋	王绍周．中国民族建筑（第五卷）［M］．南京：江苏科学技术出版社，1998：536-537.

图号	图名	图片来源
图 1-35	澳门福隆新街	施少鋆 / 摄
图 1-36	中俄边境买卖城中的山西风格民居及晋商驼队	AVERY M. The Tea Road: China and Russia meet across the steppe [M]. China Intercontinental Press，2003：12.
图 1-37	泉州陈埭丁氏宗祠	黄华青 / 摄
图 1-38	闽南民居的屋顶装饰细节	戴志坚. 中国民居建筑丛书：福建民居 [M]. 北京：中国建筑工业出版社，2009：132.（上）；王绍周. 中国民族建筑（第四卷）[M]. 南京：江苏科学技术出版社，1998：543.（下）
图 1-39	台湾民居的屋顶装饰细节来源于闽南民居	李乾朗，阎亚宁，徐裕健. 中国民居建筑丛书：台湾民居 [M]. 北京：中国建筑工业出版社，2009：138，145.
图 1-40	广东开平碉楼	李菁，胡介中，林子易，等. 广东海南古建筑地图 [M]. 北京：清华大学出版社，2015：137-139.
图 1-41	云南和顺古镇寸氏宗祠的中西合璧装饰风格	黄华青 / 摄
图 1-42	贵州布依族石头寨	罗德启. 中国民居建筑丛书：贵州民居 [M]. 北京：中国建筑工业出版社，2008：69-70.
图 1-43	徽州棠樾牌坊群	黄华青 / 摄
图 1-44	徽州宏村承志堂楹联	黄华青 / 摄
图 1-45	扬州个园厅堂楹联	http://blog.sina.com.cn/s/blog_5af942a00100djtd.html
图 1-46	青海河湟地区藏族（左）与撒拉族（右）庄廓建筑的区别	王军. 中国民居建筑丛书：西北民居 [M]. 北京：中国建筑工业出版社，2009：245.
图 2-1	中国降水量、温度带及地貌类型分布地图	中国地图出版社有限公司 / 绘
图 2-2	中国人口密度分布地图	中国地图出版社有限公司 / 绘
图 2-3	东北林区少数民族的“斜仁柱”	周立军，等. 中国民居建筑丛书：东北民居 [M]. 北京：中国建筑工业出版社，2009：191，195.
图 2-4	哈萨克族的毡房民居与“冬窝子”	王绍周. 中国民族建筑（第二卷）[M]. 南京：江苏科学技术出版社，1998：113-118.
图 2-5	“哈萨包”的内部结构	http://www.baike.com/wiki/ 蒙古包营造技艺
图 2-6	“蒙古包”的内部结构	https://commons.wikimedia.org/wiki/File:Yurt-construction-2.JPG
图 2-7	新疆“阿以旺”民居	王绍周. 中国民族建筑（第二卷）[M]. 南京：江苏科学技术出版社，1998：24-25.
图 2-8	新疆“阿以旺”民居典型剖面图	王绍周. 中国民族建筑（第二卷）[M]. 南京：江苏科学技术出版社，1998：24-25.
图 2-9	湖北恩施彭家寨的土家族干阑式民居	李晓峰. 中国民居建筑丛书：两湖民居 [M]. 北京：中国建筑工业出版社，2009：176-177.
图 2-10	云南西双版纳傣族竹楼	王绍周. 中国民族建筑（第一卷）[M]. 南京：江苏科学技术出版社，1998：90-92.
图 2-11	西双版纳傣族竹楼的典型平面、剖面	王绍周. 中国民族建筑（第一卷）[M]. 南京：江苏科学技术出版社，1998：90-92.
图 2-12	海南黎族船形屋	王绍周. 中国民族建筑（第五卷）[M]. 南京：江苏科学技术出版社，1998：504.
图 2-13	中国近五千年来的温度变迁	黄华青改绘自 www.sohu.com/a/211790175_488643
图 2-14	中国地势三级阶梯示意地图	中国地图出版社有限公司 / 绘
图 2-15	青藏高原藏族民居	王绍周. 中国民族建筑（第一卷）[M]. 南京：江苏科学技术出版社，1998：487-489.
图 2-16	青藏高原藏族民居的典型平面、剖面	王绍周. 中国民族建筑（第一卷）[M]. 南京：江苏科学技术出版社，1998：487-489.
图 2-17	贵州山区的干阑式民居	罗德启. 中国民居建筑丛书：贵州民居 [M]. 北京：中国建筑工业出版社，2008：33.
图 2-18	不同类型的窑洞聚落	王军. 中国民居建筑丛书：西北民居 [M]. 北京：中国建筑工业出版社，2009：51.
图 2-19	青海庄窠聚落	王军. 中国民居建筑丛书：西北民居 [M]. 北京：中国建筑工业出版社，2009：244.
图 2-20	湘西凤凰古城的苗族吊脚楼	http://www.naic.org.cn/html/2018/gjsy_0106/36110.html
图 2-21	贵州布依族石板屋	王绍周. 中国民族建筑（第一卷）[M]. 南京：江苏科学技术出版社，1998：187-191.

续表

图号	图名	图片来源
图 2-22	东北林区少数民族的木构建筑	周立军，陈伯超，张威龙，等. 中国民居建筑丛书：东北民居［M］. 北京：中国建筑工业出版社，2009：210-213.
图 2-23	泉州崇武古城蚌壳屋	黄华青 / 摄
图 2-24	汉代明器中体现的中原民居风格	https://www.sohu.com/a/295544595_659299
图 2-25	客家原乡地的赣南客家围屋	黄浩. 中国民居建筑丛书：江西民居［M］. 北京：中国建筑工业出版社，2008：208-211.
图 2-26	作为客家迁居地的川东客家土楼	李先逵. 中国民居建筑丛书：四川民居［M］. 北京：中国建筑工业出版社，2009：213.
图 2-27	川东客家土楼典型平面、剖面	李先逵. 中国民居建筑丛书：四川民居［M］. 北京：中国建筑工业出版社，2009：213.
图 3-1	传统民居中的开间	刘洋 / 绘
图 3-2	辽西偶数开间的“口袋房”	中国建筑标准设计研究院. 国家建筑标准设计图集 11SJ937-1（1）：不同地域特色传统村镇住宅图集（下），北京：中国计划出版社，2014：H03.
图 3-3	鄞州区梅墟镇泥桥头钱宅	丁俊清，杨新平. 中国民居建筑丛书：浙江民居［M］. 北京：中国建筑工业出版社，2009：102.
图 3-4	四川广元卫子镇吴宅	李先逵. 中国民居建筑丛书：四川民居［M］. 北京：中国建筑工业出版社，2009：137.
图 3-5	苏州阊门横街 34 号	张泉，俞娟，鸿权. 苏州传统民居营造探源［M］. 北京：中国建筑工业出版社，2017：63.
图 3-6	河南民居“明三暗五”（左）与赣南“四扇三间”民居（右）	中国建筑标准设计研究院. 国家建筑标准设计图集 11SJ937-1（1）：不同地域特色传统村镇住宅图集（下），北京：中国计划出版社，2014：B02.（左）；温泉 / 摄（右）
图 3-7	临海税务巷某宅	丁俊清，杨新平. 中国民居建筑丛书：浙江民居［M］. 北京：中国建筑工业出版社，2009：97.
图 3-8	单体民居楼梯的不同布局：查济村刘子勤宅（左）；苏州通关桥下塘 8 号（右）	中国建筑标准设计研究院. 国家建筑标准设计图集 11SJ937-1（1）：不同地域特色传统村镇住宅图集（上），北京：中国计划出版社，2014：E05.
图 3-9	蒙古包平面	中国建筑标准设计研究院. 国家建筑标准设计图集 11SJ937-1（1）：不同地域特色传统村镇住宅图集（下），北京：中国计划出版社，2014：K03.
图 3-10	土楼平面　福建南靖县万庆楼（左）	中国建筑标准设计研究院. 国家建筑标准设计图集 11SJ937-1（1）：不同地域特色传统村镇住宅图集（上），北京：中国计划出版社，2014：H02.
	土楼平面　泉州南安市码头镇康安楼（右）	方拥. 设防住宅的调查研究［J］. 建筑师，1996，10（72）：46.
图 3-11	大田县安良堡	5b0988e595225.cdn.sohucs.com/images/20171022/e9fbbddd39694bb197f8aed331d8ad39.jpeg
图 3-12	羌族碉楼平面类型	根据 http://www.duyunshi.com/n/57256.html 相关资料重绘
图 3-13	西藏囊色林庄园主楼	潘谷西. 中国建筑史（第七版）［M］. 北京：中国建筑工业出版社，2015：108.
图 3-14	开平碉楼的类型与典型平面	根据梁雄飞，阴劼，杨彬，宋铮 . 开平碉楼与村落防御功能格局的时空演变［J］. 地理研究，2017，36(01):121-133. 重绘（上）； 根据 www.mnvyh.live 相关资料重绘（下）
图 3-15	靠崖窑（左上）、地坑院（右上）与锢窑（左下）	王军. 中国民居建筑丛书：西北民居［M］. 北京：中国建筑工业出版社，2009：56，67； 王金平，徐强，韩卫成. 中国民居建筑丛书：山西民居［M］. 北京：中国建筑工业出版社，2009：157.
图 3-16	单体窑洞平面	中国建筑标准设计研究院. 国家建筑标准设计图集 11SJ937-1（1）：不同地域特色传统村镇住宅图集（下），北京：中国计划出版社，2014.（上）； 潘谷西. 中国建筑史（第七版）［M］. 北京：中国建筑工业出版社，2015：107.（下）
图 3-17	合院的基本构成方式	刘伟、李星儿 / 绘
图 3-18	各地合院式民居典型平面的不同特征	根据孙大章. 中国民居研究［M］. 北京：中国建筑工业出版社，2004：218. 重绘
图 3-19	苏州铁瓶巷顾宅院落与蟹眼天井	张泉，俞娟，鸿权. 苏州传统民居营造探源［M］. 北京：中国建筑工业出版社，2017：90.

续表

图号	图名	图片来源
图 3-20	北京四合院纵剖面	业祖润．中国民居建筑丛书：北京民居［M］．北京：中国建筑工业出版社，2009：96.
图 3-21	苏州修仙巷张宅花厅院落纵剖面	陈从周，等．苏州旧住宅参考图录［M］．同济大学建筑工程系建筑研究室，1958：96.
图 3-22	查济村查君臣宅天井剖面	中国建筑标准设计研究院．国家建筑标准设计图集 11SJ937-1（1）：不同地域特色传统村镇住宅图集（上），北京：中国计划出版社，2014：162.
图 3-23	北京东四八条某四合院剖面（屋脊高度等级关系）	马炳坚．北京四合院建筑［M］．天津：天津大学出版社，2000：240.
图 3-24	大门内侧的照壁：独立照壁（左）；座山照壁（右）	业祖润．中国民居建筑丛书：北京民居［M］．北京：中国建筑工业出版社，2009：96,103.
图 3-25	大门外侧的照壁　一字照壁（左上）	王金平，徐强，韩卫成．中国民居建筑丛书：山西民居［M］．北京：中国建筑工业出版社，2009：197.
	雁翅照壁（右上）	周立军，陈伯超，张威龙，等．中国民居建筑丛书：东北民居［M］．北京：中国建筑工业出版社，2009：91.
	撇山照壁（右下）	业祖润．中国民居建筑丛书：北京民居［M］．北京：中国建筑工业出版社，2009：68.
图 3-26	苏州西白塔子巷李宅	陈从周，等．苏州旧住宅参考图录［M］．同济大学建筑工程系建筑研究室，1958：117.
图 3-27	两进四合院平面	李秋香，罗德胤，贾珺．北方民居［M］．北京：清华大学出版社，2010：166.
图 3-28	北京典型的三进四合院　鸟瞰（上）	马炳坚．北京四合院建筑［M］．天津：天津大学出版社，2000.
	平面（下）	中国建筑标准设计研究院．国家建筑标准设计图集 11SJ937-1（1）：不同地域特色传统村镇住宅图集（下），北京：中国计划出版社，2014：A03.
图 3-29	苏州潘祖荫故居平面	苏州市房地产管理局．苏州古民居［M］．上海：统计大学出版社，2004：84.
图 3-30	苏州铁瓶巷顾宅剖面	张泉，俞娟，鸿权．苏州传统民居营造探源［M］．北京：中国建筑工业出版社，2017.
图 3-31	苏州天官坊陆宅：多路合院与避弄	张泉，俞娟，鸿权．苏州传统民居营造探源［M］．北京：中国建筑工业出版社，2017：99.
图 3-32	辽宁铁岭郝浴故居	周立军，陈伯超，张威龙，等．中国民居建筑丛书：东北民居［M］．北京：中国建筑工业出版社，2009：64.
图 3-33	山西襄汾丁村 17 号院平面	中国建筑标准设计研究院．国家建筑标准设计图集 11SJ937-1（1）：不同地域特色传统村镇住宅图集（下），北京：中国计划出版社，2014：C12.
图 3-34	韩城党家村民居平面	中国建筑标准设计研究院．国家建筑标准设计图集 11SJ937-1（1）：不同地域特色传统村镇住宅图集（下），北京：中国计划出版社，2014.
图 3-35	党家村党东俊宅院横剖面	王军．中国民居建筑丛书：西北民居［M］．北京：中国建筑工业出版社，2009：108.
图 3-36	安徽歙县呈坎罗宅平面	张仲一，等．徽州明代住宅［M］．建筑工程出版社，1957.
图 3-37	浙江慈溪小五房平面	中国建筑标准设计研究院．国家建筑标准设计图集 11SJ937-1（1）：不同地域特色传统村镇住宅图集（上），北京：中国计划出版社，2014.
图 3-38	西昌市马湘如宅平面	根据李先逵．中国民居建筑丛书：四川民居［M］．北京：中国建筑工业出版社，2009：103. 重绘
图 3-39	典型“一颗印”民居的平面和立面	杨大禹，朱良文．中国民居建筑丛书：云南民居［M］．北京：中国建筑工业出版社，2010：120.
图 3-40	昆明乐居乡“一颗印”民居群	谷歌地球
图 3-41	“三坊一照壁”（左）与“四合五天井”（右）的平面布局模式	刘伟、李星儿根据资料重绘
图 3-42	“三坊一照壁”白族民居图解	王其钧．图说民居［M］．北京：中国建筑工业出版社，2004：186.
图 3-43	泉州“五间张带双护厝”民居	根据戴志坚．中国民居建筑丛书：福建民居［M］．北京：中国建筑工业出版社，2009：130. 重绘
图 3-44	广州西关大屋平面	陆琦．中国民居建筑丛书：广东民居［M］．北京：中国建筑工业出版社，2008：78.

续表

图号	图名		图片来源
图 3-45	土楼的嵌套式布局	单圈加中心型，福建省漳州市南靖县裕昌楼（左）	https://ss0.bdstatic.com/70cFvHSh_Q1YnxGkpoWK1HF6hhy/it/u=157506397，1651934831&fm=26&gp=0.jpg
		双圈型，福建省华安县二宜楼（中）	童迪 / 摄，https://st.douding.cn/upload/publish_article/image/20180724/1532395126326032632.jpg
		三圈型，福建省龙岩市永定区环极楼（右）	http://www.pop-photo.com.cn/data/attachment/forum/201808/28/140733fro3et3phwv3861v.jpg
图 3-46	方形嵌套，福建省永定县湖坑镇洪坑村奎聚楼（左）；八角形嵌套，潮州“道韵楼”（右）		王东明 / 摄，http://img.qzcns.com/2017/0517/20170517075007550.jpg（左）；童迪 / 摄，https://st.douding.cn/upload/publish_article/image/20180724/1532395128815000824.jpg（右）
图 3-47	赣南寻乌县菖蒲乡五丰村粜米岗客家龙衣围，为“八横三围龙”		温泉 / 提供
图 3-48	平行布局的窑洞		潘谷西. 中国建筑史（第七版）［M］. 北京：中国建筑工业出版社，2015：107.
图 3-49	多层靠崖窑：山西临县李家山		王金平，徐强，韩卫成. 中国民居建筑丛书：山西民居［M］. 北京：中国建筑工业出版社，2009：66.
图 3-50	窑洞院落布局		刘伟、李星儿根据资料重绘
图 3-51	临县碛口镇李家山大宅		陈志华，李秋香. 中国古建筑精粹之五——住宅（下）［M］. 上海：三联书店，2011：246.
图 3-52	陕西省米脂县姜耀祖宅		侯继尧，王军. 中国窑洞［M］. 郑州：河南科技出版社，1999：120.
图 3-53	江苏常熟翁家巷 2 号彩衣堂正厅		雍振华. 中国民居建筑丛书：江苏民居［M］. 北京：中国建筑工业出版社，2009：72.
图 3-54	桂西北壮族民居平面		赵冶. 广西壮族传统聚落及民居研究［D］. 华南理工大学，2012：148.
图 3-55	辽西三开间“口袋房”		中国建筑标准设计研究院. 国家建筑标准设计图集 11SJ937-1（1）：不同地域特色传统村镇住宅图集（下），北京：中国计划出版社，2014：H03.
图 3-56	苏州“下店上宅”与“前店后宅”民居平面		张泉，俞娟，鸿权. 苏州传统民居营造探源［M］. 北京：中国建筑工业出版社，2017：60.
图 3-57	1945 年的北京老城区		海达・莫理循 / 摄，http://n.sinaimg.cn/sinacn15/448/w1024h1024/20180829/26e7-hikcahf4021200.jpg
图 3-58	漳州埭尾村		谷歌地球
图 3-59	广东肇庆八卦村鸟瞰		http://sohu-media.bjcnc.scs.sohucs.com/UAV/1523c76b6607afa642b516428e6f0ee3.jpg
图 3-60	山西阳城县郭峪村		王金平，徐强，韩卫成. 中国民居建筑丛书：山西民居［M］. 北京：中国建筑工业出版社，2009：250.
图 3-61	桃坪羌寨		李先逵. 中国民居建筑丛书：四川民居［M］. 北京：中国建筑工业出版社，2009：310.
图 3-62	沿河聚落：乌镇		http://img.jk51.com/img_jk51/359340038.jpeg
图 3-63	沿河聚落“河街”：苏州山塘街		刘洋 / 摄
图 3-64	沿河聚落“廊棚”：嘉善西塘镇（上）；德清新市镇（下）		丁俊清，杨新平. 中国民居建筑丛书：浙江民居［M］. 北京：中国建筑工业出版社，2009：86，90.
图 3-65	沿河聚落建筑形态：无锡清名桥		华晓宁 / 摄
图 3-66	山地聚落：江西上饶婺源县篁岭村落		https://5b0988e595225.cdn.sohucs.com/images/20180807/626f9c8732104c0a89c31358770fb0aa.jpeg
图 3-67	山地聚落：重庆龚滩古镇		https://m.tuniucdn.com/fb2/t1/G3/M00/1E/80/Cii_NllUrZWIahmuAAPKXd1vciAAAB-VwKcs6oAA8p1774_w1024_h0_c0_t0.jpg
图 3-68	山地聚落：西江千户苗寨		刘奕孜 / 摄
图 3-69	北京四合院正房抬梁式屋架		马炳坚. 中国古建筑木作营造技术［M］. 北京：科学出版社，2003：16.

图号	图名	图片来源
图 3-70	穿斗式屋架	刘洋 / 绘
图 3-71	四川彝族民居的木构架	潘谷西. 中国建筑史（第七版）［M］. 北京：中国建筑工业出版社，2015：92.
图 3-72	迪庆同乐村井干式民居	华峰 / 摄
图 3-73	毡包的木骨架	潘谷西. 中国建筑史（第七版）［M］. 北京：中国建筑工业出版社，2015：97.
图 3-74	晋西窑上房民居	王金平，徐强，韩卫成. 中国民居建筑丛书：山西民居［M］. 北京：中国建筑工业出版社，2009：142.
图 3-75	重庆江津白沙镇宝珠村	李先逵. 中国民居建筑丛书：四川民居［M］. 北京：中国建筑工业出版社，2009：229.
图 3-76	粤中江河内湾水上民居	陆琦. 中国民居建筑丛书：广东民居［M］. 北京：中国建筑工业出版社，2008：195.
图 3-77	广西融水苗族民居	雷翔. 中国民居建筑丛书：广西民居［M］. 北京：中国建筑工业出版社，2009：58.
图 3-78	北方传统民居硬山搏风（左）；苏州传统民居硬山搏风（右）	刘洋 / 摄
图 3-79	屏风式山墙	黄浩. 中国民居建筑丛书：江西民居［M］. 北京：中国建筑工业出版社，2008：84.
图 3-80	徽州民居马头墙式样	单德启. 中国民居建筑丛书：安徽民居［M］. 北京：中国建筑工业出版社，2009：113-114.
图 3-81	“观音兜”式山墙	http://5b0988e595225.cdn.sohucs.com/images/20180614/f9760c26422c4d6b8e31c75901f80c25.jpeg
图 3-82	“五行”山墙与镬耳山墙	戴志坚. 中国民居建筑丛书：福建民居［M］. 北京：中国建筑工业出版社，2009：73-74；陆琦. 中国民居建筑丛书：广东民居［M］. 北京：中国建筑工业出版社，2008：228.
图 3-83	福建民居山墙式样 宁德古村落（左）	http://5b0988e595225.cdn.sohucs.com/images/20190721/c291cde3f7424d8a90f8a8dbdd324e9b.jpeg
	平潭石头厝（右）	陈星 / 摄，http://5b0988e595225.cdn.sohucs.com/images/20190721/e93f74c3da054b5a9a9d60368b5c0aff.jpeg
图 3-84	北京四合院中的后檐墙常见做法	中国建筑标准设计研究院. 国家建筑标准设计图集 11SJ937-1（1）：不同地域特色传统村镇住宅图集（下），北京：中国计划出版社，2014：A18.
图 3-85	北京四合院中的槛墙做法	中国建筑标准设计研究院. 国家建筑标准设计图集 11SJ937-1（1）：不同地域特色传统村镇住宅图集（下），北京：中国计划出版社，2014：A19.
图 3-86	带漏窗的院墙	尹航 / 摄
图 3-87	夯土墙工艺 版筑法（上）	曲吉建才. 中国民居建筑丛书：西藏民居［M］. 北京：中国建筑工业出版社，2009：98.
	椽筑法（下）	https://inews.gtimg.com/newsapp_bt/0/4993433696/1000
图 3-88	土坯砖制作	http://img.cd-pa.com/data/attachment/forum/201407/15/140024hovvzf6sttoaasbm.jpg
图 3-89	“磨砖对缝”工艺效果	http://image.naic.org.cn/uploadfile/2018/0403/1522724599436828.jpg
图 3-90	民居中常见的砖墙砌法	李星儿 / 绘
图 3-91	南京高淳武家嘴村民居中的砖墙砌法组合	华晓宁 / 摄
图 3-92	浙江宁海许家山村民居石墙	https://dimg01.c-ctrip.com/images/100f0g0000007v3e9281C_R_1024_10000_Q90.jpg?proc=autoorient
图 3-93	云南傈僳族民居	https://cdn.moji002.com/images/simgs/2017/04/29/14934589460.63375100.1677_android_1493458944260.jpg
图 3-94	云南民居竹编外墙	杨大禹，朱良文. 中国民居建筑丛书：云南民居［M］. 北京：中国建筑工业出版社，2010：175.
图 3-95	泉州浔埔村蚵壳厝外墙	黄华青 / 摄
图 3-96	土与砖石混合墙体 南京溧水（左）	华晓宁 / 摄
	武夷山下梅镇（右）	金俊 / 摄

图号	图名	图片来源
图 3-97	闽南民居“出砖入石”的三种类型	http://bfttimg2.hebtv.com/p/2019-02-02/vrmbrmdtesh.jpg（左上）；http://pic0.huitu.com/res/20180730/1759483_20180730135844004145_1.jpg（右上）；戴志坚. 中国民居建筑丛书：福建民居［M］. 北京：中国建筑工业出版社，2009：131.（右下）
图 3-98	宁波瓦爿墙	http://s14.sinaimg.cn/orignal/0061o1Eegy71uIpU6Dzfd
图 3-99	潮汕嵌瓷墙	闲章 . 嵌瓷四百年 闽南洋的瓷都屋檐大戏［J］. 中国国家地理，2019（09）：15.
图 3-100	河西走廊典型平顶民居	王军. 中国民居建筑丛书：西北民居［M］. 北京：中国建筑工业出版社，2009：22.
图 3-101	东北囤顶民居村落	周立军，陈伯超，张威龙，等. 中国民居建筑丛书：东北民居［M］. 北京：中国建筑工业出版社，2009：24.
图 3-102	山西乔家大院单坡顶民居	王金平，徐强，韩卫成. 中国民居建筑丛书：山西民居［M］. 北京：中国建筑工业出版社，2009：204.
图 3-103	武夷山桐木村悬山屋顶民居	华晓宁 / 摄
图 3-104	宁波奉化姜山镇走马塘民居	丁俊清，杨新平. 中国民居建筑丛书：浙江民居［M］. 北京：中国建筑工业出版社，2009：150.
图 3-105	延边市智新乡长财村李宅	王绍周. 中国民族建筑（共五卷）［M］. 南京：江苏科学技术出版社，1998.
图 3-106	傣族竹楼民居屋顶	杨大禹，朱良文. 中国民居建筑丛书：云南民居［M］. 北京：中国建筑工业出版社，2010：45.
图 3-107	宁夏吴忠市董府民居	王军. 中国民居建筑丛书：西北民居［M］. 北京：中国建筑工业出版社，2009：175.
图 3-108	苏州袁学澜故居“双塔影园”中的攒尖顶亭	刘洋 / 摄
图 3-109	北京四合院中的屋顶组合	根据郑希成作品重绘
图 3-110	昆明民居屋顶组合	杨大禹，朱良文. 中国民居建筑丛书：云南民居［M］. 北京：中国建筑工业出版社，2010：42.
图 3-111	不同材料的瓦	雷翔. 中国民居建筑丛书：广西民居［M］. 北京：中国建筑工业出版社，2009：123.（左上）；http://www.ikuku.cn/wp-content/uploads/user_upload/9742/51341/1414378858290051-440x320.jpg（右上）；杨大禹，朱良文. 中国民居建筑丛书：云南民居［M］. 北京：中国建筑工业出版社，2010：173.（左下）；http://www.guangzhou.gov.cn/pic/201911/28/df35bc58-a9a6-4074-b9c1-ec957030487b.jpg（右下）
图 3-112	板瓦与筒瓦	张泉，俞娟，鸿权. 苏州传统民居营造探源［M］. 北京：中国建筑工业出版社，2017.
图 3-113	板瓦、筒瓦的滴水与勾头部件	张泉，俞娟，鸿权. 苏州传统民居营造探源［M］. 北京：中国建筑工业出版社，2017.
图 3-114	苏州民居屋顶构造做法	张泉，俞娟，鸿权. 苏州传统民居营造探源［M］. 北京：中国建筑工业出版社，2017.
图 3-115	闽台屋面架空双层瓦做法（上）；福建平潭石厝屋面瓦（下）	刘洋、李星儿等根据资料重绘（上）；http://5b0988e595225.cdn.sohucs.com/images/20190721/c53dcd60ea2440599f058c5d04f4531b.jpeg（下）
图 3-116	石板瓦民居	左满常，渠滔，王放. 中国民居建筑丛书：河南民居［M］. 北京：中国建筑工业出版社，2012：140.
图 3-117	荣成海草房	张泉 / 摄
图 3-118	中国传统建筑屋脊的类型	根据王其钧. 中国建筑图解词典［M］. 北京：机械工业出版社，2007：3-6. 重绘
图 3-119	苏州民居中的暗花筒脊	张泉，俞娟，鸿权. 苏州传统民居营造探源［M］. 北京：中国建筑工业出版社，2017：183.
图 3-120	苏州民居中的筑脊	侯洪德，侯肖琪. 图解《营造法原》做法［M］. 中国建筑工业出版社，2014：231.
图 3-121	苏州民居黄瓜环脊	https://pic2.zhimg.com/80/v2-9661c8b9fc77193b0151b8e100e70179_720w.jpg（左）；张泉，俞娟，鸿权. 苏州传统民居营造探源［M］. 北京：中国建筑工业出版社，2017：188.（右）
图 3-122	苏州民居游脊	侯洪德，侯肖琪. 图解《营造法原》做法［M］. 中国建筑工业出版社，2014：231.
图 3-123	苏州民居正脊头做法	根据姚成祖. 营造法原［M］. 北京：中国建筑工业出版社，1986：211. 重绘
图 3-124	潮州民居建筑正脊	戴志坚. 中国民居建筑丛书：福建民居［M］. 北京：中国建筑工业出版社，2009：132.

续表

图号	图名	图片来源
图 3-125	垂脊做法	根据刘大可. 中国古建筑瓦石营法［M］. 北京：中国建筑工业出版社，1993：251；业祖润. 中国民居建筑丛书：北京民居［M］. 北京：中国建筑工业出版社，2009：180. 重绘
图 3-126	传统民居屋顶起坡的不同算法	张泉，俞娟，鸿权. 苏州传统民居营造探源［M］. 北京：中国建筑工业出版社，2017：116.
图 3-127	屋角发戗做法：水戗发戗（上）；嫩戗发戗（下）	侯洪德，侯肖琪. 图解《营造法原》做法［M］. 中国建筑工业出版社，2014：247，121.
图 3-128	传统民居外部色调	http://5b0988e595225.cdn.sohucs.com/images/20181228/7c51d6c6e6234d1c94e1bee3adcd7f11.jpeg（左上）；http://5b0988e595225.cdn.sohucs.com/images/20181015/bbfb47b3bd024627bce74565d53ee91e.jpeg（中上）；http://img.mp.itc.cn/upload/20161028/b082259fdd7f4b0b98790e30dee0b455_th.jpeg（右上）；http://s15.sinaimg.cn/orignal/001DJyPkgy70cNkmG2a9e（左下）；http://5b0988e595225.cdn.sohucs.com/images/20181202/1d3431d2760146f98a43693994510c3b.jpeg（中下）；http://m.51wendang.com/doc/396187f86d0488d726c4e7a2/9（右下）
图 3-129	各地民居室内色调	http://www.suiycc.com/upload/PicSky/suzhou_zhuozhengyuan-002.jpg（左上）；http://pic103.huitu.com/res/20180112/479310_20180112221234026050_1.jpg（右下）；http://s2.sinaimg.cn/large/4390e0c8t6fe32fe6b001&690（左下）；https://img9.doubanio.com/view/note/l/public/p47804996.webp（右下）
图 3-130	民居中反映自然物的装饰	王金平，徐强，韩卫成. 中国民居建筑丛书：山西民居［M］. 北京：中国建筑工业出版社，2009：289.
图 3-131	民居中来自传说与故事的装饰	雍振华. 中国民居建筑丛书：江苏民居［M］. 北京：中国建筑工业出版社，2009：118.
图 3-132	民居中反映日常生活场景的装饰	左满常，渠滔，王放. 中国民居建筑丛书：河南民居［M］. 北京：中国建筑工业出版社，2012：125.
图 3-133	民居中来自宗教题材的装饰：道教阴阳八卦图案（左）；佛教“八宝”图案（右）	http://s16.sinaimg.cn/orignal/003vuKU4gy6LfbWdTZ5bf（左）；王建华/摄，http://paper.jzxww.com.cn/jzrb/rmp/1/1/2016-10/20/07/res07_attpic_brief.jpg（右）
图 3-134	民居装饰中的人物形象	丁俊清，杨新平. 中国民居建筑丛书：浙江民居［M］. 北京：中国建筑工业出版社，2009：187.
图 3-135	民居装饰中的草龙纹形象	杨大禹，朱良文. 中国民居建筑丛书：云南民居［M］. 北京：中国建筑工业出版社，2010：255.
图 3-136	民居装饰中的狮子、蝙蝠和鱼龙变形象	王金平，徐强，韩卫成. 中国民居建筑丛书：山西民居［M］. 北京：中国建筑工业出版社，2009：290.（上）；雷翔. 中国民居建筑丛书：广西民居［M］. 北京：中国建筑工业出版社，2009：34.（左下）；戴志坚. 中国民居建筑丛书：福建民居［M］. 北京：中国建筑工业出版社，2009：279.（右下）
图 3-137	民居装饰中的植物形象	左满常，渠滔，王放. 中国民居建筑丛书：河南民居［M］. 北京：中国建筑工业出版社，2012：194（左上）；王金平，徐强，韩卫成. 中国民居建筑丛书：山西民居［M］. 北京：中国建筑工业出版社，2009：293.（右上）；杨大禹，朱良文. 中国民居建筑丛书：云南民居［M］. 北京：中国建筑工业出版社，2010：241.（右下）
图 3-138	民居装饰中的自然景物形象	丁俊清，杨新平. 中国民居建筑丛书：浙江民居［M］. 北京：中国建筑工业出版社，2009：262.
图 3-139	民居装饰中的器物形象	王军. 中国民居建筑丛书：西北民居［M］. 北京：中国建筑工业出版社，2009：210.
图 3-140	民居装饰中的几何图案	王金平，徐强，韩卫成. 中国民居建筑丛书：山西民居［M］. 北京：中国建筑工业出版社，2009：231.
图 3-141	民居装饰中的文字图案	左满常，渠滔，王放. 中国民居建筑丛书：河南民居［M］. 北京：中国建筑工业出版社，2012：248.（上）；晋美多吉/摄，http://www.vtibet.com/xw_702/sytj/201606/t20160602_402183.html（下）
图 3-142	传统民居中木雕的艺术手法	https://www.soujianzhu.cn/norm/jzzy308.htm
图 3-143	皖南宏村汪氏宗祠月梁	黄华青/摄
图 3-144	苏州东山民居中的三幅云木雕：苏州东山怀荫堂（左）；苏州东山晋锡堂（右）	张泉，俞娟，鸿权. 苏州传统民居营造探源［M］. 北京：中国建筑工业出版社，2017：265.

图号	图名	图片来源
图 3-145	民居雀替木雕装饰	黄浩．中国民居建筑丛书：江西民居［M］．北京：中国建筑工业出版社，2008：148.（左）；http://www.mux5.com/picture/d382482d4bdcb0c21bebe448011ec445.jpg（右）
图 3-146	民居撑栱与牛腿木雕装饰	李晓峰．中国民居建筑丛书：两湖民居［M］．北京：中国建筑工业出版社，2009：281；李先逵．中国民居建筑丛书：四川民居［M］．北京：中国建筑工业出版社，2009：269；丁俊清，杨新平．中国民居建筑丛书：浙江民居［M］．北京：中国建筑工业出版社，2009：255.
图 3-147	徽州民居中檐部的雀替与牛腿木雕装饰	华晓宁／摄
图 3-148	驼峰	左满常，渠滔，王放．中国民居建筑丛书：河南民居［M］．北京：中国建筑工业出版社，2012：197.
图 3-149	民居木雕门窗	华晓宁／摄
图 3-150	南浔懿德堂木雕栏杆	黄华青／摄
图 3-151	倒挂楣子	刘洋／摄
图 3-152	坐凳楣子	业祖润．中国民居建筑丛书：北京民居［M］．北京：中国建筑工业出版社，2009：184.
图 3-153	花罩的几种类型	根据马炳坚．中国古建筑木作营造技术［M］．北京：科学出版社，2003：288-289. 重绘
图 3-154	拙政园留听阁室内飞罩木雕装饰	刘洋／摄
图 3-155	碧纱橱	业祖润．中国民居建筑丛书：北京民居［M］．北京：中国建筑工业出版社，2009：185.
图 3-156	东阳巍山镇史家庄花厅天花	华晓宁／摄
图 3-157	传统石雕工艺	https://pic3.zhimg.com/v2-aa8f19f72579e0aed9a6e36a27999cc6_r.jpg
图 3-158	民居柱础石雕装饰	丁俊清，杨新平．中国民居建筑丛书：浙江民居［M］．北京：中国建筑工业出版社，2009：239.
图 3-159	民居门枕石类型，自左至右分别为石座形、圆形石鼓、狮子把门、组合型	左满常，渠滔，王放．中国民居建筑丛书：河南民居［M］．北京：中国建筑工业出版社，2012：251-253.
图 3-160	山西祁县渠家大院石栏杆	黄华青／摄
图 3-161	苏州民居中的砖雕门楼	姚成祖．营造法原［M］．北京：中国建筑工业出版社，1986：213.（上）；雍振华．中国民居建筑丛书：江苏民居［M］．北京：中国建筑工业出版社，2009：48.（下）
图 3-162	北京四合院民居中的槛墙装饰	刘洋、李星儿等根据资料重绘
图 3-163	山西民居砖雕檐墙装饰	黄华青／摄
图 3-164	山西常家庄园窗间墙砖雕装饰	楼庆西．砖雕石刻［M］．三联书店，2004：74.
图 3-165	山墙山尖砖雕装饰	周立军，陈伯超，张威龙，等．中国民居建筑丛书：东北民居［M］．北京：中国建筑工业出版社，2009：84.
图 3-166	民居墀头砖雕装饰	左满常，渠滔，王放．中国民居建筑丛书：河南民居［M］．北京：中国建筑工业出版社，2012：206，249；王金平，徐强，韩卫成．中国民居建筑丛书：山西民居［M］．北京：中国建筑工业出版社，2009：296.
图 3-167	廊心墙砖雕装饰	黄瑞安、李星儿等根据资料重绘
图 3-168	北京民居砖雕影壁	业祖润．中国民居建筑丛书：北京民居［M］．北京：中国建筑工业出版社，2009：200.
图 3-169	北京四合院民居彩画	业祖润．中国民居建筑丛书：北京民居［M］．北京：中国建筑工业出版社，2009：207.
图 3-170	苏州民居彩画：明代（左）；清代（右上）；太平天国时期（右下）	张泉，俞娟，鸿权．苏州传统民居营造探源［M］．北京：中国建筑工业出版社，2017：297.
图 3-171	潮汕民居壁画（左）；白族民居壁画（右）	陆琦．中国民居建筑丛书：广东民居［M］．北京：中国建筑工业出版社，2008：222.（左）；李凯／摄（右）
图 3-172	炕围子	李玉华／摄，http://www.ctps.cn/PhotoNet/product.asp?proid=1795995
图 3-173	宏村承志堂匾额与楹联	黄华青／摄
图 3-174	安徽瞻淇村汪廷栋故居匾额	http://img0.yododo.com.cn/files/photo/2016-04-26/0154506A79A60A71402881E5544EB650_o.jpg
图 3-175	留园“闻木樨香”	张泉／摄

图号	图名	图片来源
图 3-176	拙政园“与谁同坐轩”	张泉 / 摄
图 4-1	徽州呈坎民居天井	尹航 / 摄
图 4-2	宏村村址与周边山水环境的和谐关系	尹航 / 摄
图 4-3	鼓楼是肇兴侗寨的中心	尹航 / 摄
图 4-4	一轴两路一层平面示意图	张泉，俞娟，鸿权. 苏州传统民居营造探源［M］. 北京：中国建筑工业出版社，2017.
图 4-5	壶镇九进厅月梁	尹航 / 摄
图 4-6	清代斗口	https://www.sohu.com/a/337444160_617491?spm=smpc.author.fd-d.11.1568419200060XoZw5NO
图 4-7	沿溪而居（安徽查济村）	尹航 / 摄
图 4-8	肇庆八卦村呈八卦状象征型布局	http://j.17qq.com/article/uchrtwhhx.html
图 4-9	新疆特克斯县八卦城布局	https://travel.qunar.com/p-pl5780111
图 4-10	依青弋江而建的章渡镇呈带状布局	尹航 / 摄
图 4-11	福建培田村组团布局	https://xw.qq.com/cmsid/20190508A04G2X00
图 4-12	广东陆丰石寨村依山而建，以之字形路串联各户成为地形轴线	https://www.sohu.com/a/217643895_488081
图 4-13	广东陆丰新寨（和安里）则较为平坦，以祠堂中轴为礼仪轴线	https://www.0311xue.com/tuwen/6252708.html
图 4-14	浙江丽水平田村落外部界面有边无界	https://www.archiposition.com/items/20180723013628
图 4-15	参差不齐的民居构成村落边界（安徽唐模）	尹航 / 摄
图 4-16	一色多样的屋面（安徽宏村）	尹航 / 摄
图 4-17	广东揭阳庵后围龙屋	https://www.sohu.com/a/314738217_48811
图 4-18	贵州增盈民居底部架空饲养家禽	尹航 / 摄
图 4-19	贵州郎德上寨民居自由布局	尹航 / 摄
图 4-20	庆元进士村门廊灰空间成为村民逗留活动场所	尹航 / 摄
图 4-21	“马上封侯”（缙云壶镇九进厅）	尹航 / 摄
图 4-22	五福捧寿　（晋中市王家大院）	https://www.sohu.com/a/166657807_211406
图 4-23	象征平安吉祥的木雕团鹤平綦（缙云壶镇九进厅）	尹航 / 摄
图 4-24	山西葡萄百子砖雕	https://www.sohu.com/a/166657807_211406
图 4-25	全家福题材的装饰（金华市爱忠堂）	http://www.360doc.com/content/15/1122/10/9029720_514942632.shtml
图 4-26	侯禄“猴鹿”木雕（金华市爱忠堂）	http://www.360doc.com/content/15/1122/10/9029720_514942632.shtml
图 4-27	象征富贵的装饰木雕(缙云壶镇九进厅)	尹航 / 摄
图 4-28	文王访贤木雕	http://blog.sina.com.cn/s/blog_5cd4449b0102znj8.html
图 4-29	棠樾民居二进院	尹航 / 摄
图 4-30	留园石林小屋运用隔景、障景、透景等	https://img1.doubanio.com/view/photo/l/public/p2192807488.webp
图 4-31	艺圃中孤植对景	尹航 / 摄
图 4-32	苏州园林中的水池	尹航 / 绘
图 4-33	网师园露华馆后院石井	尹航 / 摄
图 4-34	彝族土掌房（云南省元江县因远镇哈浦村）	http://www.yxdaily.com/epaper/yxrb/html/2018/08/17/A06/A06_37.htm

参考文献

一、著作

[1] 刘敦桢. 中国住宅概说[M]. 天津：百花文艺出版社，2003.

[2] 刘敦桢. 中国古代建筑史（第二版）[M]. 北京：中国建筑工业出版社，2005.

[3] 梁思成. 梁思成文集（第三卷）[M]. 北京：中国建筑工业出版社，1985.

[4] 陈从周，等. 苏州旧住宅参考图录[M]. 上海：同济大学建筑工程系建筑研究室，1958.

[5] 王绍周. 中国民族建筑（共五卷）[M]. 南京：江苏科学技术出版社，1998.

[6] 潘谷西. 中国建筑史（第七版）[M]. 北京：中国建筑工业出版社，2015.

[7] 楼庆西. 中国传统建筑装饰[M]. 北京：中国建筑工业出版社，1999.

[8] 吕思勉. 两晋南北朝史[M]. 上海：上海古籍出版社，2005.

[9] 吕思勉. 隋唐五代史[M]. 北京：中华书局，1961.

[10] 马炳坚. 中国古建筑木作营造技术[M]. 北京：科学出版社，2003.

[11] 马炳坚. 北京四合院建筑[M]. 天津：天津大学出版社，2000.

[12] 王其钧. 中国建筑图解词典[M]. 北京：机械工业出版社，2007.

[13] 王其钧. 图说民居[M]. 北京：中国建筑工业出版社，2004.

[14] 刘大可. 中国古建筑瓦石营法[M]. 北京：中国建筑工业出版社，1993.

[15] 刘敦桢. 苏州古典园林（修订版）[M]. 北京：中国建筑工业出版社，2010.

[16] 魏嘉瓒. 苏州古典园林史[M]. 上海：三联书店，2005.

[17] 张泉，俞娟，谢鸿权，等. 苏州传统民居营造探源[M]. 北京：中国建筑工业出版社，2017.

[18] 侯洪德，侯肖琪. 图解《营造法原》做法[M]. 北京：中国建筑工业出版社，2014.

[19] 中国建筑标准设计研究院. 国家建筑标准设计图集11SJ937-1（1）：不同地域特色传统村镇住宅图集（上/下）. 北京：中国计划出版社，2014.

[20] 陈志华，李秋香. 中国古建筑精粹之五——住宅（上/下）[M]. 上海：三联书店，2011.

[21] 张仲一，等. 徽州明代住宅[M]. 建筑工程出版社，1957.

[22] 楼庆西. 户牖之美[M]. 三联书店，2004.

[23] 楼庆西. 砖雕石刻[M]. 三联书店，2004.

[24] 李秋香，罗德胤，贾珺. 北方民居[M]. 北京：清华大学出版社，2010.

[25] 陆琦. 中国民居建筑丛书：广东民居[M]. 北京：中国建筑工业出版社，2008.

[26] 罗德启. 中国民居建筑丛书：贵州民居[M]. 北京：中国建筑工业出版社，2008.

[27] 黄浩. 中国民居建筑丛书：江西民居[M]. 北京：中国建筑工业出版社，2008.

[28] 业祖润. 中国民居建筑丛书：北京民居[M]. 北京：中国建筑工业出版社，2009.

[29] 单德启. 中国民居建筑丛书：安徽民居[M]. 北京：中国建筑工业出版社，2009.

[30] 王军. 中国民居建筑丛书：西北民居[M]. 北京：中国建筑工业出版社，2009.

[31] 李先逵. 中国民居建筑丛书：四川民居[M]. 北京：中国建筑工业出版社，2009.

[32] 曲吉建才. 中国民居建筑丛书：西藏民居[M]. 北京：中国建筑工业出版社，2009.

[33] 周立军，陈伯超，张成龙，等. 中国民居建筑丛书：东北民居[M]. 北京：中国建筑工业出版社，2009.

[34] 丁俊清，杨新平. 中国民居建筑丛书：浙江民居[M]. 北京：中国建筑工业出版社，2009.

[35] 雷翔. 中国民居建筑丛书：广西民居[M]. 北京：中国建筑工业出版社，2009.

[36] 王金平，徐强，韩卫成. 中国民居建筑丛书：山西民居[M]. 北京：中国建筑工业出版社，2009.

[37] 李晓峰. 中国民居建筑丛书：两湖民居[M]. 北京：中国建筑工业出版社，2009.

[38] 戴志坚. 中国民居建筑丛书：福建民居[M]. 北京：中国建筑工业出版社，2009.

[39] 李乾朗，阎亚宁，徐裕健. 中国民

居建筑丛书：台湾民居［M］. 北京：中国建筑工业出版社，2009.
［40］杨大禹，朱良文. 中国民居建筑丛书：云南民居［M］. 北京：中国建筑工业出版社，2010.
［41］左满常，渠滔，王放. 中国民居建筑丛书：河南民居［M］. 北京：中国建筑工业出版社，2012.
［42］李菁，胡介中，林子易，等. 广东海南古建筑地图［M］. 北京：清华大学出版社，2015.
［43］王沪宁. 当代中国古村落家族文化［M］. 上海：上海人民出版社，1991.
［44］李淑杰，郭正中. 世界地理百科知识［M］. 长春：吉林人民出版社，2012.
［45］史仲文，胡晓林. 中华文化大辞典［M］. 北京：中国国际广播出版社，1998.

二、论文

［1］刘亦师. 中国碉楼民居的分布及其特征［J］. 建筑学报，2004（09）：52-54.
［2］陶伟，等. 平遥古城传统民居形态特征的变迁及其类型：基于堪舆学的微观探察［J］. 人文地理，2014.
［3］袁昊. 珠海市唐家湾镇历史建筑风貌研究［D］. 华南理工大学，2012.
［4］吴艳. 滇西北民族聚居地建筑地区性与民族性的关联研究［D］. 清华大学，2012.
［5］周学鹰. 从出土文物探讨汉代楼阁建筑技术［J］. 考古与文物，2008（03）：65-71.
［6］方拥. 设防住宅的调查研究［J］. 建筑师，1996，10（72）：46.
［7］梁雄飞，阴劼，杨彬，等. 开平碉楼与村落防御功能格局的时空演变［J］. 地理研究，2017，36（01）：121-133.
［8］胡媛媛. 山西传统民居形式与文化初探［D］. 合肥：合肥工业大学，2007.
［9］祁剑青. 陕西传统民居地理研究［D］. 西安：陕西师范大学，2017.
［10］桐嘎拉嘎. 北京四合院民居生态性研究初探［D］. 北京：北京林业大学，2009.
［11］郝丽君. 西安地区居住建筑地方风格与自然环境关系初探［D］. 西安：西安建筑科技大学，2006.
［12］李静. 安化民居建筑符号再生设计研究［D］. 株州：湖南工业大学，2011.
［13］祁剑青. 陕西传统民居地理研究［D］. 西安：陕西师范大学，2017.
［14］任康丽. 传统民居设计思想对现代居住理念的启示［D］. 武汉：武汉理工大学，2003.
［15］陆磊磊. 传统夯土民居建造技术调查研究［D］. 西安：西安建筑科技大学，2015：28.
［16］金峻存. 浙江宁海许家山石墙木构民居建筑研究［D］. 南京：南京工业大学，2013：73-75.
［17］谢佳艺. 川西林盘地区传统民居墙体营造研究［D］. 成都：西南交通大学，2016：45-46.
［18］郭鑫. 江浙地区民居建筑设计与营造技术研究［D］. 重庆：重庆大学，2006：92.
［19］丁昶. 藏族建筑色彩体系研究［D］. 西安：西安建筑科技大学，2009.
［20］罗冠林. 匾额文化与传统民居环境［D］. 长沙：湖南大学，2008.

后记

中国传统民居的现状遗存面广量大、类型众多，当前仍然不断有新的发现。本书引用的案例除了部分是作者亲作实物调查研究外，很多采用的是前人的和现有的图片资料。对直接采用的资料和观点，书中已经标注来源。

我国的传统民居研究自梁思成、刘敦桢等前辈大师开创先河以来，数十年间群贤辛勤耕耘，已积累了大量卓有建树的各类研究成果，涉及的传统民居和城乡聚落广泛覆盖全国各地区、各民族。大多数研究以省份、城镇乃至建筑单体为着眼点，或以某种类型、部品、工艺为对象。在现代文明强劲发展、文化交融日益紧密的今天，对中国传统民居进行全面性、系统性的梳理，以利于对传统民居的保护、研究与科学传承工作，具有愈发重要的意义。这也是本书写作的初衷。

本书作为一份纲要性文献，力争为中国传统民居建筑与文化的工作者、研究者、爱好者提供一份简要的导引和参照，实为抛砖引玉。限于团队业务能力和视野，其中必有疏漏、谬误之处，敬请读者不吝指正。

本书得到了南京大学建筑与城市规划学院研究生团队的鼎力相助，参与实地调研、图纸绘制、资料收集等工作。包括：黄瑞安、李星儿、刘伟、刘洋、邵夏梦、施少鋆、李凯、温泉、孙磊、谭明、郭金未、杨丹、王坤勇、张春婷、陈鹏远、尹子涵、张珊珊、林宇、孙晓雨、孙媛媛、刘奕孜，在此一并致谢。

感谢国家住房和城乡建设部对本书研究工作的大力支持。

审图号 GS（2020）6170号

图书在版编目（CIP）数据

中国传统民居纲要／张泉等著．—北京：中国建筑工业出版社，2020.10（2022.9重印）

ISBN 978-7-112-25250-3

Ⅰ．①中… Ⅱ．①张… Ⅲ．①民居－研究－中国 Ⅳ．①TU241.5

中国版本图书馆CIP数据核字（2020）第099548号

责任编辑：陆新之 刘 静

书籍设计：张悟静

责任校对：党 蕾

中国传统民居纲要

张泉 华晓宁 黄华青 尹航 周凌 著

*

中国建筑工业出版社出版、发行（北京海淀三里河路9号）

各地新华书店、建筑书店经销

北京锋尚制版有限公司制版

北京富诚彩色印刷有限公司印刷

*

开本：787毫米×1092毫米 1/16 印张：21¾ 字数：475千字

2020年12月第一版 2022年9月第二次印刷

定价：118.00元

ISBN 978－7－112－25250－3

（36023）